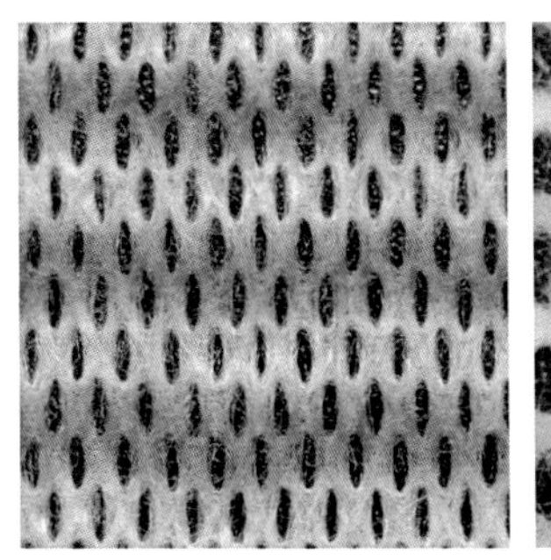

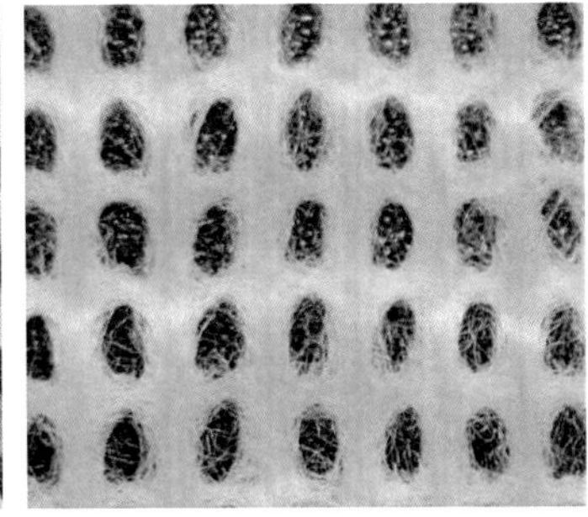

图1-22　打孔水刺非织造材料

图1-24　针刺非织造材料过滤袋

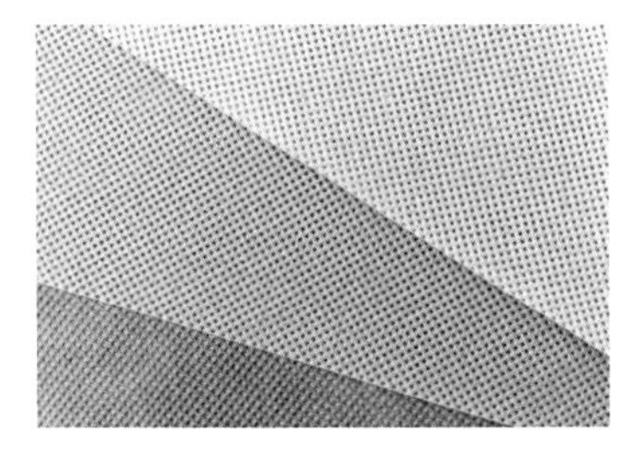

图1-26　纺粘热轧非织造材料

图1-27　纺粘热轧非织造卷材

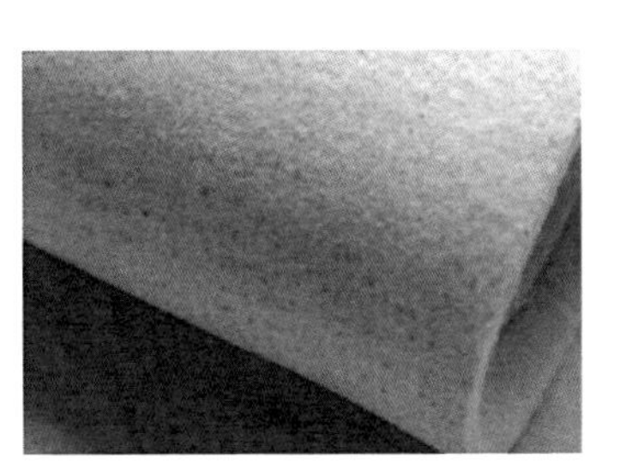

图1-36　表面烧毛轧光针刺非织造材料

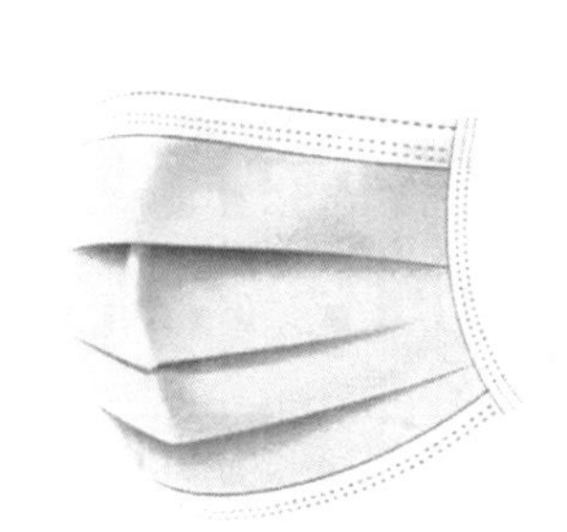

（a）平面口罩

（b）模压口罩

图2-12　口罩

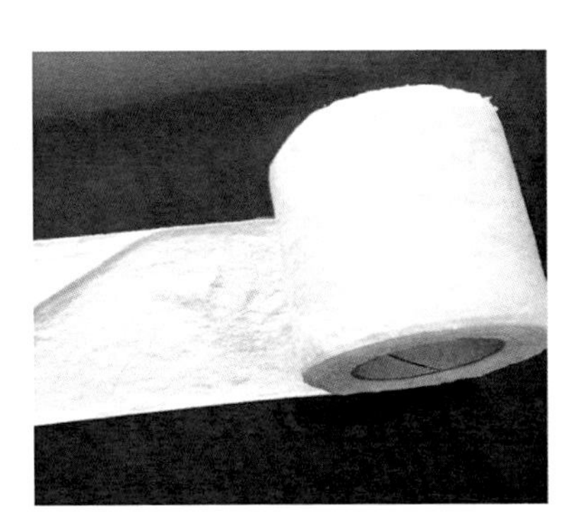

图1-30　熔喷非织造卷材

图2-2　耳挂式咖啡包装袋

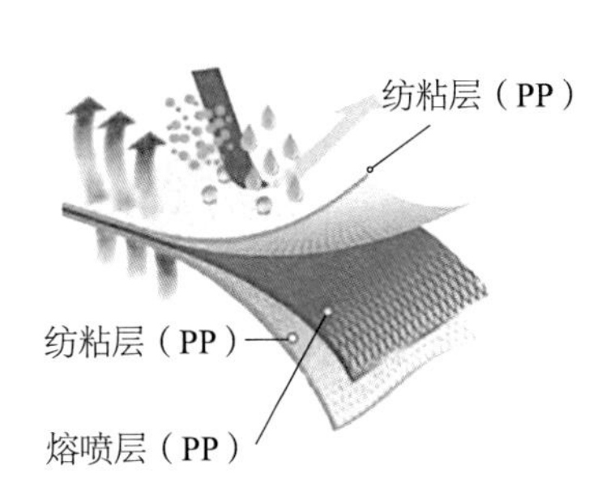

图2-13　常规口罩的三层复合结构

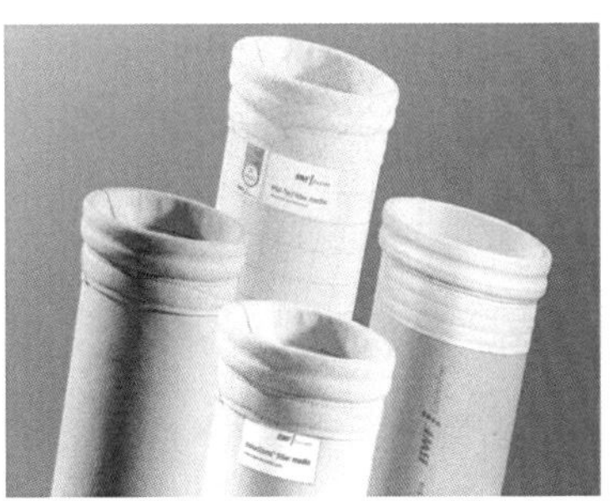

图2-25　针刺非织造过滤袋产品

图2-37　烧毛、轧光现场

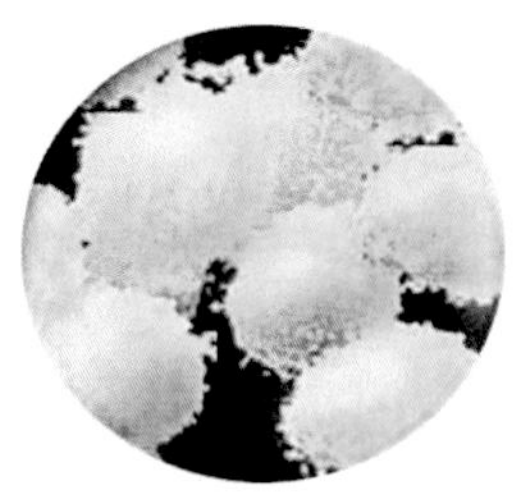

（a）白细胞

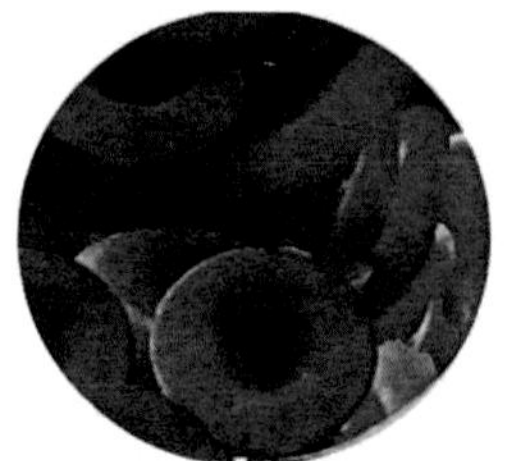

（b）红细胞

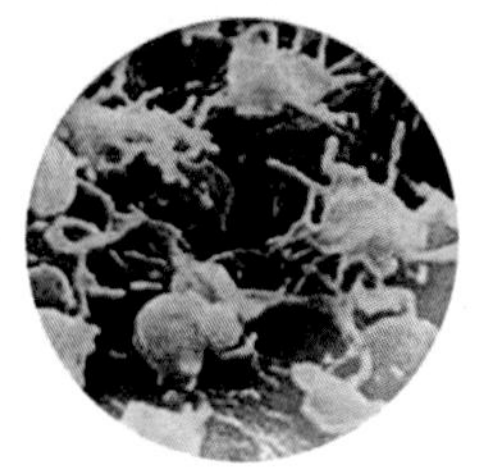

（c）血小板

图2-41　白细胞、红细胞和血小板

图2-44　熔喷滤芯

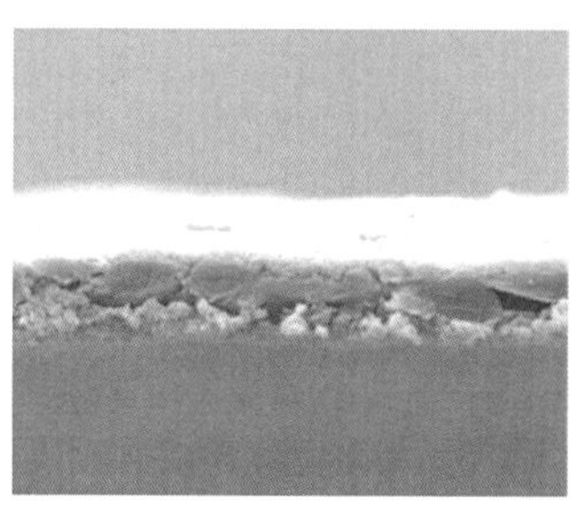

图3-14　科德宝公司的无机涂层非织造复合锂离子电池隔膜

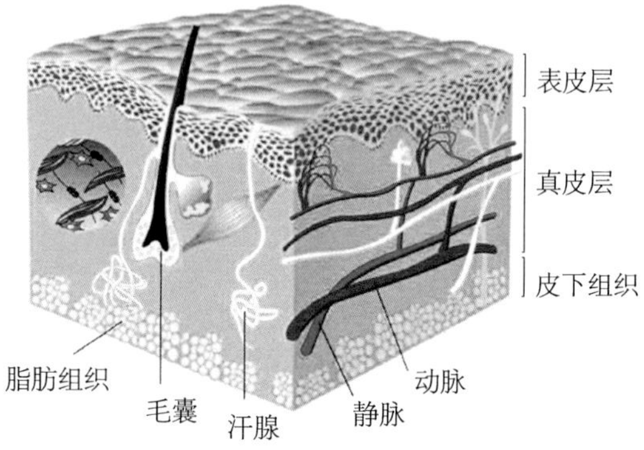

图4-1　皮肤结构示意图

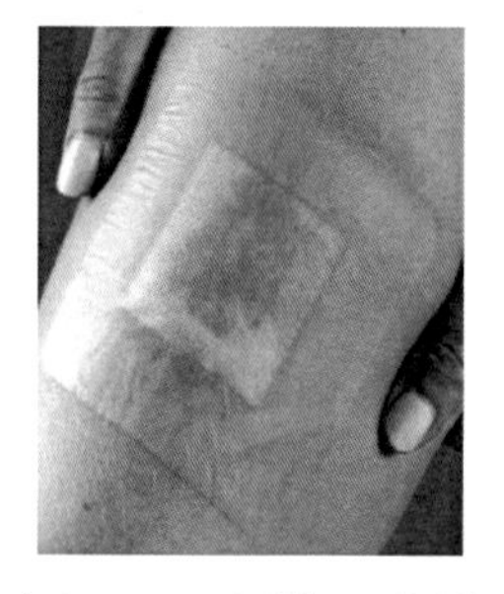

图4-2　透明伤口敷料

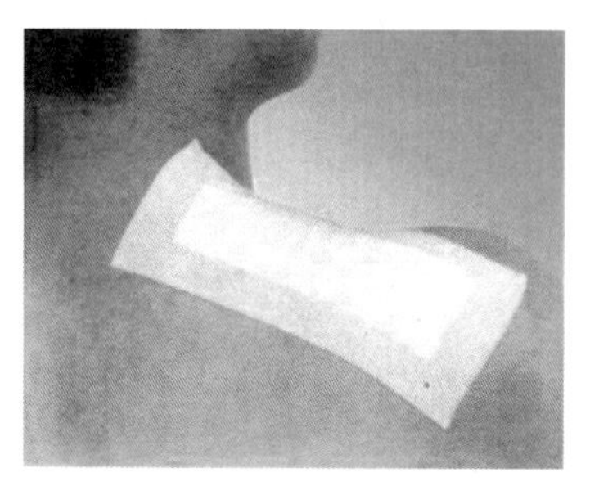

图4-3　伤口敷料

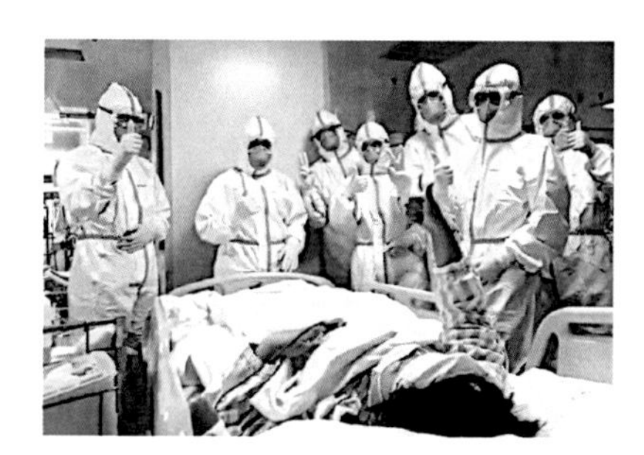

图4-6　抗击新冠肺炎疫情防护现场

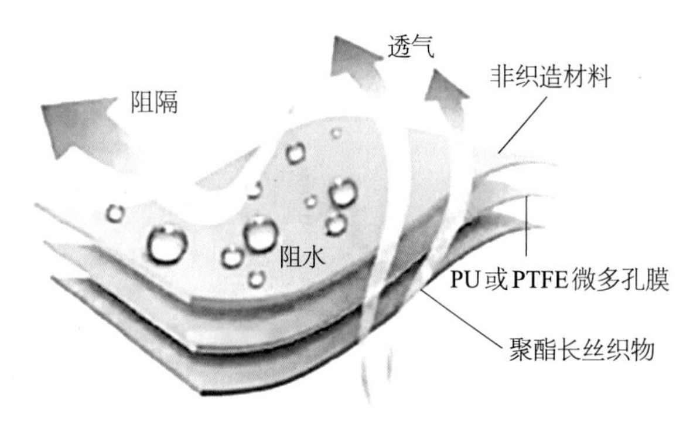

图4-7　微孔膜/非织造复合材料阻隔防护机理示意图

图4-10　医用防护服

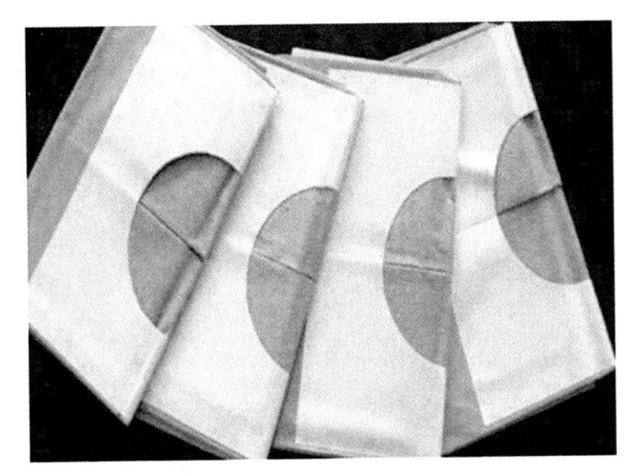

图4-12　手术洞巾

图4-13　微孔膜复合非织造材料

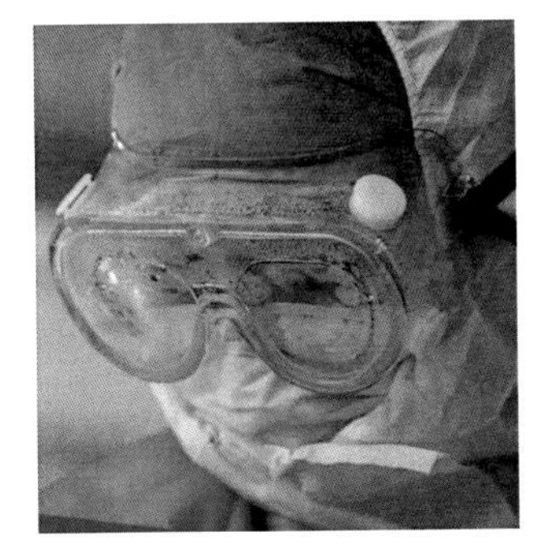

图4-14　穿戴防护用品的医护人员

图4-15　ViroSēl可呼吸细菌阻隔材料

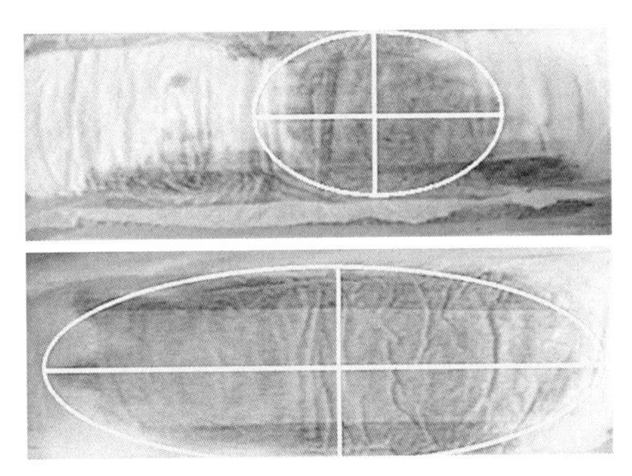

图4-21　水流在不同纸尿裤上的扩散效果

图5-3　由麻纤维非织造材料育秧膜培育的水稻秧苗

图5-4　机械插秧作业图

图5-7　红麻/低熔点纤维热风加固非织造材料

图5-8　红麻/低熔点纤维热风加固非织造材料无土栽培种植试验图

图5-11　汽车用纺织品位置（红点处）示意图

图5-16　空气滤清器结构示意图

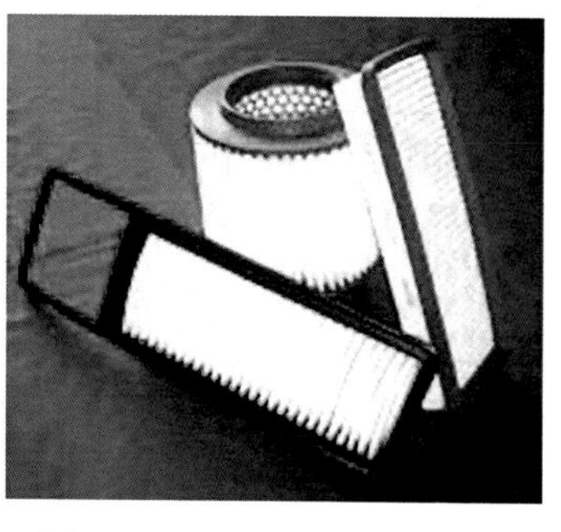

图5-17　空气滤清器用滤芯

图5-22　墙纸

图5-24　安装了吸声材料的电影院

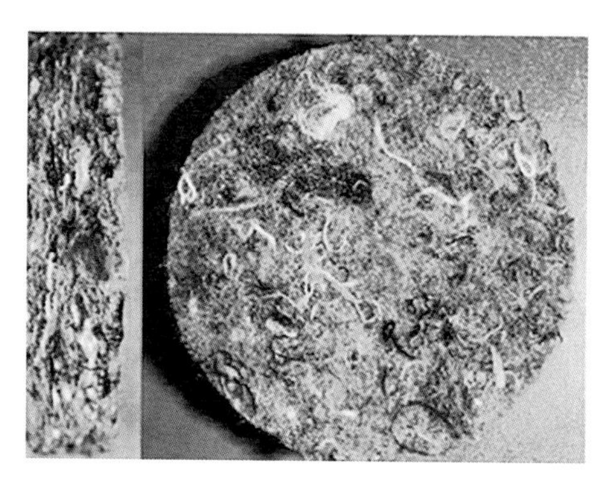

图5-26　废旧纤维吸声材料

图5-28　铺设土工非织造材料作业图

图5-36　“两布一膜”土工非织造材料施工图

图5-35　土工格栅

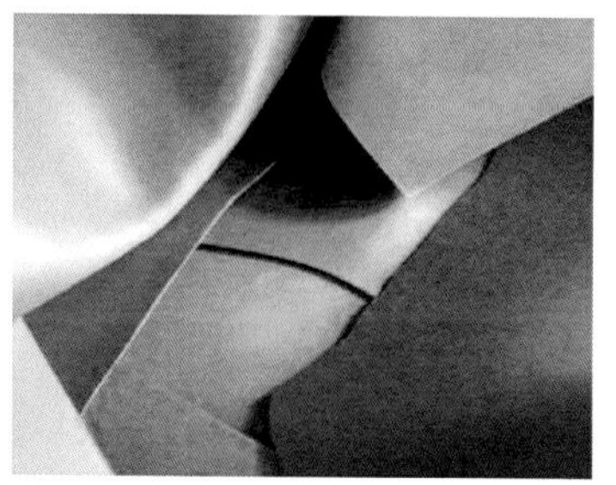

图5-41　超细纤维合成革产品

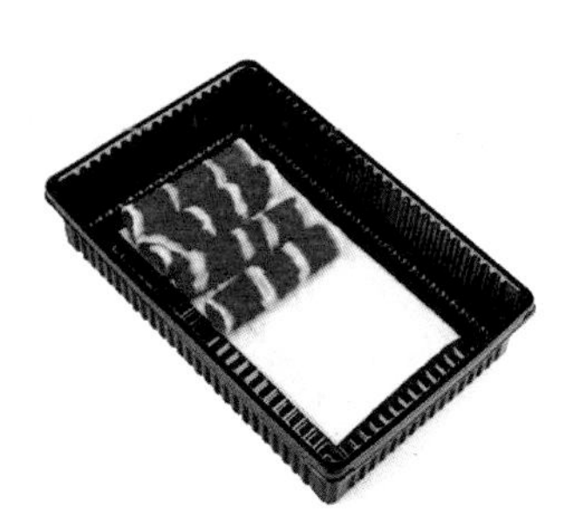

图5-56　生鲜产品吸水垫

“十三五”普通高等教育本科部委级规划教材

纺织科学与工程一流学科建设教材

非织造材料及其应用

王　洪　靳向煜　吴海波◎编著

中国纺织出版社有限公司

内 容 提 要

本书首先从应用要求、来源和结构性能等角度对非织造材料常用纤维原料进行分类并介绍，再从宏观和微观角度对非织造材料的结构特征进行介绍，以期使读者能够区分鉴别不同非织造材料样品的成网和加固工艺。最后按照应用领域，分别介绍了过滤用非织造材料、非织造基电池隔膜、医疗卫生用非织造材料以及车用、土工、建筑和农用等产业用非织造材料的结构性能、成网和加固工艺及发展趋势。

本书可作为高等院校非织造材料与工程专业本科生的专业教材，也可供非织造行业的工程技术人员和管理人员参考使用。

图书在版编目（CIP）数据

非织造材料及其应用 / 王洪，靳向煜，吴海波编著
. -- 北京：中国纺织出版社有限公司，2020.7（2022.8重印）
"十三五"普通高等教育本科部委级规划教材. 纺织科学与工程一流学科建设教材
ISBN 978-7-5180-7462-4

Ⅰ. ①非⋯ Ⅱ. ①王⋯ ②靳⋯ ③吴⋯ Ⅲ. ①非织造织物—高等学校—教材 Ⅳ. ①TS17

中国版本图书馆 CIP 数据核字（2020）第 085246 号

责任编辑：孔会云　　责任校对：寇晨晨　　责任印制：何　建

中国纺织出版社有限公司出版发行
地址：北京市朝阳区百子湾东里 A407 号楼　邮政编码：100124
销售电话：010—67004422　传真：010—87155801
http：//www.c-textilep.com
中国纺织出版社天猫旗舰店
官方微博 http：//weibo.com/2119887771
北京虎彩文化传播有限公司印刷　各地新华书店经销
2020 年 7 月第 1 版　2022年8月第3次印刷
开本：787 × 1092　1/16　印张：12.75　插页：2
字数：228 千字　定价：52.00 元

前言

非织造材料作为主要的产业用纺织品，近十多年来一直保持两位数的增长，我国许多高等院校也相继开设了非织造材料与工程专业。但由于这一新兴学科教师和专业人才匮乏，目前相关的教材和书籍较少。本书是作者基于在非织造领域多年的研究与教学经验，结合当前非织造行业的最新发展，并在查阅大量参考文献基础之上编写而成。其中，部分技术仅处于实验室阶段，可以开拓在校本科生和研究生的专业视野，也有助于非织造行业的工程技术人员和管理人员参考使用。

非织造材料应用领域广泛，本书无法全部概览，特别是服用衬布和包装材料等。部分关于市场和终端应用的数据和案例来源于公开报道，可能在学术上缺少严谨性，请读者见谅。

在本书成稿过程中，东华大学张月、卢晨、左文静、吴燕金、高宇剑和杨煦等研究生对本书的资料收集、内容修订、绘图和文献校队做了大量的工作；本书成果也离不开东华大学非织造研究发展中心多年来的一贯支持，东华大学纺织学院对本书的出版提供了经费支持，在此一并表示感谢。

本书部分图片来自2020年初新型冠状病毒肺炎疫情的前方报道，谨以此致敬那些战斗在疫情一线默默无闻的英雄们。

本书主要写作期间，正是新冠肺炎疫情形势最为严峻时期，每天都在紧张、焦虑和不安中度过。“百无一用是书生”，本人无法在一线抗击疫情，谨将自己在非织造领域积累的一点经验与大家分享，通过读者将科技转化为生产力，推动我国非织造行业的创新发展。

王洪

2020年4月5日

目　录

第1章　非织造材料结构特征和所用纤维原料

1.1　前言

非织造材料又称无纺布、非织造布、非织造织物或无纺织物，它是将定向或随机排列的纤维通过机械缠结、热熔黏合或者化学作用而制成的纤维集合体。非织造材料是产业用纺织品的重要组成部分，被誉为纺织工业中的“朝阳产业”。鉴于非织造工业的持续快速发展和广泛应用，国际标准化组织于2019年重新定义了非织造材料，认为它是一种通过物理或者化学手段赋予其所需结构、性能和/或功能的以平面状为主、但除机织物、针织物和纸张以外的工程纤维集合体（ISO 9092：2019）。

非织造材料具有工艺流程短、产量高、成本低等优点，是全球纺织行业中成长最迅速、创新最活跃的领域之一。非织造材料广泛用作医疗卫生用材料及制品、土工与建筑用材料及制品、过滤与分离用材料及制品、汽车用非织造、包装材料、结构增强用材料、各类鞋材、擦拭布等，其中妇女卫生巾、婴儿纸尿裤、手术衣等一次性用品的用量非常大。

2019年全球范围内对非织造材料继续保持旺盛的需求，全年行业规模以上企业的非织造材料产量达到503万吨，同比增长9.9%。2019年，我国产业用纺织品行业规模以上企业（非全口径）实现主营业务收入2359.3亿元，同比增长1.2%，利润总额为118.8亿元，同比下降4.3%，企业的平均利润率为5.9%，较上年同期降低0.3个百分点。其中，过滤、土工、安全防护、交通和复合材料等产业用纺织品的主营业务收入增长3.7%，利润总额降低1.7%，毛利率和利润率分别达到16.1%和7.2%，在行业内处于领先水平。

2019年，我国出口产业用纺织品价值273.4亿美元，同比增长2.1%，进口67.3亿美元，同比下降5.7%。从主要产品市场看，产业用涂层织物、非织造材料以及毡布/帐篷是排名前三的出口产品，出口额分别增长0.4%、5.4%和2.7%，占产业用纺织品总出口额三成以上。其中，非织造材料的出口量为105.1万吨，同比增长9.1%，而产业用涂层织物和毡布/帐篷的出口量则分别下降3.2%和1.2%。一次性卫生用品的出口继续保持活跃，出口额和出口量分别较上年同期大幅增长16%和18.8%。

纺织工业作为世界各国工业化先导产业，在解决就业、发展经济、促进贸易等方面具有重要的地位。当前世界正面临百年未有之大变局，全球科技突破正加速改变一切，经济力量发生着历史性变化，发展动能深度调整，世界多极化、经济全球化深入发展，全球产业分工格局正在重塑。新中国成立70年来，纺织工业沐风栉雨，砥砺前行，始终保持支柱产业地位不动摇。作为带动纺织行业转型升级和结构调整的重要力量之一，我国产业用纺织品行业步入战略发展的快车道，技术进步成效显著。

本章将围绕非织造材料常用纤维、非织造结构及其鉴别方法展开讨论，为本书后面几章非织造材料的具体应用提供先导知识支撑。

1.2 非织造材料常用纤维

1.2.1 概述

广泛用于医疗卫生、土工建筑、过滤分离等领域的非织造材料，其主要性能包括力学性能、过滤和阻隔性能、吸液性、耐温性、耐化学腐蚀性等，虽然说可以通过成网和加固工艺的优化得到不同力学性能、过滤和阻隔性能的非织造材料，但其化学性能和耐温性能等则是由所用纤维的自身特性所决定。在力学性能方面，可以用纤维强度利用系数来反映纤维和由其制成的非织造材料强力之间的关系。纤维强度利用系数K的计算公式如下所示：

$$K=\frac{\sigma_{\mathrm{p}}}{\sigma_{\mathrm{B}}\cdot m}\times 100\%$$

式中：K为纤维强度利用系数；σ_{p}为非织造材料的强度；σ_{B}为单纤维强度；m为通过非织造材料1cm^2截面的纤维根数。

通常，黏合法非织造材料的纤维强度利用系数不超过20%，针刺法非织造材料的纤维强度利用系数可达30%，而普通机织物的纤维强度利用系数高达40%~50%。可见，相对于传统机织物，非织造材料的成形工艺对其力学性能的影响更大。

另外，相对于机织和针织等传统纺织工艺，非织造材料成形工艺的纤维适应面广，传统纺织品所用纤维都可以用于成形非织造材料。像工艺黄麻纤维和木棉纤维等太粗和太短的纤维难以纺纱，无法采用机织和针织工艺成形，通常只能加工成非织造材料。另外，由于医疗卫生、过滤等产业用非织造材料的特殊应用工况和性能要求，只能采用非织造专用纤维。因此，本节将重点介绍非织造材料专用纤维。

据统计，短纤维成网加固非织造材料所用纤维原料中，丙纶占20%，涤纶占22%，双组分纤维占3%，黏胶纤维占7%，剩余为其他品种纤维。另外，纺粘和熔喷非织造材料中，聚丙烯占69%，聚对苯二甲酸乙二醇酯占19%，聚乙烯占10%，其他占2%。但是，由于纺粘和熔喷非织造材料是采用聚合物树脂切片为原料，本节对树脂性能不做介绍。

由于本节涉及的纤维品种多，现根据应用、纤维来源和截面结构等，将其分为高温烟尘过滤用纤维、医疗卫生用纤维、天然纤维、异形截面纤维等几种。

1.2.2 高温烟尘过滤用纤维

在国家环保政策的推动下，工业烟尘高温过滤材料行业继续保持快速增长，尤其是耐热、耐腐高端过滤材料市场发展迅猛，自2005年以来，我国相继自主研发成功间位芳纶、芳砜纶、聚苯硫醚纤维、聚四氟乙烯纤维、聚酰亚胺纤维等高性能纤维，极大地提高了我国环保治理能力，使我国的空气质量得到了根本好转。目前，国产苯硫醚纤维、聚四氟乙烯纤维、聚酰亚胺纤维及芳纶的质量已经接近国外先进水平，具有很强的市场竞争力。

下面分别介绍高温烟尘过滤常用聚四氟乙烯纤维、聚酰亚胺纤维、芳香族聚酰胺纤维、芳砜纶、聚苯硫醚纤维和亚克力纤维等。

1.2.2.1　聚四氟乙烯（PTFE）纤维

PTFE的介电常数和介电损耗低，是电线电缆的理想绝缘包覆材料。PTFE纤维化学稳定性好，耐高温（熔点327℃）、耐酸碱化学腐蚀、耐候（耐紫外线）、抗老化以及阻燃性等优良性能，在环保、航空航天、军工国防、机械、电子、化工、医疗、纺织、建筑等各个领域得到了广泛应用，是高温烟尘过滤领域的理想纤维。

没有合适的溶剂能够溶解PTFE树脂，所以PTFE纤维不是采用溶液纺丝法生产的。又因为PTFE熔体的黏度很高（350℃时黏度为10^{10}～10^{12}Pa·s），将其加热至415℃时仍不能转变为黏流态，所以也不能采用熔体纺丝的方法将其加工成纤维。现今制备PTFE纤维的方法主要有膜裂纺丝法、糊料挤出纺丝法和乳液纺丝法三种，其中膜裂法是非织造材料用PTFE纤维的主要生产方法。三种纺丝方法的优缺点和主要生产厂商信息如表1–1所示。从表1–1可以看出，膜裂法、乳液纺丝法和糊状挤出法各有优缺点，所制备的PTFE纤维形态和性能也有所不同。

20世纪90年代，Lenzing公司采用拉伸PTFE薄膜的膜裂法制备了平均线密度为2.6dtex的PTFE短纤维，用于耐高温针刺非织造材料的加工。该公司同时生产了线密度为440dtex的膜裂法PTFE长丝，用于针刺非织造材料的增强机织基布。而线密度为1350dtex的三合股PTFE长丝缝纫线则用于耐高温针刺过滤袋的缝制。膜裂法PTFE纤维的表面和截面结构如图1–1所示。

表1–1　PTFE纤维制备方法对比及国内外生产商信息

纺丝方法	技术特点	纤维特点	国外主要生产商	国内主要生产商
膜裂法	先加工薄膜，然后分切、拉伸、加捻	长丝，强度高，均匀性差，细度大	美国戈尔、奥地利Lenzing	浙江格尔泰斯、上海金由氟材料、台湾宇明泰
	先加工薄膜，然后拉伸、开纤、卷曲	短纤，强度中等，均匀性差，细度偏大	美国戈尔、奥地利Lenzing	浙江格尔泰斯、上海金由氟材料、台湾宇明泰
乳液纺丝	载体纺丝、热处理、拉伸、切断	短纤，强度偏低，均匀性好，细度中等	日本东丽	常州兴诚、南京3521
	载体纺丝、热处理、拉伸	长丝，强度偏低，均匀性好，细度中等	日本东丽	
糊状挤出	PTFE糊料直接挤出	纤维较粗，细度均匀，单丝为主	美国戈尔	上海灵氟隆

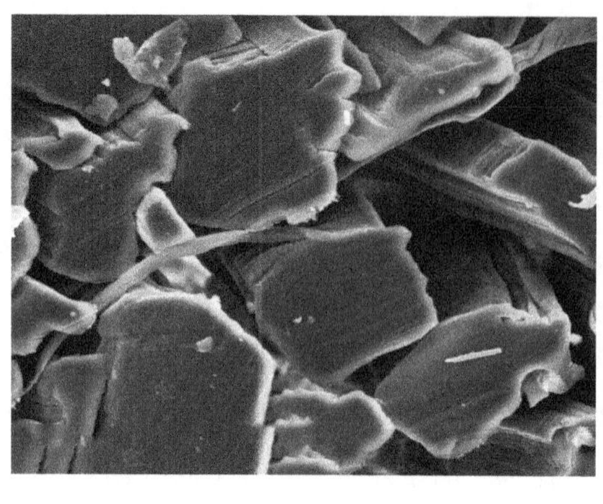

（a）横截面

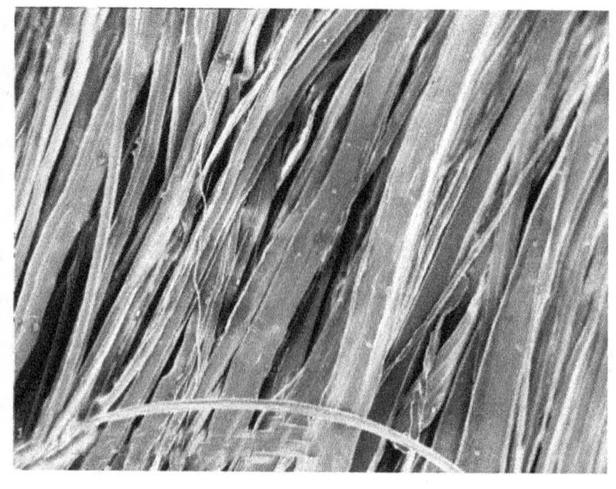

（b）表面

图1-1　膜裂法PTFE纤维的横截面和表面电镜图

由图1-1可见，膜裂法PTFE纤维为扁平状且表面不光滑，用作过滤材料时可以增加纤维的比表面积，提高了纤维对于粉尘的拦截效果。但由其制成的针刺非织造过滤材料密度较高，纤维间难以相互缠结，强力较低。可以经受持续250℃、瞬时280℃的高温过滤工况，适合在各种炉窑特别是电力燃煤锅炉、垃圾焚烧炉上使用，寿命一般在4年以上，但产品价格较贵。其缺点是纤维在梳理过程中容易产生静电，纤网均匀性差。另外，由于PTFE聚合物分子间的作用力较弱，纯PTFE纤维在外力作用下会发生明显的蠕变或冷流现象，影响滤袋在长期使用中的尺寸稳定性，一般需要有基布增强。

表1-2为膜裂法PTFE纤维的物理机械性能。由于膜裂法PTFE纤维制备过程环保、加工效率高，可以生产不同细度的长丝和短纤维，制品力学性能可控度较高，目前产量最大。

表1-2　PTFE纤维特性一览表

项目	指标
线密度 / dtex	(3.52 ± 0.33) [(3.2 ± 0.3) 旦]
断裂强度 / (cN · $dtex^{-1}$)	≥ 2.5
断裂伸长率 / %	≤ 23
干热收缩率 / %	≤ 3
卷曲个数 / 25mm	6～12
耐磨性 / %	1.07
LOI / %	94

糊料挤出纺丝法一般是将PTFE粉末经筛选后与易挥发的润滑助剂（如煤油、石油醚等）均匀混合，调制成糊状物，将其加压得到预制胚，然后在15～20MPa的压力下使胚料从一个模孔狭长的喷头中挤出，即得到单丝，经高温烧结使润滑助剂挥发，再进行拉伸，就可得到

PTFE长丝。或者将糊状物由模头挤出，制成薄膜或细条，通过压轧工序去除润滑助剂得到PTFE薄膜，再经纵向切割、拉伸得到 PTFE纤维。糊料挤出法主要用于制备PTFE长丝，此方法所得 PTFE纤维强度较高，通常用于高强的机织布的经纬纱、缝纫线和单丝等。糊状挤出法 PTFE纤维力学强力较高，但加工效率偏低，一般用于制备特殊用途和性能要求的PTFE单丝，产量较低。

乳液纺丝法包括干法纺丝、湿法纺丝和静电纺丝，常以纤维素、聚乙烯醇或聚丙烯腈为载体。一般将PTFE粉末和载体混合均匀后进行溶液纺丝，所制得的初生纤维经380～400℃的高温烧结，去除载体，即得到PTFE超细纤维，纤维强度较高。目前该方法较为成熟，缺点是载体用量较大、损耗多，且纺丝原液不太稳定。乳液纺丝PTFE长丝目前主要由日本东丽公司生产，可用于增强基布、缝纫线和填料密封，长丝强度和膜裂法长丝相比稍低一些。

PTFE纤维具有极强的耐高温特性和优良的耐化学稳定性，在高温和腐蚀性过滤工况下的使用寿命长，特别适合垃圾焚烧等高温腐蚀性烟尘的过滤，图1–2是PTFE纤维针刺非织造过滤材料的电镜照片。但在制备纯PTFE针刺非织造过滤材料时，需要从工艺技术和装备上解决PTFE纤维在开松和梳理过程中的摩擦静电问题。另外，还可将PTFE纤维与芳纶、聚苯硫醚、玻璃纤维等混合后制成针刺非织造过滤材料，部分解决纯PTFE纤维成网均匀性差的问题，还可以协同发挥各种纤维的优点。

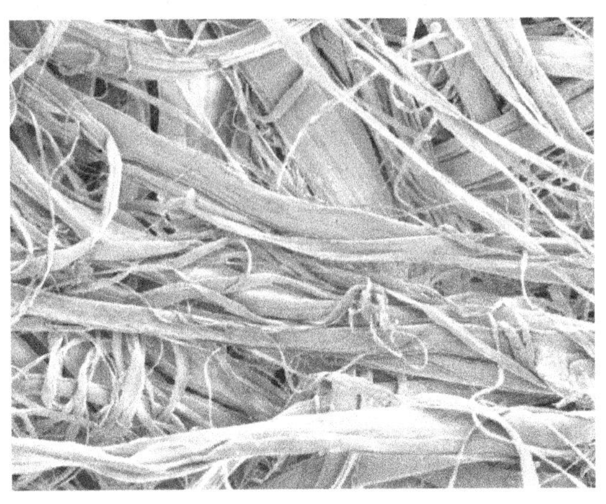

图1–2　PTFE纤维针刺非织造材料

1.2.2.2　聚酰亚胺纤维（P84纤维和轶纶）

聚酰亚胺是指主链上含有酰亚胺（—CO—N—CO—）重复结构单元的一类聚合物，通常是通过缩合聚合而成。聚酰亚胺纤维呈金黄色，纤维具有突出的耐高温性、难燃性、电绝缘性和耐辐照性，长期使用温度为230℃，瞬时温度260℃，纤维受热时不会产生熔滴。不同公司生产的聚酰亚胺采用的单体不尽相同，其聚酰亚胺聚合物的结构也不同。奥地利赢创（Evonik）公司生产的聚酰亚胺纤维俗称P84纤维，纤维的大分子结构式如图1–3所示，纤维截面结构如图1–4所示。

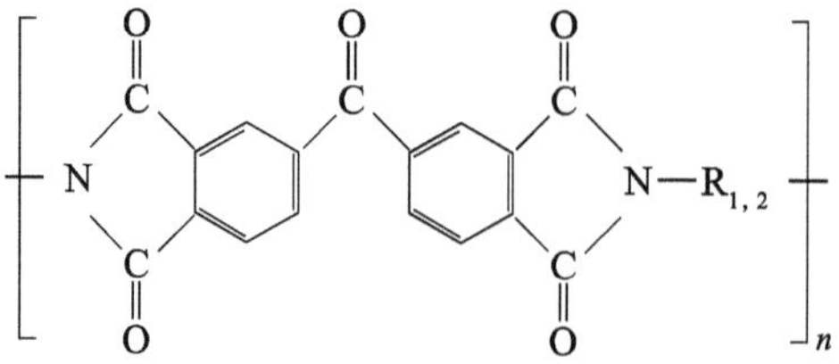

图1–3　赢创公司生产的聚酰亚胺纤维的分子结构式

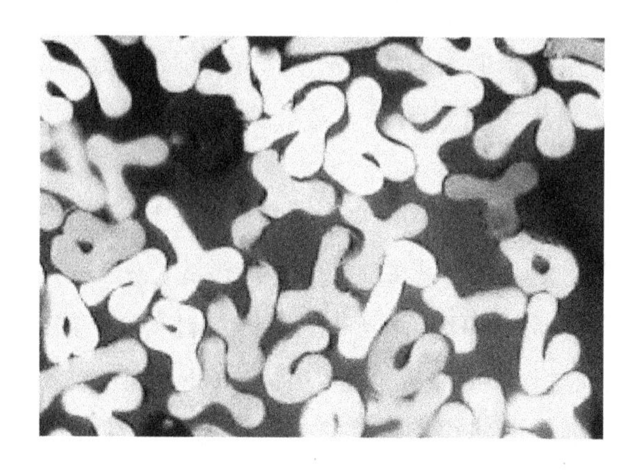

图1–4　赢创公司生产的聚酰亚胺纤维的截面结构

P84纤维截面为不规则的三叶瓣形，与常见的圆形截面纤维相比，P84纤维具有更大的比表面积，可以有效地捕集颗粒，过滤效率高（比其他纤维高15%~20%）。同时，过滤时粉尘不容易渗透，滤袋表面粉尘的剥离性能好，适合用于水泥厂、热式焚化炉、钢铁高炉等烟尘浓度高的过滤工况。P84纤维的物理化学性能如表1–3所示。

表1–3　P84纤维的物理化学性能

性能	指标
密度/(g·cm^{-3})	1.41
断裂强度/(cN·dtex^{-1})	3.5~4
回潮率/%	4.5
玻璃化温度/℃	280
安全使用温度/℃	230
LOI/%	36~38
耐化学腐蚀性	好
耐酸性	中

P84纤维的价格昂贵，因而通常将其与玻璃纤维或其他耐高温纤维混合后制成针刺非织

造过滤材料。有报道称，当玻璃纤维的含量在10%左右时，不仅产品原有性能没有发生太大改变，其耐磨性反而有所提高。

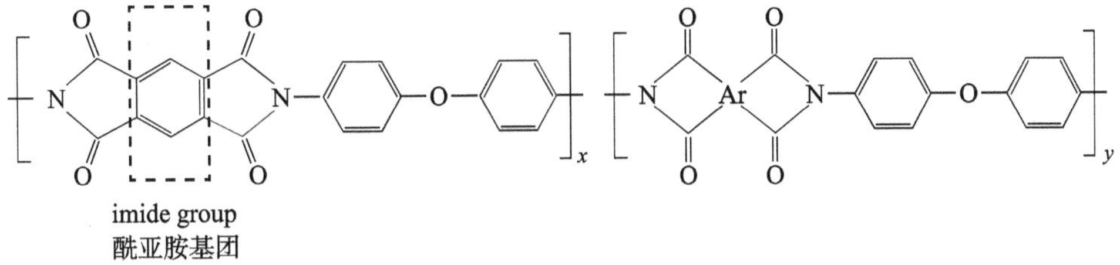

imide group
酰亚胺基团

图1−5　轶纶的分子结构式

国产聚酰亚胺纤维生产企业中，较为知名的是长春高琦聚酰亚胺材料有限公司，其产品的商品名称为轶纶，分子结构式如图1−5所示。

另外，轶纶具有圆形横截面，纤维线密度可达1dtex，热收缩率小。有文献将该纤维与P84纤维做了对比分析，发现该纤维的静态、动态力学性能皆优于P84纤维，且长期使用温度要高于P84纤维。另外，该纤维的价格低于P84纤维，近几年在国内高温过滤材料领域得到了较好的应用。

聚酰亚胺纤维的耐酸、抗水解性能稍差，适合在低含硫量的炉窑烟气处理工况使用。但其抗氧化性能比聚苯硫醚纤维好。聚酰亚胺纤维常与PTFE纤维、玻璃纤维等混合制成针刺非织造高温过滤材料。其中，商品名为氟美斯（FMS）的高温过滤材料，就是将玻璃纤维与聚酰亚胺纤维混合而成，该过滤材料中纤维间高效缠结，适用于过滤风速较高的特殊工况。PTFE纤维混合20%聚酰亚胺纤维的针刺非织造材料，适用于石油焦玻璃生产时的烟气过滤。

1.2.2.3　芳香族聚酰胺纤维（芳纶）

芳香族聚酰胺纤维是以芳香族单体为原料，经缩聚后形成大分子主链中含有芳香酰胺重复结构单元的聚合物，再经纺丝制得的合成纤维。根据酰胺键在苯环上的相对位置，可以进一步将芳纶分为聚间苯二甲酰间苯二胺纤维（简称间位芳纶或芳纶1313）和聚对苯二甲酰对苯二胺纤维（简称对位芳纶或芳纶1414）。间位芳纶的大分子结构如图1−6所示。

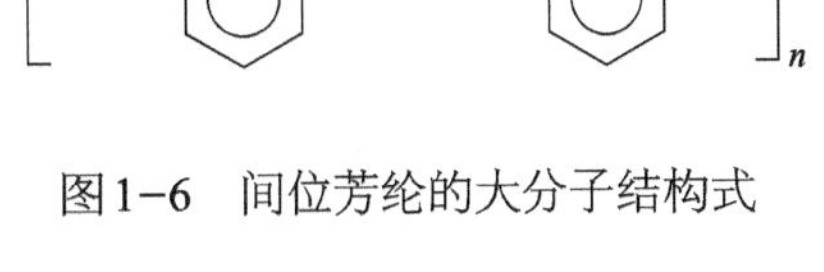

图1−6　间位芳纶的大分子结构式

美国杜邦公司于1965年开始工业化生产间位芳纶，商业名称为Nomex。由于间位芳纶分子内部的旋转位能相对不高且共价键没有共轭效应，其大分子链呈现出较好的柔性。对位芳纶也由美国杜邦公司研制成功，并于1993年实现工业化生产，商品名为Kevlar。对位芳纶为刚性链结构，且酰胺键呈反式构型，具有高度的对称性和规整性，目前多用于军工领域。相比于kevelar纤维，Nomex纤维成本低，近几年在高温烟尘过滤领域得到了较好应用。

Nomex纤维的常见力学性能如表1–4所示。Nomex纤维耐热性和绝缘性好，化学性能稳定，对于弱酸、弱碱及大部分有机溶剂有很好的抵抗性。Nomex纤维的热分解温度高达371℃，可在205℃以下长期使用，瞬间温度不超过260℃，是过滤180～220℃高温腐蚀性气体的良好材料。国外除在各种工业窑炉烟气净化中普遍应用外，在燃煤锅炉烟气净化方面也取得满意效果。由Nomex纤维制成的过滤材料的耐温性能优于聚苯硫醚纤维过滤材料。同时，其力学性能和耐碱性优于芳砜纶。

表1–4　Nomex纤维的力学性能

性能	参数
密度 / ($g \cdot cm^{-3}$)	1.38
断裂强度 / ($cN \cdot dtex^{-1}$)	3.5～6
拉伸模量 / GPa	22～45
断裂伸长率 / %	28
回潮率 / %	5
玻璃化温度 / ℃	270
安全使用温度 / ℃	200
LOI / %	26～32
热收缩率 / %	1～4
耐酸性	中等
耐碱性	中等

芳纶滤料适合在高温、无酸、含水较少的烟气工况下使用，广泛应用于水泥窑头、窑尾的烟气过滤。Nomex纤维的缺点是会发生水解反应，当烟气中含有SO_2且经常出现露点温度时，或者在烟气的含湿量大于10%时，由Nomex纤维制成的针刺非织造过滤材料的使用寿命会大大缩短。

在国产化芳纶生产企业当中最知名的是烟台泰和新材料股份有限公司，其生产的间位芳纶已经在市场广泛应用，该公司在宁夏投资6亿元人民币的对位芳纶项目，计划年产能3000t，年初已经纺丝试车成功，推动了芳纶全球供应格局的改变。

1.2.2.4　苯硫醚（PPS）纤维

聚苯硫醚（PPS）是由对二氯苯和硫化钠缩聚而成的聚合物，其聚合物分子结构式如图1–7所示。PPS具有阻燃、耐辐射、耐化学腐蚀、绝缘性好、机械好等优点。PPS纤维可以在

200～220℃温度下长期使用，其热变形温度为260℃，熔点为285℃，在温度高达400℃环境下才会发生分解。PPS纤维的力学性能如表1–5所示。

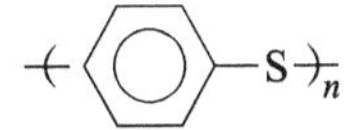

图1–7　PPS分子结构式

表1–5　PPS纤维的力学性能

性能	参数
密度 / $(g \cdot cm^{-3})$	1.37
断裂强度 / $(cN \cdot dtex^{-1})$	2.5～3.6
初始模量 / $(cN \cdot dtex^{-1})$	26～35
断裂伸长率 / %	25～40
回潮率 / %	0.6
熔点 / ℃	285
安全使用温度 / ℃	190
线密度 / dtex	2～2.7
LOI / %	35
耐酸碱性	好

研究发现，将PPS纤维分别放入93℃的盐酸和硫酸中浸泡24h，发现其拉伸强力保持率皆为100%。我国PPS纤维曾一度依赖进口，近几年来在各大科研院所和企业的共同努力下，国产 PPS 纤维在性能上有了长足的进步，目前已能满足国内市场的大部分需求，价格也有大幅度的下降，已成为耐高温除尘滤料产业最普遍采用的合成纤维之一，其滤料产品广泛用于燃煤锅炉、城市垃圾焚烧炉、公用工程锅炉等含湿高温烟气工况。

但是，PPS聚合物大分子主链上的苯环与硫原子形成了共轭结构，使得硫原子处于不饱和状态，高温下容易与氧气反应，使苯环和相邻大分子发生氧桥支化及交联。进一步的氧化作用则会使主链断裂降解并释放出SO_2，其降解机理如图1–8所示。

PPS纤维的氧化降解最终会导致滤袋性能下降，宏观表现为滤料变脆发硬，出现破损，使用寿命缩短。尤其是在NO_2、NO和臭氧的环境下，PPS滤料老化速度加快，使用寿命迅速下降。因此，一般建议其PPS过滤袋的长期使用工况为：O_2浓度小于8%、NO_2浓度小于16mg / Nm^3。

为了克服PPS纤维耐氧化的不足，近几年市面上出现了一种改性抗氧化PPS纤维。它对PPS大分子结构中活性较强的硫原子进行饱和化处理，使其成为芳砜基团或亚砜基团，并保留部分硫原子，以保证PPS大分子链的柔韧性，然后再进行大分子长链之间的硫—硼—硫部

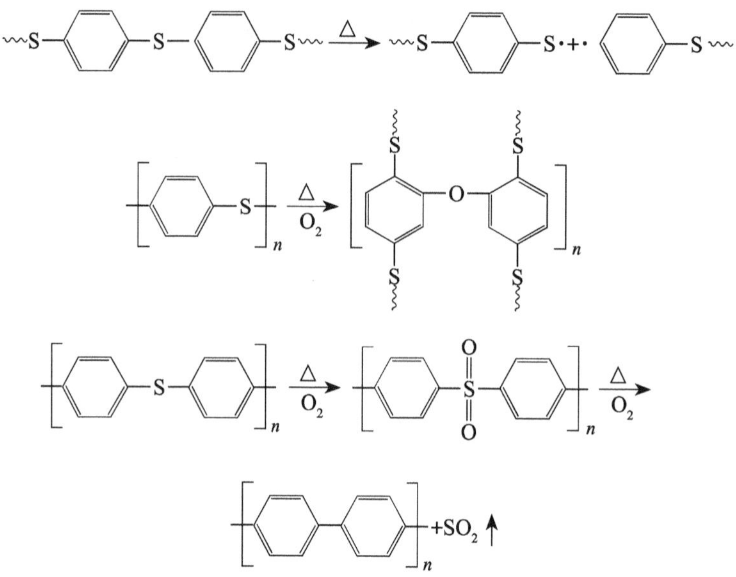

图1-8 PPS氧化降解机理图

分交联处理，即为改性聚苯硫醚纤维。其耐氧化性、耐热性和耐化学特性同时得到提升，由其制成的过滤袋可有效抑制过滤工况条件下的氧化失效，从而大大提高了滤袋的使用寿命。还有人将二氧化钛与PPS共混后熔融纺丝，纤维的抗氧化性能提高约30%，耐热温度达到280℃左右。除此之外，对PPS滤料进行PTFE乳液浸渍后整理，使PPS纤维表面部分或者全部被PTFE包覆，也有防止滤料氧化降解的功能。

1.2.2.5 芳砜纶（芳砜酰胺PSA）

芳砜纶是我国自行研制成功、拥有全部核心专利、具有自主知识产权的有机耐高温纤维，其学名为聚苯砜对苯二甲酰胺纤维，简称PSA纤维。它是一种对位占75%、间位占25%的芳香族聚酰胺纤维，并在主链上加入砜基（$—SO_2—$），具有更好的耐高温性能，其分子结构式如图1-9所示。

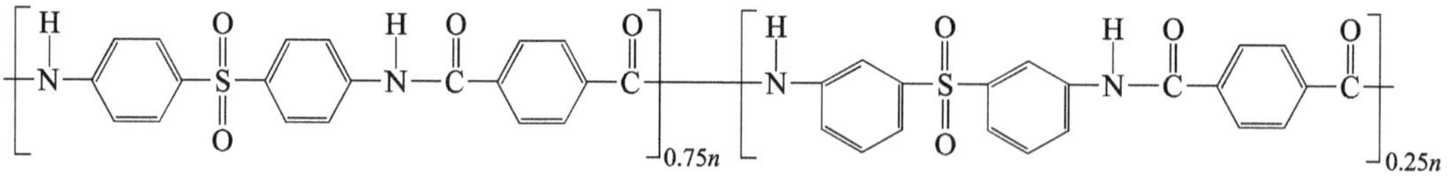

图1-9 芳砜纶的分子结构式

芳砜纶的力学性能与间位芳纶相近，但耐热稳定性、阻燃性能等更为优异。它没有明显的熔点和燃点，热分解温度为427℃，长期使用温度为250℃。其极限氧指数为32%，在个体安全防护、高温烟气过滤和民用居家安全等方面表现突出。但是，芳砜纶对湿度比较敏感，容易发生水解反应，使用用于水泥窑头等干燥工况过滤。芳砜纶的力学性能如表1-6所示。

表1-6　芳砜纶的力学性能

性能	参数
密度 / (g·m^{-3})	1.42
断裂强度 / (cN·dtex^{-1})	≥ 3.0
断裂伸长率 / %	20～25
卷曲数 / [个·(25mm)$^{-1}$]	≥ 9.0
回潮率 (20℃ ×65%)/ %	6.28
干热收缩率 (250℃ ×30min)/ %	≤ 0.8
极限氧指数 / %	32
长期使用温度 / ℃	250

1.2.2.6　玻璃纤维（玻纤）

玻璃纤维是一种性能优异的无机非金属纤维，它是以天然矿石为原料，按设计的配方进行配比后，进行高温熔制和拉丝而成。玻纤是一种优良的保温绝热材料，具有导热系数低、使用寿命长、耐高温等特点，广泛应用于建筑及工业保温、隔热、深冷等领域。玻纤还具有良好的吸声、隔声等性能，在建筑、交通运输、机械等方面应用广泛。无碱玻纤的介电系数为5.0～6.0，介电性能优异，其吸湿量小，弹性模量高，伸长率低，抗腐蚀性和电绝缘性好，广泛用于增强材料和电绝缘材料等。

玻纤的生产方法有离心喷吹法和火焰喷吹法两种，离心喷吹法生产出来的玻纤直径一般为1.5～8μm，而火焰法生产的玻纤直径可以更细，平均直径可在1μm以下。再加上玻纤具有耐腐蚀性好、强度大等优点，因此是一种传统的过滤材料用纤维原料，在电子工业、医疗卫生、航空航天、军工装备等过滤领域发挥着举足轻重的作用。

玻纤的密度较有机纤维大，但比一般的金属纤维密度小。普通玻纤的密度一般为2.5～2.7g /cm^3，但是一些含有大量重金属化学成分的玻纤密度可高达2.9g /cm^3。因此在同样的厚度下，玻纤非织造材料的重量相对较大。玻纤还存在性脆，耐折性、耐磨性和拉伸性能较差等不足，在加工过程中还容易产生大量玻纤扬尘，影响了生产一线操作人员的身体健康，同时也制约了玻纤高温滤料的高速、绿色工业化生产进程。

为了降低玻纤熔制纺丝温度，通常添加氧化钠、氧化钾等碱金属氧化物，因此可以根据金属氧化物的含量，将玻纤分为如下几种：B玻纤（含硼硅酸盐）、CA玻纤（含钠钙硼硅酸盐）、E玻纤（无碱玻纤）、C玻纤（中碱玻纤）等，它们的主要化学成分见表1-7。一般来说，玻纤中碱金属氧化物的含量越高，其化学稳定性、电绝缘性和强度都会越差。通常而言，玻纤碱含量越高，其拉伸强度则越低。

表1–7　不同玻纤的主要化学成分

玻纤成分	B玻纤 / %	CA玻纤 / %	E玻纤 / %	CP玻纤 / %	C玻纤 / %
SiO_2	55.0～60.0	63.0～67.0	50.0～60.0	70.0～73.0	66.6～68.0
Al_2O_3	4.0～7.0	3.0～5.0	13.0～16.0	0～3.0	6.1～7.1
B_2O_3	8.0～11.0	4.0～7.0	5.8～10.0	—	—
Na_2O	9.5～13.5	14.0～17.0	<0.6	12～16	11.0～12.0
K_2O	1.0～4.0	0～2.0	<0.4	—	<0.5
CaO	1.0～5.0	4.0～7.0	15.0～24.0	6～12	9.0～10.0
MgO	0～2.0	2.0～4.0	<5.5	0～4	3.7～4.7

其中，B玻纤和CA玻纤属于高碱玻纤，其金属氧化物含量不低于15%，一般采用碎的平板玻璃、碎瓶子玻璃等作为原料拉制而成，现在国家已经禁止生产此类产品。C玻纤属于中碱玻纤，其金属氧化物的含量为11.9%～16.4%，是一种钠钙硅酸盐成分，因其含碱量高，不能作为电绝缘材料，但其化学稳定性和强度尚好。而E玻纤属于无碱玻纤，其金属氧化物的含量小于0.8%，是一种铝硼硅酸盐玻纤，其化学稳定性、电绝缘性、强度都很好，耐酸碱腐蚀性好，可以适应多种过滤工况的需求。

玻纤的耐高温、不燃性是其他天然纤维和一般化学纤维所无法比拟的，可以在260℃（中碱）/280℃（无碱）的温度条件下长期工作，瞬间温度可达350℃。其耐腐蚀性能优良，能耐大部分酸（氢氟酸除外）的腐蚀。玻璃纤维表面光滑憎水，过滤阻力小，有利于粉尘剥离。经过不同表面处理剂处理的玻纤过滤材料，具有柔软、顺滑、疏水、抗结露和收缩率低等优点。

玻纤弹性模量大、伸长率小、纤维表面非常光滑，相对于其他有机纤维，在针刺非织造加固过程中的缠结效果差，且容易引起纤维断裂，因此一般需要与玻纤机织布增强复合。而通过湿法成网的纯玻纤薄型非织造材料，一般需要通过添加黏结剂的化学黏合方法加固纤网，或者在玻纤中混入其他化纤的热黏合加固方法。

但玻纤针刺非织造材料还存在耐磨性差等不足，通常将其制成针刺非织造材料后再与PTFE微孔膜复合，形成具有易清灰、耐磨、耐折、高强等特性的高温烟气过滤材料，烟气过滤后的排放浓度可以低至5～10mg / kg，可以用于水泥窑头、窑尾和垃圾焚烧烟气过滤等工况。

1.2.2.7　均聚丙烯腈纤维（亚克力纤维）

亚克力纤维是聚丙烯腈类纤维中的一种，它是采用一种丙烯腈单体为聚合原料，经均聚反应得到聚合物，再经纺丝得到的截面呈圆形或八字形的有机纤维。腈纶是聚丙烯腈纤维在我国的商品名称，它是由丙烯腈与第二或第三单体共聚纺制而成的纤维。这是因为腈纶工业化初期，采用丙烯腈均聚生产的腈纶，存在纤维质量差和染色困难等问题，后来发展了二元和三元共聚丙烯腈的腈纶聚合工艺技术。加入的丙烯酸甲酯、甲基丙烯酸甲酯等第二单体可以提高腈纶的柔韧性、弹性和手感，而丙烯磺酸盐、甲基丙烯磺酸盐等第三单体则可以改善纤维的染色性。

因此，相对于常规的腈纶，亚克力纤维具有更高的耐热性能，同时具有耐化学腐蚀和耐水解等优异性能，因此，由亚克力纤维制成的过滤袋被广泛用于陶瓷工业及含水率高的工况环境。但目前市面上的亚克力纤维基本都是进口的，较为知名的企业有土耳其的Aksa Akrilik Kimya Sanayii A.S.等公司，国产化亚克力纤维尚未见报道。

综上所述，上述几种高温烟尘过滤用纤维的性能对比统计如表1–8所示。

表1–8　高温过滤材料性能对比一览表

纤维种类	持续温度 / ℃	瞬时温度 / ℃	水解稳定性	耐酸性	耐碱性	氧化稳定性
偏方族聚酰胺纤维	200	220	受限	受限	受限	良好
聚酰亚胺纤维	240	260	良好	受限	受限	良好
聚四氟乙烯纤维	250	280	优秀	优秀	优秀	优秀
玻璃纤维	260	288	良好	受限	受限	优秀
PPS 纤维	200	260	稳定	稳定	稳定	受限

PPS纤维的强度、耐热性与Nomex纤维等芳纶相近，耐腐蚀性能优于Nomex纤维，仅次于聚四氟乙烯纤维。以水泥企业为例，水泥窑炉的窑头用芳纶滤料，窑尾则用聚酰亚胺（P84纤维、轶纶、甲纶等）滤料，部分企业也会使用玻璃纤维覆膜滤料和玻璃纤维与耐高温有机纤维混纺滤料来加强过滤效果。

根据所用场所不同，钢铁企业采用的过滤材料也会有所区别：烧结烟气的过滤材料采用PPS或亚克力；高炉煤气中以玻璃纤维混纺滤料为主，包括部分芳纶、聚酰亚胺或复合毡；垃圾焚烧的烟气中含有诸多腐蚀性组分，而且湿度较大，因此常使用覆膜PTFE滤料。

1.2.3　医疗卫生用常见纤维

医疗卫生用非织造材料包括纸尿裤、湿巾、面膜、阻隔防护材料和敷料等，多数是要与人体皮肤直接接触，因此一般希望纤维具有良好的柔软性和亲肤性等。常见的纤维有丙纶、黏胶纤维、棉纤维、低熔点双组分纤维、木浆纤维等。近几年来，壳聚糖和海藻酸等生物质纤维在医疗卫生领域的应用越来越广，还有超细纤维以及异形截面纤维等新型纤维。本小节仅介绍医疗卫生用常见纤维。

1.2.3.1　丙纶

丙纶的密度仅为0.91g/cm^3，是最轻的化学纤维，比涤纶轻34%，比锦纶轻20%，因此其遮蔽性优于涤纶和锦纶。丙纶的标准回潮率几乎为零，芯吸效应强，疏水导湿排汗性能好。丙纶的初始模量较小，手感柔软。同时，丙纶还具有较好的耐酸碱和电绝缘性，在医疗卫生、混凝土、土工布、运动保暖服装、装饰、地毯等领域广泛应用。相比涤纶、锦纶等化纤产品，丙纶是合成纤维中所占比重较小的品种。

2016年，全球合成纤维产量约5969万吨，我国约4127万吨，占全球合成纤维产量69%。其中，全球涤纶产量5202万吨，我国约占全球产量的73%。全球丙纶产量约549万吨，我国约占全球产量的19%，与涤纶差距较大。

高熔指、窄分布、低波动聚丙烯树脂制备技术的突破，促进了细旦、超细旦丙纶的开发，但用熔融纺丝方法制备线密度低于0.55 dtex的超细旦丙纶和细旦功能性丙纶仍是一项技术难题。随着国家经济结构转型，丙纶原料将迎来民营化高速增长。“一带一路”和海洋战略等基础设施建设对丙纶提出更多需求和更高的性能要求。加之，近年来丙纶原料制备技术和高强、超细旦、阻燃等差别化功能性丙纶制备技术的进步，都将促进丙纶在医疗卫生、工业过滤、土工布和高档服饰等领域的更多应用。

1.2.3.2 低熔点双组分纤维

双组分纤维可以分为同芯型、偏芯型、并列型、橘瓣型等，其纤维截面结构示意图如图1-10所示。最早的双组分纤维由日本智索公司开发生产，它是一种皮层为聚乙烯、芯层为聚丙烯的双组分纤维，俗称ES纤维。由于丙纶的高结晶性和较窄的熔融温度范围，纯丙纶纤网的热风或者热轧加固温度控制要求非常严格。温度过高，会出现纤网收缩现象；而温度过低，纤维间黏合效果差，制成的非织造材料力学性能差。而由ES纤维制成的纤网在热风或者热轧加固过程中，皮芯聚乙烯熔融时，芯层聚丙烯依然可以保持其纤维结构，在实现较好黏合加固效果的同时可以更好地保持纤网结构。因此，目前纸尿裤面层和导流层大部分都是以ES纤维为原料。

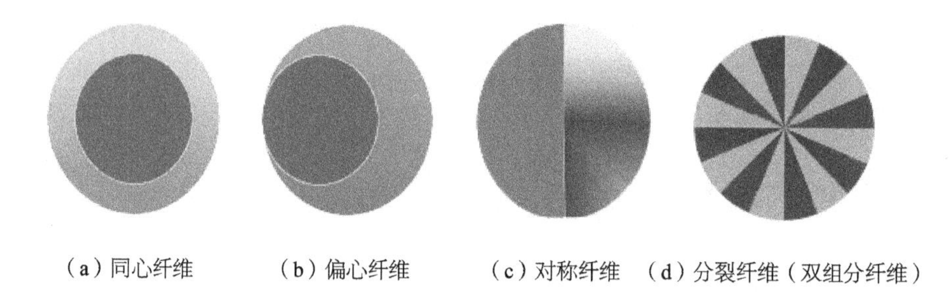

（a）同心纤维　（b）偏心纤维　（c）对称纤维　（d）分裂纤维（双组分纤维）

图1-10　双组分纤维截面结构示意图

对于并列型双组分纤维来说，如果两种组分的热收缩性能差别很大，由其制成的纤维则具有永久卷曲结构。由其制成的非织造产品结构蓬松，比一般单组分纤维及皮芯型双组分纤维具有更好的手感，用作卫生材料时效果更好。非对称并列型双组分纤维更容易形成永久卷曲结构，近几年的市场发展态势好。

除了用于医疗卫生领域，皮芯型低熔点纤维也经常与其他非热熔纤维混合，作为黏结纤维实现纤网的热加固成形。比如，碳纤维因具有较好的刚性和突出的电性能而广泛用于电池电极材料、电磁屏蔽设备的功能层等领域。为了提高碳纤维材料的柔韧性，有人将皮芯型

PE/PP低熔点纤维与碳纤维共混后湿法成网，再经热压加固成非织造材料。结果发现，低熔点纤维的加入可以大大提高材料的拉伸性能和柔韧性，并可以通过改变碳纤维的含量和长度来优化材料的电性能。其样品结构和柔性如图1-11所示。

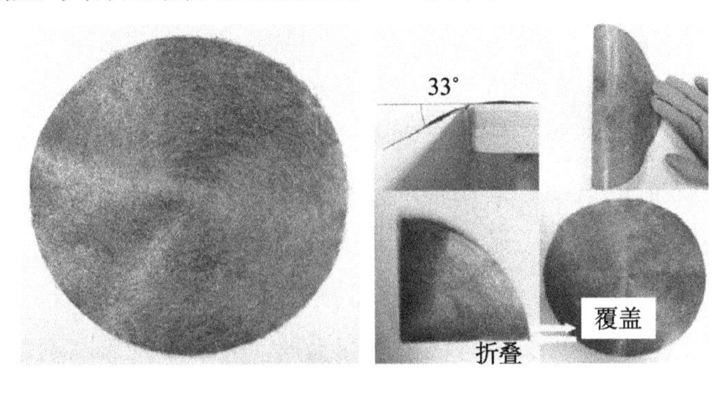

图1-11 碳纤维/低熔点纤维共混热压加固非织造材料

1.2.3.3 黏胶纤维

黏胶纤维是一种再生纤维素纤维，其湿强度低，吸湿和亲水性好，非常适合采用水刺非织造加固工艺成形，是面膜、湿巾揩布和医用敷料等非织造材料常用纤维。在所有的黏胶纤维生产企业中，有名的当属奥地利兰精公司。随着医疗卫生市场需求的发展，该公司先后开发了一系列专用黏胶纤维。比如，采用Eco Disperse技术开发的湿厕纸用可冲散及生物可降解短切黏胶纤维，可采用湿法成网与气流成网技术、再配合水刺加固制成湿厕纸，其质感强韧，丢进马桶可自然分解。采用Translucency技术生产的贴片面膜专业纤维，制成的面膜质感自然柔滑，纤维湿态时完全透明，可以让消费者享受更通透润滑的美肌体验。采用Trilobal技术生产的“三叶形”横截面黏胶纤维吸湿性更强，可吸收更多液体，非常适合制备卫生棉条。

1.2.3.4 木浆纤维

木浆纤维具有良好的亲水性，含水率可达33%～35%，同时具有良好的柔软性。木浆纤维价格便宜，仅为黏胶纤维价格的三分之一，大量用于揩布、纸尿裤和卫生巾的吸液芯层等领域。木浆纤维的长度为1～3mm，需要采用气流或者湿法成网工艺形成纤网，再进行水刺加固；或者直接将木浆纸退卷后与其他纤网叠合，再经水刺加固成形。另外，木浆纤维也可以与其他热熔纤维共混成网，然后采用热风加固成形，成为具有一定蓬松性的吸液材料。

1.2.3.5 棉纤维

棉纤维是一种天然纤维素纤维，纤维间容易抱合，吸湿性好，容易成网和水刺加固，制成的非织造材料具有舒适性、低致敏性和良好的吸收性等，是湿巾和面膜等产品的优选纤维。市场调查发现，82%的消费者认为棉纤维是婴儿用品的较好材料，包括衣服、纸尿裤等。全球范围内3/4的消费者期望婴儿护理品中含有棉纤维，中国消费者对于棉制品的期待占比最高，为89%，拉丁美洲则为86%。因此，近两年来，棉纤维非织造材料的单面拒水整理技术非常热门。通过单面拒水整理，使其成为单向导湿非织造材料，用于纸尿裤面层，具有网面干爽效果。

1.2.4 生物质纤维

目前，我国化纤行业80%的纤维产品原料都来源于石化衍生物，带给环境的危害越来越受到人们的重视。为了减轻环境负担，生物质纤维因其优良的绿色可降解性以及所具有的特殊功能，越来越受到人们的重视。近几年来，新溶剂法纤维素纤维、生物基聚酰胺纤维、壳聚糖纤维、海藻酸盐纤维的纺丝、后整理产业化关键原创性技术取得重大突破，生物基化学纤维及原料核心技术取得新进展，初步形成产业规模。

生物质纤维既不依赖石油，又不与粮食争夺土地，开辟了纤维材料的第三原料来源，复合纤维材料绿色、环保的发展趋势。还可以将蟹壳、海藻等材料变废为宝、化害为利。下面介绍近几年产业化应用比较成功的壳聚糖纤维和海藻酸盐纤维。

1.2.4.1 壳聚糖纤维

壳聚糖纤维是甲壳素经浓碱处理、脱除乙酰基后经湿法纺丝所制成的纤维，因此又称脱乙酰甲壳素或甲壳胺纤维，其结构变化如图1-12所示。而甲壳素是世界上资源第二丰富的生物多糖，广泛存在于虾、蟹、昆虫等的甲壳中，是甲壳类海虾（如虾和蟹）外骨骼的主要成分，也存在于真菌、酵母等生物中。

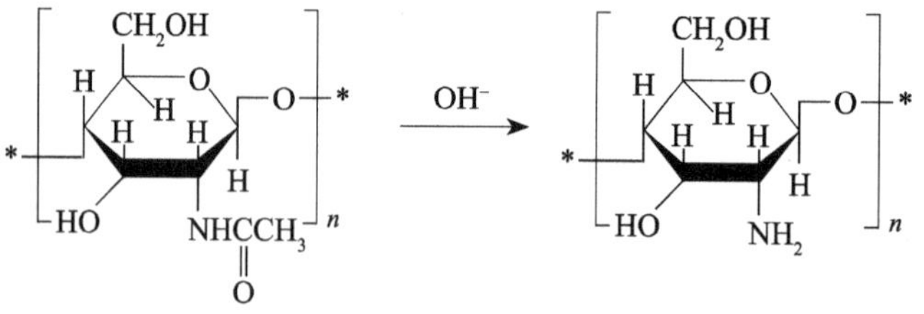

图1-12 甲壳素结构变化图

从图1-12可以看出，壳聚糖大分子链上的NH_2基团可以使其在合适的酸性环境中变成带有正电的$-NH_3^+$，可以与细菌蛋白质中的负电荷发生中和反应，破坏细菌细胞壁的完整性，改变细菌细胞膜的通透性和流动性，从而破坏其细胞膜的功能，达到天然抗菌效果。但它只能在酸性条件下质子化后才能获得良好的抗菌效果，其抑菌能力受到一定的限制，应用领域也有一定的局限性。甲壳质等物质具有生物活性，具有止血和防腐作用并能促进伤口愈合。有研究认为，纯纺壳聚糖纤维材料的抑菌率可达99%以上。

作为一种天然的可再生资源，壳聚糖纤维具有很多独特性能，如抗菌活性、无毒性、生物相容性好，可降解，还有良好的吸湿保湿性、通透性及促进伤口愈合等特性，符合人们崇尚健康、环保、舒适的理念，在生物医疗，制药，食品科学和纺织品等领域吸引了科学和工业的兴趣。

壳聚糖纤维是甲壳素最为重要的衍生物之一，具有一定的拉伸性能和力学性能，可以用作缝线和伤口敷料等。有人开发了一种新型抑菌生物材料，利用壳聚糖纤维和黏胶纤维为原料，将两者混合后采用水刺加固制成新型水刺非织造材料。结果表明，该材料具有较好的生物医用性能，壳聚糖纤维含量越高，水刺非织造材料的吸水性、透气性、柔软性和抗菌性越好。但壳聚糖纤维容易吸湿、纤维的伸长率较小，在成网过程中落纤率较高。

同时，由于壳聚糖大分子中含有大量的羟基、氨基等亲水性基团，在分子内及分子间存在大量氢键，所以还具有较好的吸湿性和保湿性。但壳聚糖水溶效果差，只溶于酸或酸性溶液，其产物呈微酸性，对人体有一定的刺激。为了克服以上不足，羧甲基化壳聚糖（carboxymethyl chitosan，CMC）既保留了壳聚糖的优良性能，还具有水溶性，抗菌性，可降解性，应用更为广泛。研究发现，羧甲基壳聚糖纤维接触去离子水后能迅速形成凝胶状，具有良好的保湿性能，符合英国伦敦大学 Winter 教授提出的“湿润环境愈合理论”，能为愈合时间较长的慢性伤口提供更有效和更快速的治疗，其在新型医用敷料的应用在医学界得到了极大的认可，是医疗卫生领域常用功能性敷料。

1.2.4.2 海藻酸钙纤维

海藻酸盐纤维是以海藻酸为原料，通过湿法纺丝制成的一种生物基纤维材料。先将海藻酸钠、海藻酸钾或者海藻酸铵等水溶性化合物溶于水中形成纺丝溶液，该纺丝溶液从喷丝孔挤出后形成的初生纤维丝进入氯化钙水溶液凝固浴中，成为不溶于水的海藻酸钙纤维，再经过牵伸、水洗、干燥等工艺处理，即成为海藻酸钙纤维。

海藻酸盐是从天然褐藻中提取的一种多糖，具有优良的生物相容性和可降解性，广泛应用于生物医药等领域，是美国食品药品管理局（FDA）批准用于生物医学领域的天然生物材料之一。海藻酸盐水凝胶是以海藻酸盐为原料，通过化学或物理交联制备的一种含有大量水分的网状交联结构体，与机体组织结构相似，具有柔软、润湿的表面以及与组织的亲和性，可以减少材料对周围组织的刺激性，在骨再生、组织修复、药物控制释放、细胞免疫隔离及生物绷带、创面敷料、面膜等领域的应用越来越受到关注。

海藻酸钙纤维的力学性能较差，成网性差，价格昂贵。因此，目前多是采用将其与黏胶纤维、棉纤维等其他纤维共混成网，再进一步水刺或者针刺加固成非织造材料。

1.2.5 异形纤维

1.2.5.1 异形截面纤维

相对于圆形截面纤维，异形截面纤维具有更多的比表面积，更好的芯吸效应，作为过滤材料时有更高的容尘量。根据截面形状，异形截面有三叶形、扁平形、三角形等多种结构。据报道，帝人福瑞公司开发了一种全新超异形卷曲纤维 SOLOTEX OCTA，该纤维具有蓬松、轻便、高弹性、伸缩性强及形态恢复能力强等多重优点，其截面和表面结构如图 1-13 所示。从图 1-13 可以看出，该纤维是一种中空异形截面纤维，具有永久卷曲性，赋予纤维更高的弹

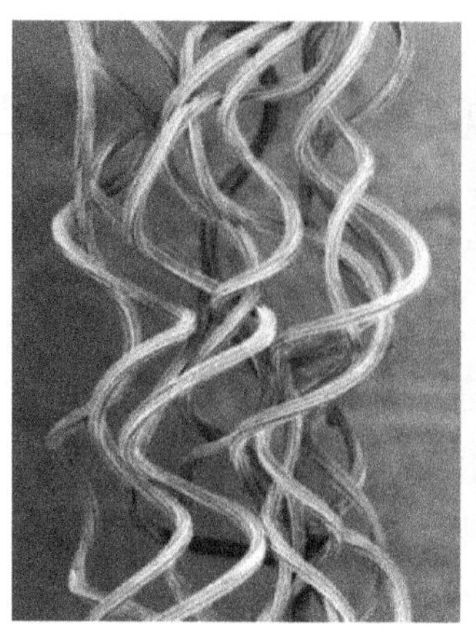

图1-13　帝人公司开发的超异形卷曲纤维

性和形态恢复能力，该纤维可以替代羽绒，具有保暖、吸声隔声、过滤吸附等优良性能，并能更持久地维持性能稳定。

1.2.5.2　海岛形超细纤维

海岛纤维是20世纪70年代初期由日本东丽公司首先研究和开发成功的。其纺丝方法主要有复合纺丝法和共混纺丝法两种，除此之外，还有离心纺丝法、直接纺丝法、喷射纺丝法、原纤化法和湍流法等。理论上说，将两种热力学非相容性的聚合物按一定比例共混或复合后纺丝得到的复合纤维，两组分中的一种聚合物以微细且分散的状态（“岛”组分）被另一种聚合物以连续相的状态（“海”组分）包埋着，在纤维截面上呈现岛屿状分布，仿佛“海”中有许多“岛屿”。图1-14是江南高纤公司生产的51岛PA6/CO-PET（70/30）海岛纤维。

图1-14　51岛 PA6/CO-PET（70/30）海岛纤维

目前市场上海岛纤维常用“岛”组分有聚酰胺、聚对苯二甲酸乙二醇酯等，根据“海”“岛”两组分熔体的表观黏度和纺丝温度的匹配性，以及“海”组分的易被溶解剥离程度，常选用的“海”组分材料有碱溶性聚酯、聚乙烯、聚乙烯醇、聚酰胺、聚对苯二甲酸乙二醇酯、聚丙烯、聚苯乙烯等。

将海岛纤维的“海”组分溶解开纤后，可得到线密度小于0.55dtex的“岛”组分超细纤维，这是其他常规纺丝方法无法得到的。因此，海岛纤维日益成为十分重要的新型纺织材料。国际上对超细纤维没有统一的定义，不同的国家对超细纤维的定义如表1-9所示。一般认可的定义为单纤维线密度在0.1～1.0dtex之间的为超细纤维，单纤维密度小于0.1dtex的纤维称为超级细纤维。

表1-9 不同国家对超细纤维的定义

国家	定义标准
美国(PET委员会)	0.3～1.0dtex
荷兰(AKZO公司)	上限0.3dtex
意大利	上限0.5dtex
日本	上限0.3dtex
中国(纺织工业联合会)	涤纶长丝0.5～1.3dtex，锦纶长丝0.5～1.7dtex，丙纶长丝0.5～2.2dtex，短纤维0.5～1.3dtex

超细纤维最优异的特点是单丝线密度远远低于普通纤维，从而赋予材料更好的柔软性、遮蔽性、吸湿性和更小的孔隙结构。使用更细的纤维意味着非织造材料中纤维更密集，增加了产品的孔隙数量和纤维表面面积。因此，超细纤维被应用到需要更小孔隙结构的材料中，比如过滤介质、电池隔膜或声学非织造布。另外，超细纤维单丝线密度小，纤维比表面积大，纤维间的空隙更容易产生芯吸作用，因此具有很强的吸湿能力。

1.2.5.3 橘瓣形超细纤维

橘瓣形双组分纤维是一种新型的双组分纤维，特别是橘瓣形双组分中空纤维，可以依靠机械力或水刺喷射力使橘瓣相互分离，得到细度更小的纤维，从而实现纤维比表面积的增加及手感的改善，应用于制备水刺超纤革基材料、擦拭材料、床上用品、过滤材料等。88dtex/36f涤锦橘瓣形超细纤维截面如图1-15所示。

图1-15 88dtex/36f涤锦橘瓣形超细纤维截面

1.2.6 天然纤维素纤维

1.2.6.1 麻纤维

麻纤维品种繁多，可分为韧皮纤维和叶纤维两大类。韧皮纤维作物主要有苎麻、黄麻、青麻、大麻（汉麻）、亚麻、罗布麻和槿麻等。其中苎麻、亚麻、罗布麻等胞壁不木质化，纤维的粗细长短同棉相近，可作为纺织纤维原料，用作服装面料；黄麻、槿麻等韧皮纤维胞壁木质化，纤维短，只适宜纺制成绳索和包装用麻袋等。叶纤维比韧皮纤维粗硬，只能制成绳索等产品。麻纤维具有吸湿性好、无卷曲、硬挺性好等特性。大麻中含有的“大麻酚”具有杀菌等功能，因此说麻纤维非织造材料具有一定的抗霉抑菌功能，可用作鞋垫、擦拭材料和家居装饰等领域。

红麻纤维的吸湿性好，回潮率为11%~15%，其纤维截面为多角形或椭圆形，中腔较大。红麻纤维粗糙、硬挺，可纺性差，单纤维细度为18~27μm，长度为2~6mm。纺纱时，一般线密度为333.33~666.67tex（1.5~3公支），最多不低于100tex（10公支），只能粗纱稀织，但是可以作为工艺纤维将其成形为非织材料，用作育秧膜等产品。红麻具有较高的摩擦系数和弹性模量，其断裂强度可高达14.13cN/tex左右，断裂伸长为2.42%，因此适宜用作复合材料的增强纤维。

大麻又称火麻、汉麻。大麻单纤维表面粗糙，有纵向缝隙和孔洞及横向枝节。大麻纤维横截面有多种形态，如三角形、长圆形、腰圆形等，且形状不规则。大麻纤维有细长的空腔，纤维表面分布着的裂纹并有小孔相连，可能是其具有优异的毛细效应、高吸附性和吸湿排汗性能的主要原因。已有经验所知，大麻纤维及其制品更加柔软并有低刺痒感，这与纤维间胶质和纤维本身的柔软性有关。

大麻纤维属于天然纤维素纤维，具有典型的纤维素结晶结构特征，相比棉而言，大麻纤维的分子链排列更加规整，结晶度及取向度更高。大麻单纤维较短，长度一般仅为15~25mm。且纤维的整齐度较差，若脱胶过净，则形成短纤维，细度在15~17μm范围内。大麻纤维刚硬、抱合力差、断裂伸长小，强度约为3.99cN/dtex，伸长率约为4.21%。大麻纤维细度均匀度差导致了纺纱过程中纱条易断头以及成纱的毛羽多、条干不匀，为保证纺纱效果和成纱质量，适合作为工艺纤维成形为非织造材料。

1.2.6.2 木棉纤维

木棉纤维是锦葵目木棉科内几种植物的果实纤维，属单细胞纤维。其附着于木棉蒴果壳体内壁，由内壁细胞发育、生长而成。木棉纤维一般长8~32mm、直径20~45μm，是天然纤维中最细、最轻、中空度最高的纤维。图1-16直观反映了木棉纤维的形态结构。

木棉纤维在纵向上为光滑的圆柱形，外表无转曲，纤维中间部分粗，末端细，两端封闭，其细度仅是棉纤维的1/2。从截面上看，木棉纤维具有大的中空腔，空腔中充满空气，中空度高达80%~90%，是一般棉纤维的2~3倍。木棉纤维基本物理性能如表1-10所示。

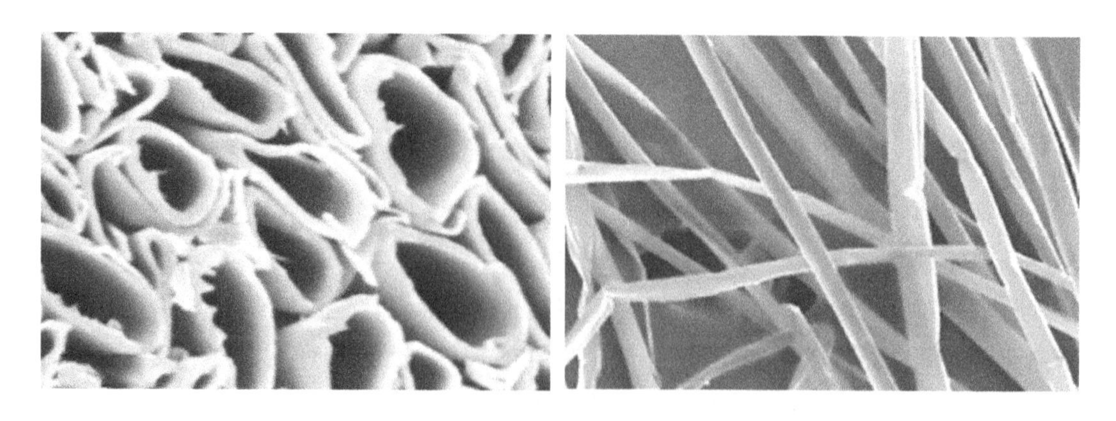

图1-16 木棉纤维横截面和纵向形态

表 1–10　木棉纤维基本物理性能

纤维性能	指标
长度 / mm	8～34
线密度 / dtex	0.9～3.2
壁厚 /μm	0.5～2
中段直径 /μm	18～45
平均直径 /μm	30～36
密度 / ($g·cm^{-3}$)	0.29
比表面积 / ($m^2·g^{-1}$)	836.6
孔隙率 / %	102.3
回潮率 / %	10.7

通过分析测试发现，木棉纤维化学组成成分有纤维素、木质素、水分、灰分、水溶性物质、木聚糖及蜡质等，各组分含量如表 1–11 所示。其表面含有蜡质，不易被水浸湿，具有天然的抗菌性。研究发现，木棉纤维的表面能低（40.64mN/m），水接触角大（151°），具有高度的疏水性和油润湿性。

表 1–11　木棉纤维化学成分

化学成分	含量 / %
纤维素	64
木质素	13
水分	8.6
灰分	1.4～3.5
水溶性物质	4.7～9.7
木聚糖	2.3～2.5
蜡质	0.8

因此，木棉纤维具有保暖、吸声、吸油、保湿、生态环保等诸多优点，是中高档被褥絮片、枕芯、靠垫等的填充材料，在隔热、吸声、吸油和吸湿等领域具有很大的潜在应用价值。图 1–17 是一种木棉纤维与 ES 纤维共混后的热风加固非织造保暖材料。

总之，随着一次性卫生用品使用的增加，其对环境的影响也成为越发突出的问题。研发更加生态友好和可持续的原材料，以进一步降低产品对环境的影响，用可再生基材代替石油基材料，特别是生长周期较短的棉、木棉、竹纤维等天然植物基材，以及生物基材料制成的高分子材料等，像聚乳酸纤维、可降解共聚酯纤维等，近几年的可降解纤维也得到了很好的发展。

另外，我国近几年在高温烟尘过滤用纤维的国产化方面成绩喜人，但为了推动非织造材料行业的发展与创新，还需要不断加大科研开发力度，开发出更多的诸如异形截面等特种纤维，满足非织造材料的广泛应用。

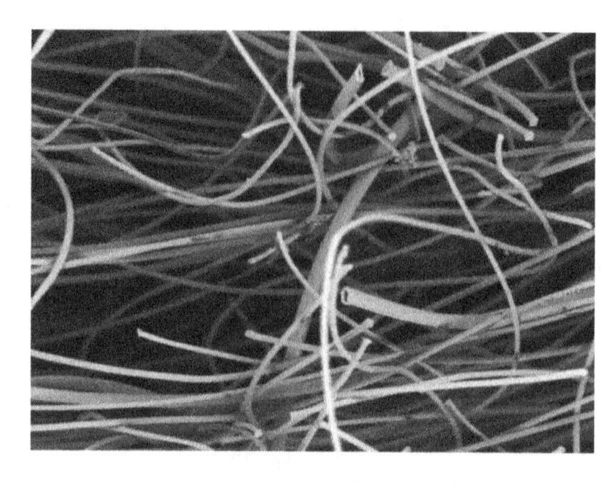

图1-17　木棉纤维共混保暖非织造材料

1.3　非织造材料的结构特征

1.3.1　概述

由于成网、加固和复合等工艺技术的多样性，以及终端应用的要求，非织造材料的结构变化多样。按照纤维成网方法，非织造材料可以分为干法成网法非织造材料、聚合物纺丝成网法非织造材料和湿法成网非织造材料；按照纤网加固方法，非织造材料可以分为水刺非织造材料、针刺非织造材料、热轧非织造材料、热风非织造材、化学黏合非织造材料。而熔喷非织造材料是聚合物纺丝成网过程中、纤维通过自身热黏合而成的超细纤维非织造材料；纺粘/熔喷/纺粘（SMS）复合热轧非织造材料是目前广泛应用的具有防护阻隔功能的非织造材料；纺粘双组分纤维水刺开纤非织造材料是近几年发展的超细纤维非织造材料；闪蒸纺非织造材料是一种较难国产化的长丝热黏合高强聚乙烯非织造材料；还有通过覆膜或者多种纤网加固工艺制成的复合非织造材料等。为了使读者能够对常见非织造材料的结构进行鉴别，下面对典型非织造材料的结构特征进行介绍。图1-18是常见非织造材料的成形工艺占比图。

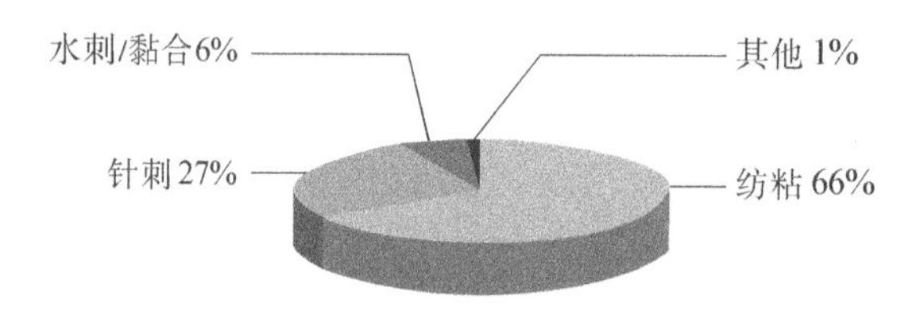

图1-18　常见非织造材料成形工艺占比图

1.3.2　水刺非织造材料

通过高速水射流将纤网加固而成的非织造材料称为水刺非织造材料。水刺非织造加固过程中，高压水射流（15～20Mpa）通过水刺头喷水板上数千个直径极小（0.08～1.5mm）的喷水孔，成为极细的高速水射流（俗称“水针”）。水针穿过纤网后再被纤网下的托网帘反射形成许多“反射水针”，使纤网中的纤维在“水针”和“反射水针”的作用下发生位移、穿插、相互抱合，形成无数的机械缠结结构，从而赋予纤网一定的力学性能。图1-19是常见水刺非织造材料的表面和截面电镜图。常见水刺非织造材料的单位面积质量为40～200g/m²，厚度为0.1～2mm。

水刺非织造成型工艺技术属于高压水射流加工技术中的一种，生产过程不污染环境，产品具有洁净卫生、手感柔软、悬垂性好、吸水性好、强度高、透气性好、不易落绒毛等很多优点，是所有非织造材料中最像布的一种非织造布，在各行各业、特别是医疗卫生等行业得到广泛应用，可用作干湿面巾、美容面膜、居家清洁用品、纱布、绷带、棉球和特种工业清洁擦拭材料等产品。图1–20和图1–21是常见水刺非织造材料的产品外观。

（a）表面

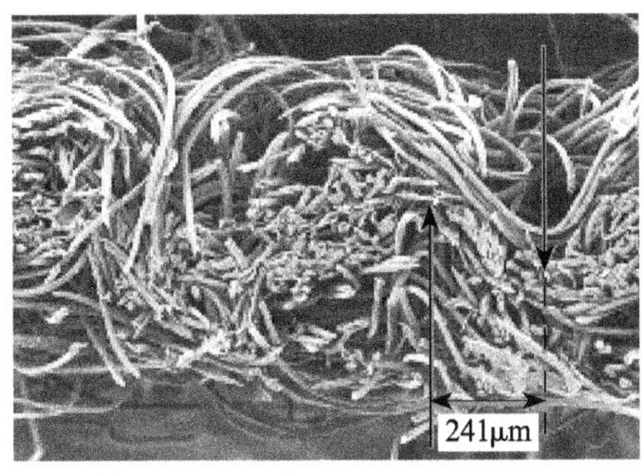

（b）截面

图1–19　水刺非织造材料的表面和截面电镜图

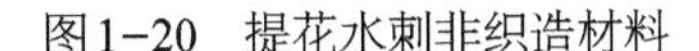

图1–20　提花水刺非织造材料

图1–21　水刺非织造材料卷材

自1984年立达perfojet公司向市场输出了第一条工业化水刺非织造生产线以来，水刺非织造行业一直保持快速发展态势。我国自1994年从国外引进第一条水刺生产线，多年来一直保持高速增长，是我国非织造行业中增长最快的加固工艺之一。

水刺非织造材料成形中，可以通过后道提花工艺赋予材料不同的外观。其中，采用金属微孔网套代替塑料或机织物的托网帘（转鼓），其网孔随机排列，不会在非织造材料表面留下水刺痕迹，制成的产品平整度、均匀度高。当然，也可以采用直径较粗的聚酯丝编织托网帘，使得水刺后的非织造材料形成清晰的网孔，其结构如图1–22所示（彩图见插页）。这是因为托网帘（转鼓）的凹凸结构使纤维网在高压水针的作用下形成纵横向纤维集合区域，从而使

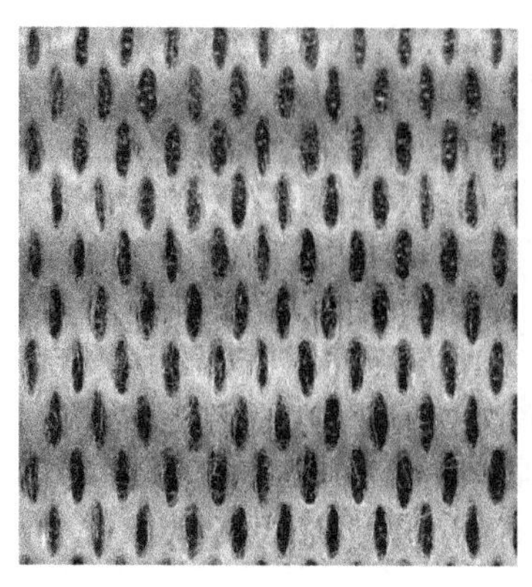 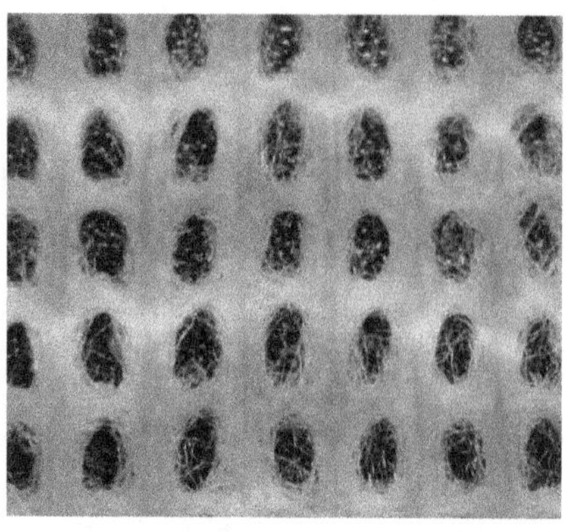

图1-22　打孔水刺非织造材料

水刺非织造材料呈现网格状结构。特殊的打孔提花结构不仅能够提高产品的强度和断裂伸长，而且作为擦布使用时，由于网孔的存在，可以提高容污率，使擦拭效果得到明显改善。

另外，将聚合物纺丝成网与水刺加固工艺相结合，生产出来的由长丝纤维组成的水刺非织造材料，与短纤维梳理成网水刺非织造材料相比，具有强度高、纵横向强力好等优点，适合用作涂层基布和屋顶防水材料等领域。

1.3.3　针刺非织造材料

利用带倒钩的刺针对纤网进行反复穿刺，将纤网的表面纤维强行刺入纤网内部，使纤网中的纤维互相缠结，从而形成具有一定强力和厚度的非织造材料，称为针刺非织造材料。其截面电镜图如图1-23所示，由针刺非织造材料制成的过滤袋产品如图1-24所示（彩图见插页）。针刺非织造材料具有透通性好、过滤性好、机械性能优良等优点，广泛用于烟尘过滤材料、土工材料、人造革基布等领域。其常见单位面积质量为100～1000g/cm^2，常见厚度为0.2～10mm。

针刺非织造材料是通过纤维间的机械缠结而加固成形，对纤维原料的适应面广，是PTFE

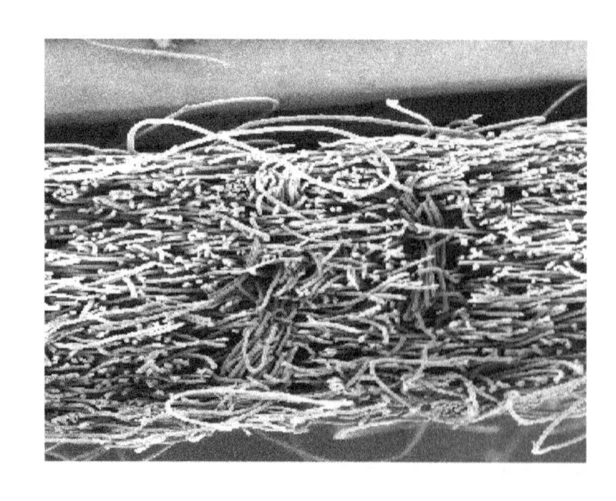

图1-23　针刺非织造材料截面电镜图

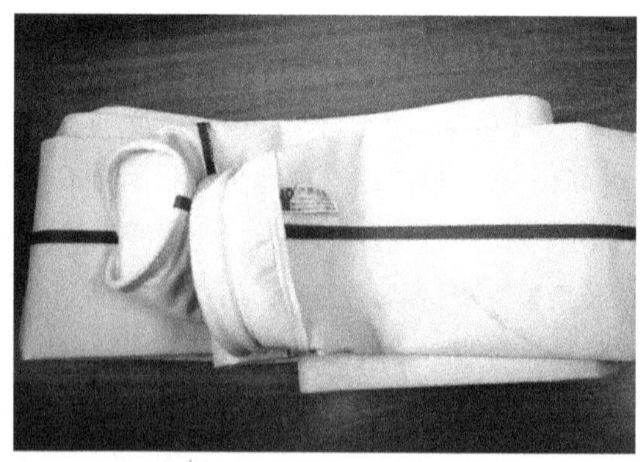

图1-24　针刺非织造材料过滤袋

纤维、芳纶、麻纤维、碳纤维等无法通过热黏合加固的纤维常用非织造加固工艺。相对于水刺加固来说，刺针更容易对纤网施加更高的穿刺力，所以也可以用于加固玻璃纤维和金属纤维等几乎没有伸长的纤维组成的纤网。

1.3.4　纺粘非织造材料

1.3.4.1　常规纺粘非织造材料

纺粘非织造材料是利用化纤纺丝的方法，将高聚物树脂切片经纺丝、气流牵伸、铺叠成网，再经针刺、水刺、热轧或者热风等方法加固而成的非织造材料。纺粘非织造材料属于聚合物纺丝成网非织造材料中的一种，而聚合物纺丝成网非织造材料还包括熔喷非织造材料、纺粘/熔喷/纺粘（SMS）复合非织造材料和闪蒸纺非织造材料等，其应用已渗透到各个领域。与传统化纤纺丝生产工艺相比，纺粘非织造成形工艺是采用正压或者负压高速空气流对纤维进行牵伸，纤维从牵伸器出来后直接铺网。而在传统化纤纺丝工艺中，初生纤维丝从喷丝孔出来后经风环冷却集束后，再分散缠绕到多个罗拉上进行机械牵伸，然后卷绕切断为短纤维，或经多级罗拉牵伸后成为筒子纱。因此，纺粘非织造材料中的单纤维细度一般比传统化纤大，其结晶度低，拉伸强力小、伸长率大。纺粘非织造材料一般采用热轧工艺加固，其电镜照片如图1-25所示。纺粘热轧非织造产品上一般可以看到较明显的轧点，如图1-26所示（彩图见插页）。目前薄型纺粘热轧非织造材料的成形速度非常快，可以达到600m/min，有的生产线甚至可以达到1000m/min，其卷材照片如图1-27所示（彩图见插页）。纺粘非织造材料多使用聚丙烯、聚乙烯、聚酯、聚酰胺等热塑性树脂切片为原料。

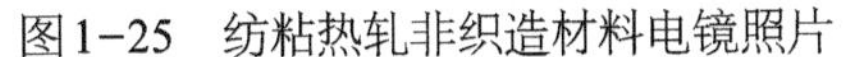

图1-25　纺粘热轧非织造材料电镜照片

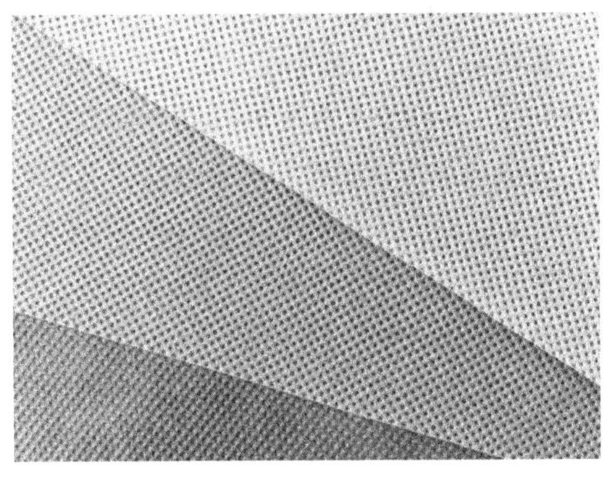

图1-26　纺粘热轧非织造材料

纺粘非织造材料由聚合物树脂切片直接熔融纺丝制备而成，在生产过程中不添加任何化学黏合剂和其他物质，所选用的聚合物材料本身对人体无害，所以在医疗卫生领域的应用也非常广泛，用于制备手术服、一次性口罩、医用绷带、纱布、帽子等医疗卫生材料。纺粘非织造材料应用领域广泛，在建筑方面，吸声密封材料、屋顶衬垫材料、垃圾填埋场、公路地

图1-27 纺粘热轧非织造卷材

基土工布材料等大量使用。纺粘非织造材料因单位面积质量小、透气性好、抗老化性能优良等特点，广泛应用于水利工程、管袋筑堤以及人工草坪中。纺粘非织造材料还用于气体和液体过滤，以及一次性餐桌用布、一次性床单等众多领域。

纺粘非织造材料由连续长丝组成，采用热轧、针刺或者水刺工艺加固后，制成的非织造材料具有非常优良的力学性能，可以克服现有非织造材料强度较低的缺点，满足更高的使用要求，大大拓展了非织造材料的应用市场。例如，可以加工成抗拉性能优良的土工和防水基材，比如聚酯长丝胎基布和聚丙烯长丝针刺土工布等。也可以用作汽车尾箱衬垫布和高档地毯底布等。采用较粗纤维所形成的清晰铺网纹路，可以设计各种图案，制成有特殊花纹和色彩的高档装饰材料、墙纸、挂帘等。较细的纤维经特殊成网和加固工艺处理，可以成为具有蓬松性和压缩回弹性较好的材料，用作高档填充材料，起到更持久高效的保温作用，同时还可以克服短纤维填充棉容易串毛和水洗结团的缺点。

我国从20世纪80年代末90年代初开始引进国外的纺粘技术，现在已跃居世界第一生产大国，纺粘非织造材料占国内非织造材料总产量的比例达到50%。从终端应用市场来看，传统包装类纺粘非织造材料市场继续平稳缓进，医疗卫生用纺粘非织造材料市场发展动力强劲，涤纶纺粘土工非织造材料市场不断呈现出新的拓展。近年来，纺粘非织造材料行业在产品研发和设备升级上也取得了较大进展，产品向更轻、更薄、更高性能方向发展，通过应用先进技术推动纺粘设备向高产能、专业化、绿色化和智能化方向发展。

1.3.4.2 双组分纺粘非织造材料

聚丙烯纺粘非织造材料虽然强度高，但其柔软性、悬垂性、贴肤性差。而以聚乙烯为皮层、聚丙烯为芯层的皮芯型低熔点双组分纺粘非织造材料则可以克服上述不足，能赋予非织造材料更好的柔软性，带动了纺粘非织造行业的持续发展。有人研究了点黏合皮芯型PP/PE双组分纺粘非织造材料和PP纺粘非织造在单向拉伸过程中的破坏机理，观察其轧点在伸长过程中的结构变化。结果发现，PP/PE双组分纺粘非织造材料在较小的伸长下即发生屈服变形，最终表现出断裂强力小、伸长率大的韧性断裂。而PP纺粘非织造材料在拉伸断裂过程中未出现屈服点，表现出拉伸强力大、伸长率小的脆性断裂，两者的断裂结构如图1-28所示。这一研究从机理上解释了为什么皮芯型PE/PP双组分纺粘非织造材料具有手感柔软、舒适性的优点，为医疗卫生用非织造材料的开发应用提供了理论参考。另外，进一步的研究发现，皮芯型PE/PP双组分纺粘非织造材料的轧点强力大，能赋予非织造材料更好的力学性能。因此，皮芯型PE/PP双组分纺粘非织造材料具有质轻、耐撕裂、柔软等特性，适用于制备纸尿裤和卫生巾以及手术床单等医疗卫生用产品。

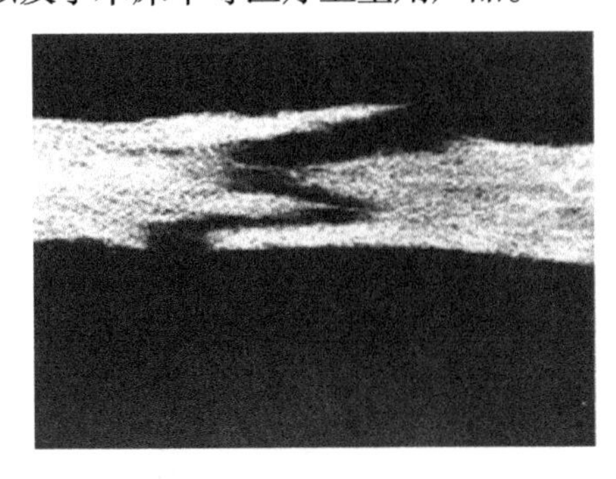

（a）PE/PP双组分纺粘非织造材料

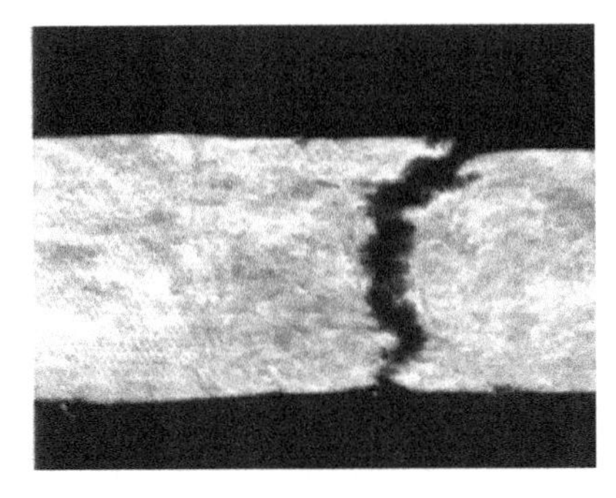

（b）PP纺粘非织造材料

图1-28　双组分纺粘非织造材料和PP纺粘非织造材料的断裂照片

双组分纺粘非织造材料可以利用不同的树脂原料，通过不同复合形式生产出不同性能的产品，如PE/PET、PE/PP、COPET/PET和PET/PA等双组分复合形式，可以充分发挥不同聚合物的特性，满足不同终端应用的需求。另外，除了皮芯型双组分纺粘非织造材料，并列型双组分纺粘非织造材料近两年受到消费者的广泛关注。采用两种不同聚合物纺丝形成的并列型双组分纤维，当两种聚合物的热收缩性差别较大时，纤维就会形成自然卷曲。用其制成的非织造材料则具有永久弹性。可以解决非织造材料抗压缩回弹差的不足，广泛用于保暖、吸声、过滤、医疗、卫生等领域。

1.3.5　熔喷及其复合非织造材料

1.3.5.1　熔喷非织造材料

采用高速热空气流对纺丝模头喷丝孔挤出的聚合物熔体细流进行牵伸，由此形成的超细纤维被收集在凝网帘或滚筒上，通过其自身预热黏合而成的非织造材料，称为熔喷非织造材料。熔喷非织造材料中的纤维很细，其直径在0.5～10μm（平均直径1～4μm），具有大的比表面积，材料的孔径小、孔隙率大，因而具有优良的过滤性能、屏蔽性能、绝热性能和吸附性能，广泛用作口罩、血液过滤材料、保暖材料、防护阻隔材料、吸油材料、吸声隔声材料和电池隔膜等。常规熔喷非织造材料的电镜照片如图1-29所示，熔喷非织造材料卷材如图1-30所示（彩图见插页）。

有人将纺粘非织造层中的纤维、熔喷非织造层中的纤维和头发做了细度对比，其结构如图1-31所示。可以看出纺粘层纤维的细度大概为头发直径的1/3，而熔喷层纤维的细度仅为

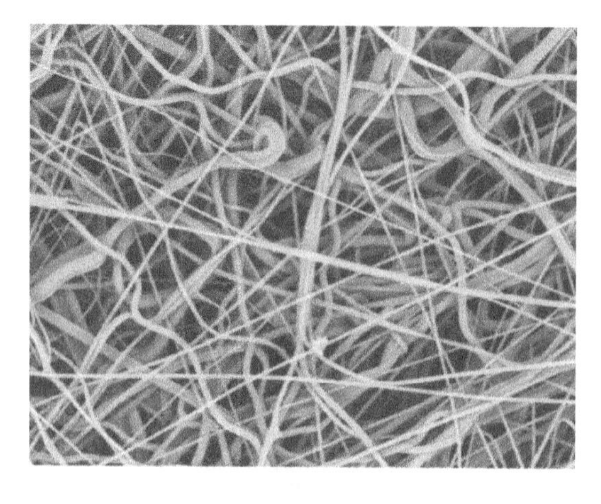

图1-29　常规熔喷非织造材料的电镜照片

图1-30　熔喷非织造卷材

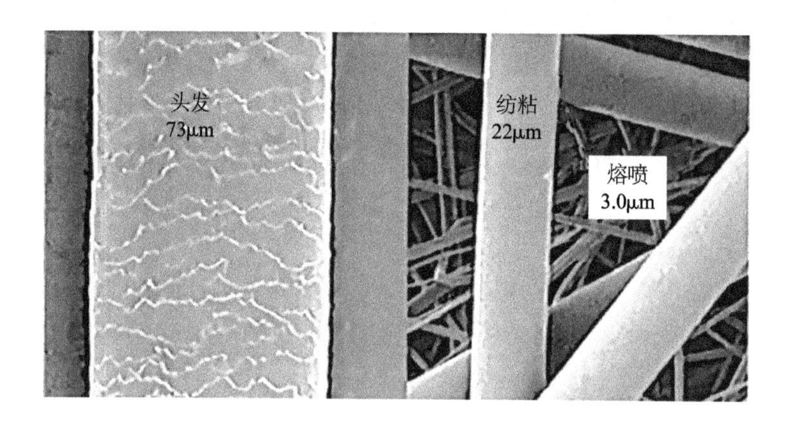

图1-31　头发、纺粘非织造纤维和熔喷非织造纤维对比图

头发直径的1/30。

熔喷非织造材料存在拉伸强力小、耐磨性差、回弹性差等不足，常和其他材料复合使用。其中，纺粘/熔喷/纺粘（SMS）复合非织造材料是最常用的复合方式，它一方面可以发挥纺粘非织造材料的力学性能，同时可以发挥熔喷非织造材料的阻隔屏蔽性能，并可以在线复合，不会对熔喷非织造材料自身结构造成破坏。为了克服熔喷非织造材料抗压缩回弹较差的缺点，最早由美国3M公司开发成功的短纤维插层熔喷非织造材料成形工艺技术，通过在熔喷非织造成形过程中吹入涤纶等短纤维，使其与尚未冷却固化的熔喷超细纤维一起凝聚于成网装置上而成形。这种复合材料提高了纯熔喷非织造材料的弹性回复性，能更长久地保持其优良的吸声保暖等性能。

1.3.5.2　SMS非织造复合材料

薄型纺丝成网法非织造材料（S）具有良好的力学性能，但孔隙尺寸较大，抗渗透性较差。而熔喷法非织造材料（M）具有超细纤维的纤网结构，其过滤和屏蔽性能极好，但由于特殊工艺条件的限制，其抗拉强度较低。由此，熔喷和纺粘工艺技术的组合产生了SMS复合非织造材料，则兼具了两者的优点。SMS复合非织造材料的表面和截面电镜照片如图1-32所示。

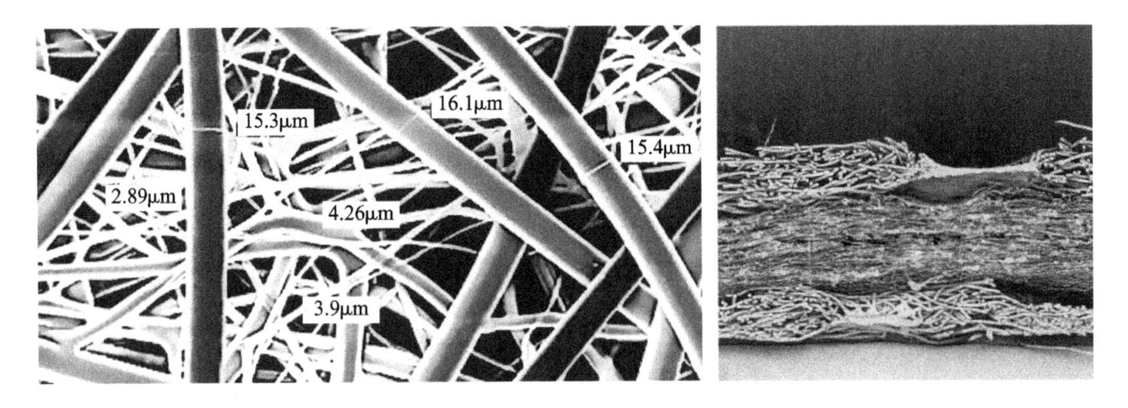

图1-32　SMS复合非织造材料的表面和截面电镜照片

SMS复合材料在拥有高阻隔性的同时兼具良好的透气性，可用于制作手术洞巾、手术衣、防护服、手术室帷幕等阻隔防护材料，中间的熔喷非织造材料可有效地阻隔血液、体液、酒精及细菌的穿透，同时超细纤维的结构又可保证汗液蒸汽顺利透过。而处于面层的聚丙烯纺粘非织造材料则具有较高的强度和耐磨性，并且其长丝结构保证无纤维绒头产生，有利于外科手术要求的洁净环境。

根据设备配置情况，SMS复合非织造材料可以分为在线复合、离线复合以及一步半法复合三种。下面分别进行简单介绍。

（1）在线复合工艺

在线复合工艺是指SMS复合可以通过在同一条生产线上的纺粘和熔喷设备来实现，即所谓的一步法SMS。在同一条生产线上，同时具有两个纺粘喷丝头及一个熔喷模头，先由第一个纺粘喷丝头喷出长丝形成第一层纤网，再经过熔喷模头在上面形成第二层纤网，然后经第二个纺粘喷丝头形成第三层纤网。这三层纤网经过热轧机黏合，最后经过卷绕机切边卷绕形成SMS非织造布。目前规模较大的纺熔企业都是采用在线复合工艺，常规设备配置如图1-33所示。

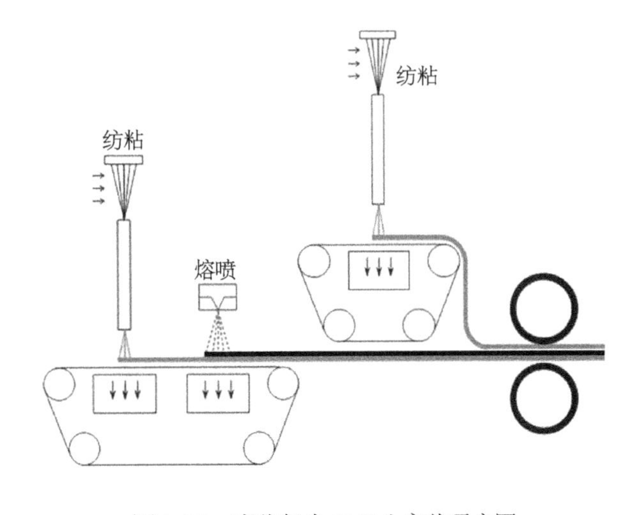

图1-33　在线复合SMS生产线示意图

在线复合SMS生产线结合了两种不同的成网技术，可以根据产品性能要求，随意调整纺粘层和熔喷层的比例。但是在线复合生产线存在投资成本大、建设周期长、生产技术难度大、开机损耗大等缺点，因此不适应小订单生产。从生产效率上来说，因为熔喷生产速度低，所以要保证SMS产品的质量和性能就必须牺牲纺粘线速度，目前许多企业有SMMS等设备配置方式。

（2）离线复合工艺

离线复合工艺是指先由纺粘和熔喷两种工艺分别制得纺粘非织造材料和熔喷非织造材料，再经过热轧等复合设备将两种非织造材料复合在一起形成SMS复合型非织造材料，即所谓的二步法SMS。

离线复合生产SMS产品的优点是投资小、见效快、灵活性高，适于小订单生产。离线复合生产SMS产品的缺点在于其所用纺粘和熔喷材料性能不能自控，所用熔喷非织造材料的克重较大，很难保证产品性能的稳定性

（3）一步半法

鉴于一步法SMS设备投资大、二步法SMS产品克重大的缺点，国内一些企业已经开发出了一步半法SMS，即外购纺粘非织造材料，使用时退卷随网帘送到熔喷区，和在线熔喷非织造材料复合后，再退卷叠加一层纺粘非织造材料，最后再热轧复合。这种设备投资较一步法SMS少，工艺比一步法SMS灵活，而且由于熔喷非织造材料是在线生产，无收卷、退卷工序，即使是低克重的熔喷非织造材料，其结构也不会破坏，有效解决了二步法SMS产品克重大的缺点。

1.3.6 热轧非织造材料

基于聚合物的热塑性，利用一对加热辊对纤网进行加热加压，纤网中的纤维受热后软化熔融，使得纤维间产生粘连。离开轧辊冷却后，纤维间的粘连处使纤网黏合加固，成为热轧非织造材料。根据热轧黏合方式不同，热轧非织造材料可分为点黏合、面黏合和表面黏合三种。

1.3.6.1 点黏合

点黏合热轧是一种利用带轧点的轧辊对纤网局部熔融热黏合的加固方法，该加固方法适用于中低单位面积质量的非织造材料，最高单位面积质量通常不大于100g/m^2，常用于生产卫生产品的包覆材料、鞋衬、服装衬基布、家用装饰材料、台布等。其轧辊结构如图1-34（a）所示，其中一根为花辊，另一根为光辊。对纤网进行加热加压后，只有部分纤维熔融对纤网进行黏合加固，形成黏合区域，而其余部分仍保持原有纤维形态，材料表面结构如图1-34（b）所示。

在点黏合热轧工艺中，花辊上轧点的形状、轧点面积以及轧点的分布对点黏合热轧中轧点区域面积占总面积的比例起决定性作用，从而决定了点黏合非织造材料的力学性能和柔软性等性能。常见的轧点形状主要有方形轧点、圆形轧点、菱形轧点以及长方形轧点等。在轧点单位面积相同的情况下，不同轧点形状所黏合的纤维根数不同，从而影响黏合效果。黏合面积大小对非织造材料的强力和柔软度有重要影响，一般情况下，黏合面积比例增大，

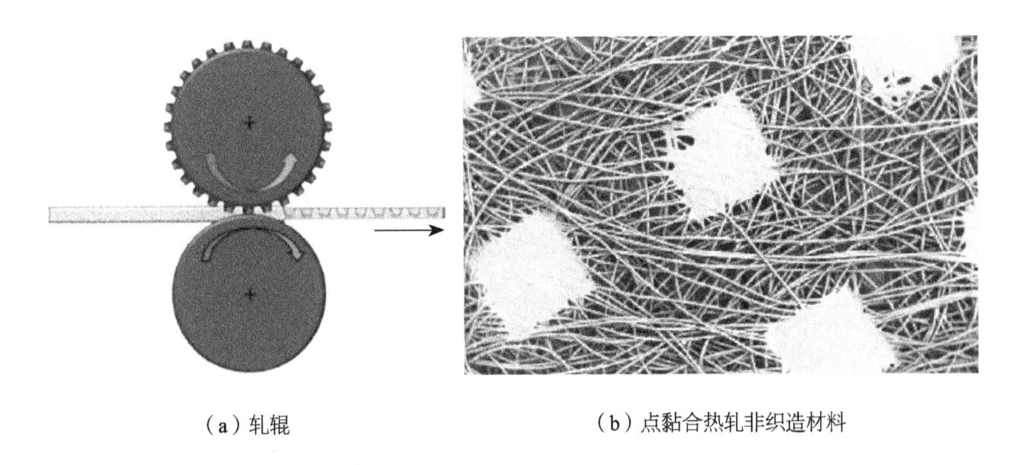

（a）轧辊　　（b）点黏合热轧非织造材料

图1–34　点黏合热轧非织造材料及所用轧辊结构

非织造材料的强力会有所上升，但是材料的手感会变差。而黏合面积比例小，材料手感柔软。目前热轧黏合面积所占比例为8%～30%，而用作高档服装黏合衬时的黏合面积比例为8%～12%。

1.3.6.2　面黏合

面黏合热轧中，轧辊热量可穿透整个纤网，为了避免一对钢辊热轧使纤网呈纸质感，通常用钢辊和棉辊配合的方式对纤网进行热轧加固。为了保证产品质量，一般采用两台热轧机分别对纤网上下表面进行面黏合。该工艺适用于生产面密度为18～25g/m²的婴儿尿片、卫生巾包覆材料等薄型非织造产品，表面较光滑。当纤网中含有两种或者两种以上纤维时，为了保证加固后产品的强度，用面黏合热轧时，纤网中可以热熔的纤维比例要高于50%。图1–35为面黏合前后的涤纶纤网结构电镜照片。

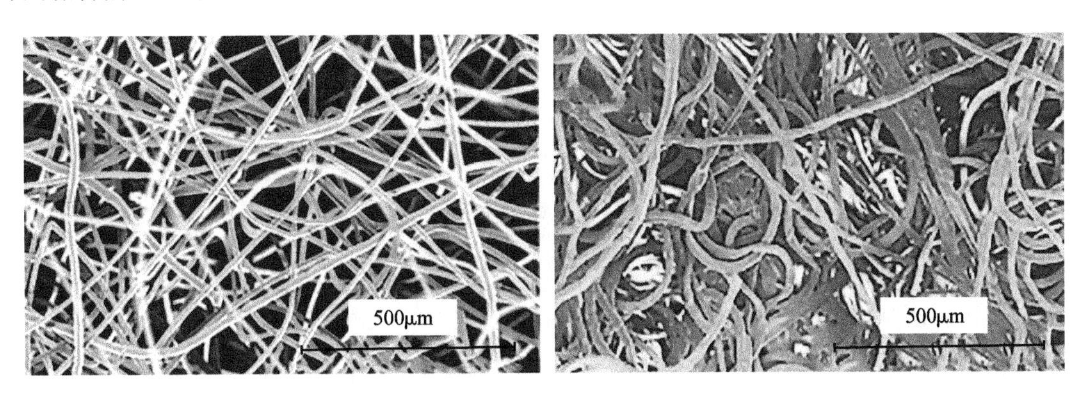

图1–35　面黏合前后的涤纶纤网电镜照片

1.3.6.3　表面黏合

表面黏合热轧工艺中，轧辊热量不能穿透纤网，仅是纤维表层部分纤维受热熔融产生黏结作用，材料内部仍保持其纤维状。因此，表面黏合通常是作为非织造材料加固的辅助方

图1-36　表面烧毛轧光针刺非织造材料

法。对经过针刺或者热风加固的非织造材料进行表面黏合，可以提高材料的表面光滑平整性，减少纤维绒头。表面黏合主要应用于加固厚型纤网，如过滤材料、地毯基布、合成革基布等，可以提高滤料的清灰效果或者涂胶的均匀性。图1-36（彩图见插页）为经过表面烧毛轧光处理的针刺非织造材料。

1.3.7　热风非织造材料

热风非织造材料是一种以热熔纤维为主要成分、采用热空气熔融黏合而成的一种三维网状高孔隙纤维材料。当热气流穿透由热塑性纤维组成的纤网时，纤维表面部分熔融，冷却后在纤维接触点处形成熔融黏合加固点，成为具有一定厚度和稳定结构的热风非织造材料，其结构如图1-37所示。与普通机织物、针织物相比，热风非织造材料中纤维呈杂乱的三维立体网状结构，产品具有孔隙大、蓬松性好，材料内部可以容纳更多的静止空气，因此保暖性和吸声性更好，同时具有蓬松度高、手感柔软、弹性好等特点，在医疗卫生（ 如妇幼吸收性卫生用品等）、过滤（如口罩、粗效空气净化器等）、吸声、隔热保暖等领域广泛应用，也是重要的电池隔膜材料。

相对于单组分纤维来说，当采用低熔点皮芯型双组分纤维进行热风加固时，可以在远低于芯层熔点的温度下实现热熔黏合，从而保持纤网结构的平整性，不会出现纤网收缩等问题。但是，如果热风温度过高、受热时间过长，皮层聚合物受热后产生定规流动，会形成串珠状结构，如图1-38所示。

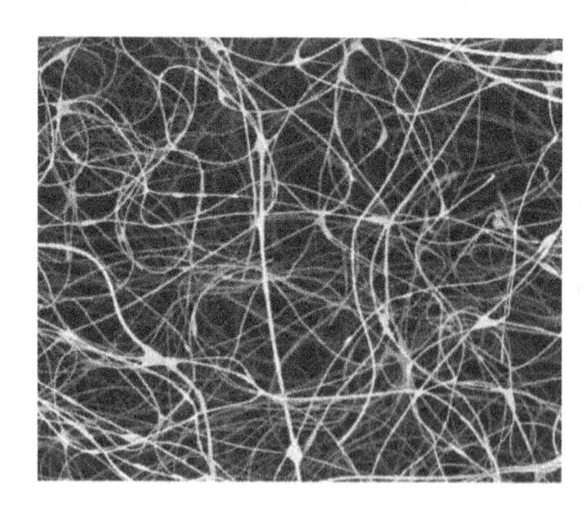

图1-37　热风非织造材料表面电镜图

图1-38　串珠结构双组分纤维热风非织造材料

1.3.8　湿法成网非织造材料

湿法成网非织造材料是以水为介质，将纤维打浆制成均匀分散的悬浮液后，将其倾倒在成形网帘上，其中的纤维受到网帘的机械拦阻而随机沉积在网帘表面，从而形成均匀的湿纤维网。再经过进一步的水刺缠结、加热烘燥热黏合或者化学黏合加固，即成为湿法非织造材料。湿法成网非织造工艺可以将各种短纤维加工成为具有三维分布的纤维网，由于过滤材料、墙纸、茶叶咖啡袋、可冲散湿巾、电池隔膜等湿法非织造材料的用量越来越大，近几年国内企业上马了多套湿法非织造设备。

湿法成网非织造材料中的纤维均匀分散、杂乱排列，其纵横强度比（MD/CD）趋于1：1，强力各向同性，纤网的均匀性较好。其常用纤维长度为8～30mm，纤网单位面积质量为10～30g /m²。湿法成网非织造材料的成形速度大都在300m/min 以上。图1-39为湿法成网面黏合非织造材料的电镜照片。相对于其他非织造成网方式，湿法成网更适合加工超细和超短纤维，成形出来的薄型纤网具有更好的均匀性和各向同性。

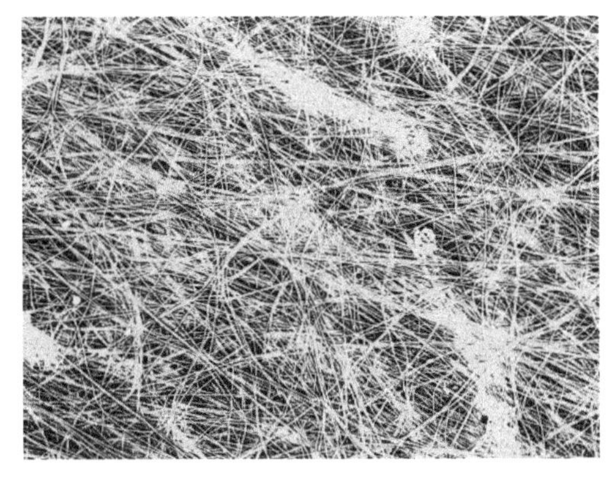

图1-39　湿法成网面黏合非织造材料电镜照片

湿法成网设备主要包括纤维打浆分散、成网、加固、烘燥和水处理等设备，其中成网设备包括斜网成形器和圆网成形器，其结构如图1-40所示。

在湿法成网工艺过程中，由于合成纤维的长度、刚度、吸湿性等固有属性，容易产生诸多问题。例如，由于合成纤维的亲水性能较差，导致纤维在悬浮液中分散不匀，纤维易蓄聚，所得纤网均匀度较差。纤维长度越长，加工难度越大。纤维柔性太好时，相互之间容易纠缠和成团，纤网均匀性差。另外，为了迎合纺纱和非织造成网工艺要求，常规短纤维大都经过卷曲处理以增加抱合性。而湿法成网工艺则希望短纤维没有卷曲，从而实现在水中的均匀分散打浆。但在纤维素纤维中混入一定比例的合成纤维，成网后进一步热黏合加固，能起

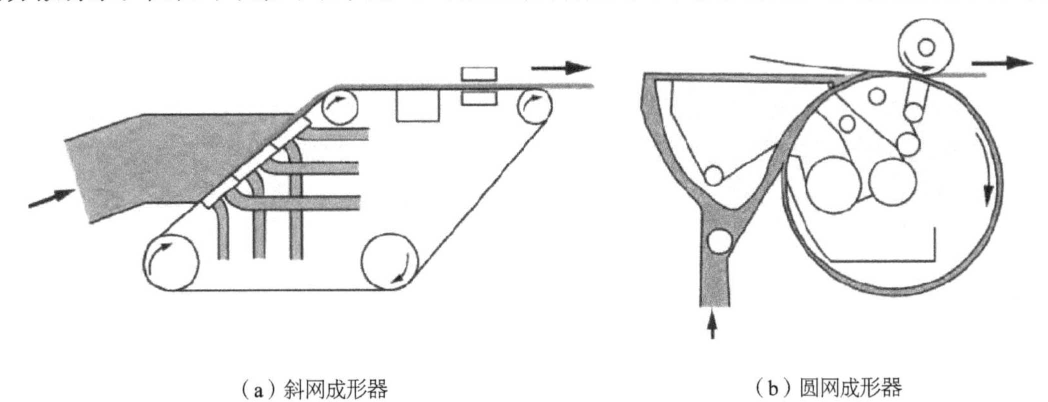

（a）斜网成形器　　（b）圆网成形器

图1-40　湿法成网的斜网和圆网成形器结构示意图

到提升产品强力的效果。另外，服用纺织品一般不希望出现纤维原纤化现象，否则会影响服装的穿着舒适度和外观。但在湿法成网非织造成形工艺中，将纤维原纤化是打浆工序的主要目的，也是获得均匀高强纤维网的重要手段。

湿法非织造成形技术在国内发展历史较短，相关研究较少，特备是合成纤维的应用方面。几种常见非织造材料的性能对比如表1–12所示。

表1–12　几种常见非织造材料的性能对比

种类	纤维细度 /μm	单位面积质量 / (g·m^{-2})	厚度 / mm	特性
纺粘非织造材料	15~40，窄分布	10~100	0.03~2	高效，产量高
熔喷非织造材料	2~5，宽分布	10~300	0.01~20	超细纤维
水刺非织造材料	短化纤	30~200	0.1~2	柔软，舒适
针刺非织造材料	短化纤	100~1000	0.2~10	综合性能优良
湿法非织造材料	超短化纤	10~30	0.01	综合性能好

1.3.9　闪蒸纺非织造材料

1962年，美国杜邦研究院的科学家Herbert Blades、James Rushton White和Chadds Ford最早提出闪蒸纺（flash spinning）概念并申请了发明专利，后来公司注册了Tyvek商标并于1967年进行产品商业销售。随后30多年里，一大批杜邦的科学家对该工艺技术不断进行改进，使杜邦公司对该项技术始终处于垄断地位。

闪蒸纺丝首先需要选择一种合适的溶剂，该溶剂在较高的温度和压力下能够溶解聚合物。将适合于闪蒸纺丝的聚合物在高温高压室中溶解于上述溶剂中形成均一纺丝液，然后将溶液挤入低温低压介质中。由于压力减小，纺丝液由单相溶液变为溶剂富集相和富含聚合物的分散相的两相分散溶液。此两分散相溶液在压力的推动下经过喷丝板喷出，此时由于压力的突然释放，溶剂急速挥发（即所谓的闪蒸），使喷出的聚合物以丝束的形式出现，铺网加固后成为非织造材料。

闪蒸法的纺丝溶液由成纤高聚物、主溶剂、副溶剂和一些添加剂组成，高聚物、主溶剂和共溶剂的选择将对闪蒸纺丝的结果造成重要影响。目前，Tyvek商标产品基本上都是采用聚乙烯为聚合物原料，二氯甲烷为溶剂，在二氧化碳的高压保护下高速从喷丝孔喷出，溶剂迅速挥发后丝条固化，再经牵伸形成超细纤维，通过静电分丝铺网，然后热轧加固而成。

由杜邦公司开发的商标为Tyvek的闪蒸纺非织造材料，具有防水透气性、强度高、抗撕裂、耐穿刺等优点，能有效防止灰尘和细菌等，在包装材料、防护服、盖布、膜基布、印刷基材方面应用广泛。由其制成的防护服结合了防护性、耐用性和舒适性，但由于该材料至今未国产化，产品成本相对较高。

另外，杜邦公司专利US6004672A、US6136911A和US6096421A公开了采用聚乙烯和聚丙烯共混物进行闪蒸纺丝和采用部分氟代的共聚物，如聚偏二氯乙烯或乙烯四氟乙烯共聚物与聚乙烯共混的闪蒸纺丝等技术方案。

1.3.10　覆膜非织造材料

我国非织造行业经过30多年的快速发展，产品在民用、工业用和军工等各领域得到了广泛应用。但随着行业的日渐成熟，需要在工艺技术和产业升级方面不断创新，以提高产品的差异化水平和档次，赋予非织造材料更多的功能和附加值，拓展其应用领域，而后整理则是提高非织造材料附加值的关键技术之一。

常见的后整理方法有亲水、拒水、单向导湿（吸湿快干）、阻燃、抗静电、抗菌等功能后整理，通过这些功能后整理，非织造材料的整体结构基本不会发生大的变化，部分后整理会在纤维或者非织造材料表面形成膜状物。从工艺手段上讲，常见的工艺有浸渍涂层、烧毛轧光、覆膜等后整理。

当后整理液的黏度足够大时，浸渍涂层后，非织造材料的纤维间会形成膜状物，其结构如图1–41所示。而烧毛轧光多用来对针刺非织造材料进行后整理，以消除材料表面毛羽，使材料表面更加平整光洁，用作人造革基布时具有更好的上胶均匀性，而用作过滤材料时则表现出更好的清灰效果。

图1–41　浸渍涂层非织造材料

近几年来，为了达到更好的过滤、防护和阻隔等性能，将微孔膜与非织造材料复合而成的覆膜非织造材料应用越来越广泛。比如，在袋式除尘烟气过滤领域，目前大量采用覆膜针刺非织造材料，以实现超净排放要求。在液固过滤分离领域，将PTFE、PVDF、EVOH等微孔膜与纺粘、熔喷、热黏合等非织造材料复合也越来越常见，用于室内空气净化、污水处理、药液过滤等液体和气（汽）固过滤分离领域。其中非织造材料主要作为基布起增强作用，而微孔膜则决定了覆膜非织造材料的过滤分离精度。在医疗卫生领域，将微孔膜与非织造材料复合，可以起到更好的防护阻隔效果，并具有较好的透气舒适性。微孔膜复合非织造材料的防水透气机理如图1-42所示。一般来说，水蒸气的分子直径为0.004μm，轻雾为200μm，小雨为900μm，大雨为3000～4000μm，而微孔膜的孔径为0.1～3μm。因此，在水蒸气的压力下，空气和水蒸气可自由通过材料中的弯曲微孔，而轻雾等微小水滴则无法通过，因此兼有优良的防水和透湿性。

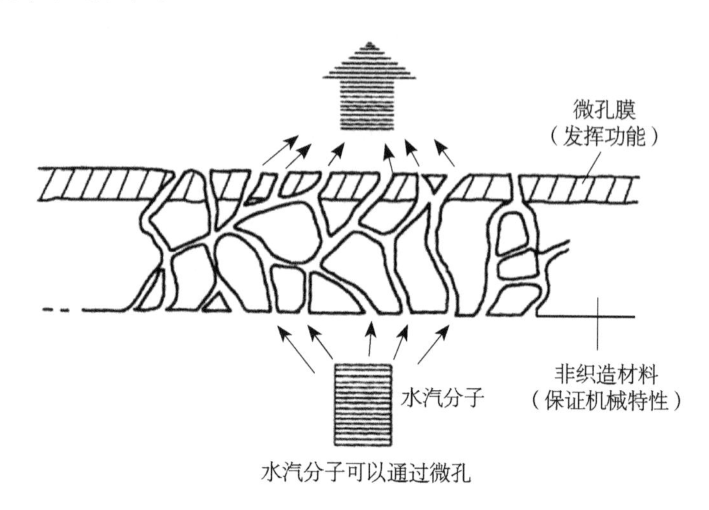

图1-42　复合非织造材料防水透气机理示意图

常见的微孔膜有拉伸膜和添加致孔剂的微孔膜，其代表性的产品分别是PTFE微孔膜和添加$CaCO_3$无机颗粒的PE微孔膜，结构分别如图1-43和图1-44所示。在聚合物树脂中加入微细无机颗粒或其他可与树脂发生相分离的物质，熔融挤出成膜后单向或者双向拉伸，使聚合物树脂与无机颗粒两相间的界面分离，成为微孔结构，即得到添加无机颗粒致孔剂的微孔膜。

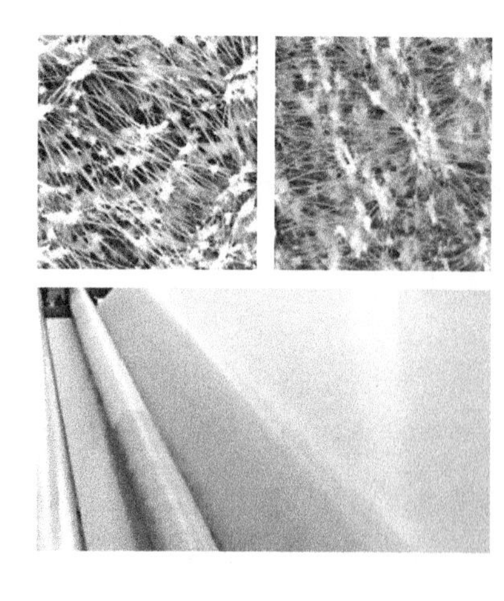

图1-43　PTFE微孔膜

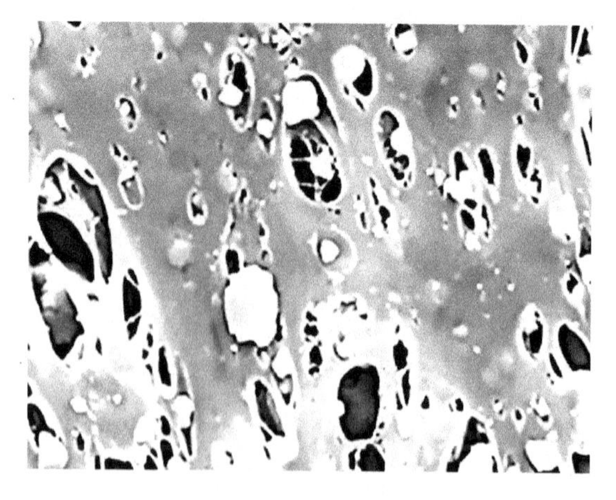

图1-44　添加$CaCO_3$无机颗粒的PE微孔膜

PTFE微孔膜的厚度只有几十微米，覆膜过程中的牵伸力、轧辊压力等工艺参数的波动，以及非织造材料表面的杂质突起等，都容易对微孔膜的结构造成一定程度的破坏。一旦过滤袋表面的PTFE微孔膜遭受破坏，烟气中的细颗粒物就会从破损处逃逸，其除尘效果会大大下降。

参考文献

[1] C. STASZEL, S. SETT, A. L. YARIN, B. POURDEYHIMI. Sintering of compound nonwovens by forced convection of hot air [J]. International journal of heat and mass transfer, 2016 (101): 327–335.

[2] ZHAO Jian, HAN Pengyao, QUAN Quan, et al. A convenient oil–water separator from polybutylmethacrylate/graphene–deposited polyethylene terephthalate nonwoven fabricated by a facile coating method [J]. Progress in Organic Coatings, 2018 (115): 181–187.

[3] ZHANG Wenshuo, ALEXANDER L. YARIN, BEHNAM POURDEYHIMI. Cohesion energy of thermally–bonded polyethylene terephthalate nonwovens: Experiments and theory [J]. Polymer Testing, 2019 (78): 1–12.

[4] Bertan Beylergil, Metin Tanoğlu, Engin Aktaş. Effect of polyamide–6, 6 (PA 66) nonwoven veils on the mechanical performance of carbon fiber/epoxy composites [J]. Composite Structures, 2018 (194): 21–35.

[5] 蒋佩林. PBT/壳聚糖单向导水非织造材料的制备及其在细胞过滤与释放中的应用[D]. 上海: 东华大学纺织学院, 2018.

[6] WANG Hong, JIN Xiangyu, MAO Ningtao, et al. Differences in the Tensile Properties and Failure Mechanism of PP/PE Core/Sheath Bicomponent and PP Spunbond Fabrics in Uniaxial Conditions [J]. Textile Research Journal, 2010, 80 (17): 1759–1767.

[7] P. P. TSAI, Y. YAN. The influence of fiber and fabric properties on nonwoven performance [J]. Applications of Nonwovens in Technical Textiles, 2010, 18–45.

[8] 戴旭鹏, 王平, 费传军, 等. 玻璃微纤维的性能及其在空气过滤行业的应用[J]. 玻璃纤维, 2019(1): 37–39+45.

[9] 吕艳如, 苗大刚, 周蓉. 不同处理方式对SMS医用防护非织造布的抗静电性与拒水性能的影响[J]. 现代纺织技术, 2019, 27 (5): 80–84.

[10] 钱幺, 赵宝宝, 钱晓明. 超细无碱玻纤复合滤料的过滤性能[J]. 环境工程学报, 2017, 11 (6): 3659–3665.

[11] 王伟, 黄晨, 王荣武, 等. 定向导水水刺非织造材料的制备及性能[J]. 东华大学学报: 自然科学版, 2016, 42 (5): 681–688.

[12] 刘元新, 春育. 非织造布后整理工艺及设备的新进展[J]. 纺织导报, 2018 (10): 86–91.

[13] 田光亮, 张文馨, 靳向煜, 等. 非织造材料用纤维的研究进展及发展趋势[J]. 产业用纺织品, 2019, 37(9): 1–6.

[14] 李慧霞. 非织造功能性整理技术及整理剂的发展现状及趋势展望[J]. 纺织导报, 2018 (10): 92+94–96.

[15] 黄洁希, 张玲. 海岛纤维的生产方法及研究进展[J]. 化纤与纺织技术, 2019, 48 (1): 34–38.

[16] 秦益民. 海藻酸盐纤维的生物活性和应用功效[J]. 纺织学报, 2018, 39 (4): 175–180.

[17] 杨棹航, 关晓宇, 钱晓明. 合成纤维的湿法非织造技术及其应用[J]. 纺织学报, 2016, 37 (6): 163–170.

[18] 韩振，赵立新，王颖，等．合成纤维在特种纸和湿法无纺布中的应用[J]．中华纸业，2019，40（4）：11–15.
[19] 张旭，张天骄．间位芳纶和对位芳纶的红外光谱与拉曼光谱研究[J]．合成纤维工业，2019，42（6）：88–91.
[20] 侯忠，胡兴文，陈友乾．橘瓣型涤锦负离子超细纤维生产工艺[J]．天津纺织科技，2018（6）：39–42.
[21] 陈龙，李增俊，潘丹．聚丙烯纤维产业现状及发展思考[J]．产业用纺织品，2019，37（7）：12–17+35.
[22] 蒋佩林，黄晨，李晶，等．壳聚糖 /PBT 单向导水非织造材料的制备及性能[J]．东华大学学报：自然科学版，2019，45（3）：339–344.
[23] 崔书健．耐性优良的聚四氟乙烯纤维[J]．纺织科学研究，2019（9）：54–59.
[24] 林长锋．浅析无碱与中碱玻璃纤维异同[J]．21 世纪建筑材料，2009（01）：42–44.
[25] WANG Hong，PANG Lianshun，JIN Xiangyu，et al. The Influences of Hydrophilic Finishing of PET Fibers on the Properties of Hydroentangled Nonwoven Fabrics[J]. Journal of Engineered Fibers and Fabrics，2010，5(4)：26–32.
[26] KAREN MCLNTYRE．全球非织造布行业发展动态：I [J]．生活用纸，2019，19（5）：28–35.
[27] 张哲，常丽，明津法．全球非织造布市场的发展现状及趋势展望[J]．纺织导报，2019（6）：96–99.
[28] 刘静，钱晓明．热风复合非织造保暖材料的制备与性能[J]．纺织导报，2016（12）：62–65.
[29] 周铃，靳向煜．热气流固结纤维网串珠结构可控性及其结晶动力学[J]．纺织学报，2019，40（8）：27–34.
[30] 刘晶．熔喷法非织造布生产技术发展概论[J]．科学与信息化，2019（13）：93.
[31] 阚泓，王国建．闪蒸法非织造布专利技术分析[J]．纺织科技进展，2019（9）：28–33.
[32] 芦长椿．生物基纺熔非织造布的研发现状与趋势[J]．纺织导报，2017（10）：36–37，40，42–43.
[33] 娄辉清，曹先仲，刘东海，等．湿法成网—化学黏合可冲散非织造材料的制备及性能[J]．丝绸，2019，56（11）：6–13.
[34] 赵永霞，祝丽娟．世界纺织版图与产业发展新格局(三)：日本篇：上[J]．纺织导报，2019（4）：35–38，40–47.
[35] 王俊南，钱晓明，张恒，等．双组分纺粘技术在超纤非织造材料领域的应用进展[J]．合成纤维工业，2015，38（5）：47–50.
[36] 康桂田，高超，黄配文，等．双组分热风非织造材料的热成型工艺对性能的影响[J]．产业用纺织品，2019，37（4）：14–18.
[37] 刘津池，于淼，王侠，等．医用敷料用海藻酸盐纤维研究应用进展[J]．纺织科技进展，2020（1）：1–4，7.
[38] 李熙，靳双林．PPS 纤维及其在袋式除尘领域的应用[J]．产业用纺织品，2007（4）：1–4.
[39] 邢剑，刘志，阮芳涛，等．聚苯硫醚及其纤维的抗氧化改性研究进展[J]．合成纤维工业，2018，41（4）：46–51.
[40] 张清华，高性能化学纤维生产及应用[M]．北京：中国纺织出版社，2018.

第2章　过滤用非织造材料

2.1　前言

2.1.1　概述

我国在钢铁、煤炭、水泥、化纤领域的制造与生产量位居全球第一，同时，在火电、有色金属冶炼、化肥领域也位居世界前列。然而，各大支柱产业在快速发展的同时却带来了严重的大气环境污染，2015年，我国烟、粉尘排放量高达约1540万吨。其中，工业烟、粉尘排放量为1232.6万吨。工业烟、粉尘主要来源于燃煤高温烟气、重油燃烧排放及垃圾焚烧三大领域。人体长期暴露于颗粒物浓度较大的环境中，易患一系列疾病，从而影响身体健康。为了减轻大气雾霾对人体的危害，在空气中细颗粒物超标时，人们会佩戴防护口罩阻挡细颗粒物进入人体。我国相关部门针对工业生产、垃圾焚烧造成的空气污染制定出台了一系列政策法规，近几年我国空气质量有了明显好转。采用工业烟气过滤材料可以有效捕获烟气中的粉尘颗粒物质，起到气体过滤、净化的作用，是缓解、乃至解决这一烟气环境问题的主要手段。

随着社会经济的发展和人民生活质量的提高，人们对工作和生活室内环境的空气质量要求越来越高。空气净化器作为一种新型家用电器，可有效控制室内污染物水平，改善室内环境空气质量，应用越来越广泛。而过滤材料则是影响空气净化器性能的主要因素之一。

另外，在工业化生产过程中，不可避免地会产生各种水质污染。工业三废、生活垃圾和农药化肥造成江河湖海水污染严重、汞等重金属离子严重超标。工业废水是造成环境污染，特别是水污染的重要原因之一。我国淡水资源的质量和储量都面临着越来越严峻的挑战，污水的过滤净化回用是解决淡水资源短缺的重要措施之一。

综上所述，空气和液固分离过滤材料的应用领域非常广泛，遍及人们日常生活和工业生产的各个环节。近几年来，过滤材料行业一直保持较好的发展态势。

2.1.2　非织造过滤材料的分类

在推动力或者其他外力的作用下，将含有固体颗粒的液体或者气体通过过滤材料，使固体颗粒被过滤材料截留、分离，从而实现液固分离或者气固分离的操作，称为过滤。过滤在大气和水净化、滤除微粒和细菌、实现产品浓缩甚至分子分离等众多领域具有重要意义。而过滤材料则是那些在过滤过程中让流体通过的同时，可以截留捕获颗粒物的多孔材料。具有过滤功能的过滤材料种类非常多，多孔滤膜、多孔烧结介质（陶瓷、金属等）、金属滤网、机织滤布、非织造材料等，都可以用于过滤领域。

非织造材料因其三维杂乱的纤维分布方式，可以形成弯曲通道的多孔结构，在过滤过程中提供了更多细颗粒物与纤维表面黏附或者碰撞的机会，因此非常利于过滤效率的提高。同时，非织造材料加工方式种类多，可根据不同过滤应用场合的需要制备成不同结构类型、蓬松程度可控、滤材厚度可控的过滤材料，甚至可根据过滤颗粒物尺寸。通过工艺设计，制备出不同密度梯度或孔径梯度的过滤材料。此外，非织造成形工艺可加工原料种类多，与其他传统纤维材料相比，纤维的种类、长度规格等更为丰富，特别是一些特种和高性能纤维，都可以通过非织造工艺成形为结构稳定的非织造过滤材料，因此，非织造过滤材料在纤维滤材中占据重要地位。

近年来，中国的环境形势持续好转，一系列涉及大气环保和污水治理的政策文件相继出台，促进了过滤环保行业的发展，国家在环保领域的投入与环保经济政策得到了较好的执行与强化。非织造过滤材料主要包括空气净化与个体防护材料、工业烟尘治理用袋除尘过滤材料、液固分离用过滤材料，下面分别进行介绍。

2.1.2.1 空气净化与个体防护过滤材料

空气过滤材料包括日常佩戴、医用防护和特殊作业防护口罩等人体防护用空气过滤口罩，还包括建筑新风过滤系统（家用、医院、电影院等中央空调及净化器用过滤材料）、洁净室过滤（如轿车喷漆车间、电子芯片车间、制药车间、医疗手术室、食品加工及医疗卫生用品工厂、食用菌接种车间等）、进风净化（如高铁列车、船舶发动机、燃油发动机）和汽水分离及空气净化（如压缩空气、汽轮机等）等领域，应用非常广泛。

2.1.2.2 工业烟尘过滤材料

我国在工业烟尘过滤领域的研究起步较晚，20世纪70年代开发了玻璃纤维和涤纶机织过滤材料。此后，过滤材料的成形方法逐步转为以针刺等非织造工艺技术为主的加工成形技术。为了提高针刺非织造材料的强力和尺寸稳定性，常常需要在两层短纤维网中间铺设一层增强基布。以经编织物为基布的针刺非织造玻璃纤维过滤材料如图2-1所示。玻璃纤维、

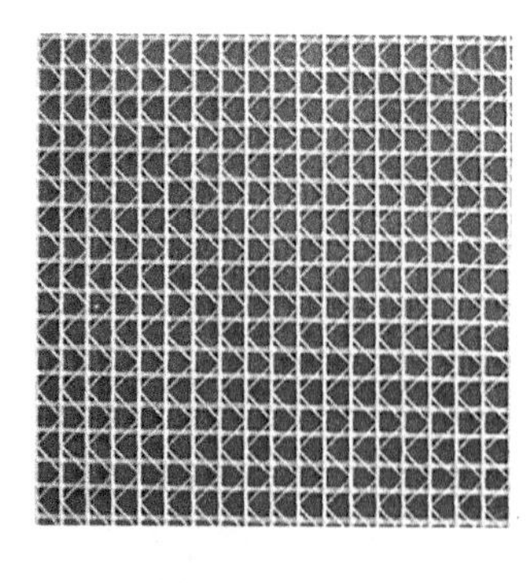

（a）玻璃纤维长丝经编基布

（b）基布增强玻璃纤维针刺非织造滤料

图2-1 经编基布及由其增强的针刺非织造材料

PTFE纤维、P84纤维、PPS纤维、涤纶等针刺非织造过滤材料及其混合纤维针刺非织造过滤材料已经在工业烟尘过滤领域得到了广泛应用。

目前，我国工业烟尘过滤材料产业已经形成了“南有浙江天台，北有辽宁抚顺，东有江苏阜宁，西有河北泊头”四大集群发展态势。在国家环保政策的推动下，工业烟尘过滤材料行业继续保持快速增长。近几年，尤其以江苏阜宁、浙江天台产业集群发展较快。以浙江严牌过滤技术股份有限公司和浙江华基环保科技有限公司为首的浙江天台地区，其2019年环保滤料年产值约达20亿元。袋式非织造除尘过滤材料大量用于垃圾焚烧、重油燃烧、燃煤电厂、水泥生产、铝制品生产、沥青搅拌站、生物垃圾焚烧、石灰石膏和黏土制造、有色金属和金属冶炼、钢铁生产、食品工业、化工和医药、木材加工等多个应用领域，有效改善了粉尘颗粒对空气的污染。

由于高温烟尘滤料市场需求的拉动，尤其耐高温、耐腐高端过滤材料市场的迅猛发展，高性能国产纤维创新步伐非常快。2005年以来，我国袋式除尘用高端过滤材料取得了举世瞩目的成就，相继自主研发成功间位芳纶、芳砜纶、PPS纤维、PTFE纤维、PI纤维、超细玻璃纤维、海岛纤维等多种纤维及过滤材料。国产聚酰亚胺纤维、PPS纤维、PTFE纤维、芳纶迅猛发展，质量已经接近国外产品水平，具有很强的市场竞争力。

2.1.2.3　液体过滤材料

当含有固体颗粒物的液体流经过滤材料时，液体中的固体颗粒物被截留在过滤材料的表层或者内部，从而达到滤除或者收集的目的。液体过滤可以进一步分为水过滤、血液过滤、饮料和食品过滤、燃油过滤、贵金属回收过滤、油漆和涂料等化学药品过滤等众多应用领域，近几年市场规模不断扩大。

2.1.3　常见非织造过滤材料成形工艺技术

在非织造过滤材料中，应用最广泛的是熔喷非织造材料、针刺非织造材料、热风非织造材料和湿法非织造材料。近年来，由水刺非织造成形工艺将超细纤维加固成超细面层非织造材料，并用于超低排放烟尘过滤，也是一种比较热门的工艺技术。另外，纺粘长丝或者短纤维光辊热轧非织造材料可以单独用作过滤材料，或者作为熔喷非织造过滤材料的支撑层。

2.1.3.1　熔喷非织造过滤材料

熔喷非织造材料中的纤维比常规化纤更细（平均直径2～5μm），因此具有较高的比表面积，纤维的杂乱排列也为其用作过滤材料提供了优势。熔喷非织造材料还具有结构蓬松、容尘量大等优点。当熔喷非织造成形工艺与驻极工艺相结合制备驻极熔喷非织造材料时，熔喷非织造材料的超细纤维结构再结合静电吸附作用，可使其过滤效率大大提高，对0.3μm细颗粒物的过滤效率甚至接近99.99%。但熔喷非织造材料存在拉伸强力较小、回弹性较差等缺点，常常需要以纺粘非织造材料作为支撑层。

2.1.3.2 针刺非织造过滤材料

在工业烟尘治理方面，袋式除尘针刺非织造材料是目前使用最广泛、效果与性价比极佳的过滤材料，广泛用于火力发电、燃煤锅炉、垃圾焚烧、冶炼业等高温烟尘的治理。此类工况烟尘的特点是温度高、烟尘大且常含有酸性腐蚀性气体，因此要求过滤材料具有耐高温、耐酸碱腐蚀等性能。针刺非织造成形工艺对纤维原料加工性能要求比较低，目前市场上已有多种耐高温、耐酸碱腐蚀的纤维，可以采用针刺非织造成形工艺将其制成三维杂乱的过滤材料。

2.1.3.3 热风非织造过滤材料

热风非织造材料是一种蓬松性好、孔隙大、结构稳定且具有一定厚度的非织造材料，适合用作过滤阻力小的粗效及中效空气过滤材料，或者某些工况的液体过滤材料。

2.1.3.4 湿法非织造材料

湿法非织造材料是以水为介质，将纤维打浆后沉积在成形器上，再经加固烘燥而成的非织造材料。湿法非织造材料的纵横强力比（MD/CD）趋于1：1，纤网的均匀度较好。在所有薄形非织造材料中，湿法非织造材料具有更好的均匀性。当采用超细纤维时，其平均孔径可以小于10μm，是汽车空气滤清器常用的过滤材料。湿法非织造材料也是一次性茶包、耳挂式咖啡包装用过滤材料，如图2-2所示（彩图见插页）。

图2-2 耳挂式咖啡包装袋

2.1.3.5 纺粘非织造过滤材料

纺粘非织造材料是一种由长纤组成的非织造材料，具有力学性能好、尺寸稳定性高等优点，常用作熔喷非织造过滤材料的背衬支撑材料，赋予其足够的力学性能。或者用作口罩的面层，赋予其足够的耐磨性。但常规纺粘非织造材料采用点黏合热轧加固，其轧点会阻隔气体和液体的通过，所以一般不单独用作过滤材料。

2.1.4 过滤材料性能评价

评价过滤材料性能的常见指标有过滤效率、过滤阻力、透气量和纳污容量等，而孔径也能反映出过滤材料的过滤性能，也经常作为过滤材料的评价指标。但过滤材料的终端应用领域广泛，如对于液体和气体过滤材料，其过滤效率的测试方法是不同的。许多产品标准中，也会针对某些性能指标给出具体的测试方法。

2.1.4.1 过滤效率

通过测量过滤前后气相或者液相中细颗粒物的浓度变化，从而得出过滤材料的过滤效率。过滤效率η的计算公式如下：

$$\eta = \frac{M_1 - M_2}{M_1} \times 100\%$$

式中：M_1为过滤前气相或者液相中的颗粒物计重浓度，M_2为过滤后气相或者液相中的颗粒物计重浓度。

对于空气过滤材料来说，过滤效率是指某个尺寸以上的颗粒物被过滤材料捕集的粉尘量与未进行过滤的空气中粉尘量之比。过滤效率测试首先需要确定采用的标准尘源及分散度不同，而钠焰法、油雾法、计数法、计重法等方法不同，所得材料的过滤效率值也会不同。常使用自动滤料测试仪或者滤料综合性能测试仪测试空气过滤材料的过滤效率和过滤阻力。美国TSI8130自动滤料检测仪是目前大量使用的空气过滤性能测试仪，它是采用颗粒物直径为0.26μm的NaCl气溶胶作为检测介质的。

2.1.4.2　过滤阻力

过滤过程中，气相或者液相被过滤流体进入和流出过滤器之间的压力差，称为过滤阻力。在测试过滤效率的同时，通过获取流体进出过滤材料的压力变化来获得。对于空气过滤材料来说，其阻力随气流流速的增大而提高，换句话说，可以通过增大过滤材料的面积来降低风速，从而减小过滤材料的阻力。口罩、空气过滤器和机织滤布等产品标准中都有过滤阻力的具体测试方法，测试前请查阅相关标准和仪器操作说明。

2.1.4.3　容尘量（纳污容量）

纳污容量是指过滤材料能够接受污物的最大限量，即在特定实验条件下，过滤器容纳特定试验粉尘的重量。例如，国标GB/T 30176—2013《液体过滤用过滤器 性能测试方法》中，采用视在纳污量来表征液体过滤器的过滤性能，通过向试验系统添加试验粉末，当被测试过滤元件压降达到极限压差值时，所添加试验粉末的总质量即为视在纳污量。

2.1.4.4　品质因子

品质因子是反映过滤材料过滤性能的综合指标，与过滤材料的过滤效率和过滤阻力同时相关，品质因子Q_f的计算公式如下：

$$Q_f = -\frac{\ln(1-\eta)}{\Delta P}$$

式中：Q_f为品质因子（Pa^{-1}）；η为过滤效率（%）；ΔP为过滤阻力（Pa）。

品质因子的值越大，表示过滤材料的综合过滤性能越好。

2.1.4.5　孔径

孔径指过滤材料的孔隙尺寸大小，一般以μm为单位。过滤材料孔径的测试方法有直接法和间接法两种。直接法主要用于测量试样的表面孔隙尺寸，包括X射线小角度散射测量法、显微镜图像观察法等。间接法则是假设材料的孔隙是均匀通直的圆孔，以表面张力引起液体在毛细孔中上升为理论依据，通过公式计算出材料孔隙的等效孔径，主要方法有泡点法、压汞法等，该类方法可较真实地反映流体通过孔隙的情况。泡点法与压汞法相比，可以减小结构压缩对测定结果的影响，更适用于纤维过滤材料孔径的测定。美国PMI公司的CFP—1100A型毛细管流动孔隙仪就是基于泡点法的孔径测试仪器。该仪器可以得到过滤材料的最大孔径、最小孔径、平均孔径及孔径分布。

国标GB/T 14295—2008《空气过滤器》，规定了空气过滤器性能试验的试验装置、试验方法和测量结果处理方法，以及进行空气过滤器的阻力、计重效率和容尘量试验的设备、条件和试验方法。国标GB/T 30176—2013《液体过滤用过滤器 性能测试方法》，规定了液体过滤用过滤器的主要过滤性能，包括压降—通量性能、截留精度、透水率与透水阻力、再生性能、视在纳污量等的试验方法。国标GB 2626—2019《呼吸防护用品 自吸过滤式防颗粒物呼吸器》对口罩等呼吸防护材料的过滤效率、吸气阻力、呼气阻力等指标有具体的试验方法和指标要求。测试时，要根据过滤材料的具体应用工况，选择合适的测试标准与方法。

2.2 空气净化与个体防护材料

2.2.1 概述

突发的新型冠状病毒肺炎疫情，让全国人民意识到口罩的重要性。这场灾难再次证明中国企业的快速反应能力，同时也暴露出企业的软肋，应对重大突发公共卫生事件的医疗供给和战略储备不足。实际上，口罩生产加工工艺复杂，是当之无愧的高端制造业产品。

普通口罩多用于隔绝空气中的灰尘、飞沫、细菌等有害物质。对于医护人员，为了避免被病人交叉感染，需要佩戴医用防护口罩或者医用外科口罩等专业防护口罩。而在矿业开采、球磨加工等粉尘作业工况中，工人需要佩戴专业防护口罩，以阻止粉尘吸入肺部。

随着电子产品的升级换代，电子元件和集成电路的要求越来越小型化和精细化。如果空气中的粉尘粘在电子元件或集成电路上，则会造成断路、短路等问题，严重时会影响产品的成品率。因此在电子产品的生产过程中，为了防止尘埃粒子对产品造成污染，对生产车间的洁净程度要求很高。目前，大部分电子产品的生产车间都要求使用空气过滤器对车间空气进行过滤，达到净化要求，从而有效提升电子产品的合格率和可靠程度，在一定程度上还可以提高电子产品的使用寿命。

在医疗卫生行业，各种药品、医疗器械的生产以及手术室、无菌病房等都需要对空气进行过滤，以消除环境对药品、患者和医护人员的影响。

2.2.2 空气过滤机理

一般来说，空气过滤材料对空气中细颗粒物的滤除机理，可以用拦截效应、惯性碰撞效应、扩散效应、重力沉积效应和静电效应来解释。

2.2.2.1　拦截效应

拦截效应指的是直径较大的固体颗粒物在随着气体流动的过程中被过滤材料所拦截捕获，如图 2-3 所示。一般来说，固体颗粒物较大或者非球形不规则颗粒物被直接拦截捕获的概率更大。固体颗粒物尺寸与过滤材料中纤维的纤度比率对直接拦截捕获的效果影响较大，比率越大，微粒越容易被捕获。

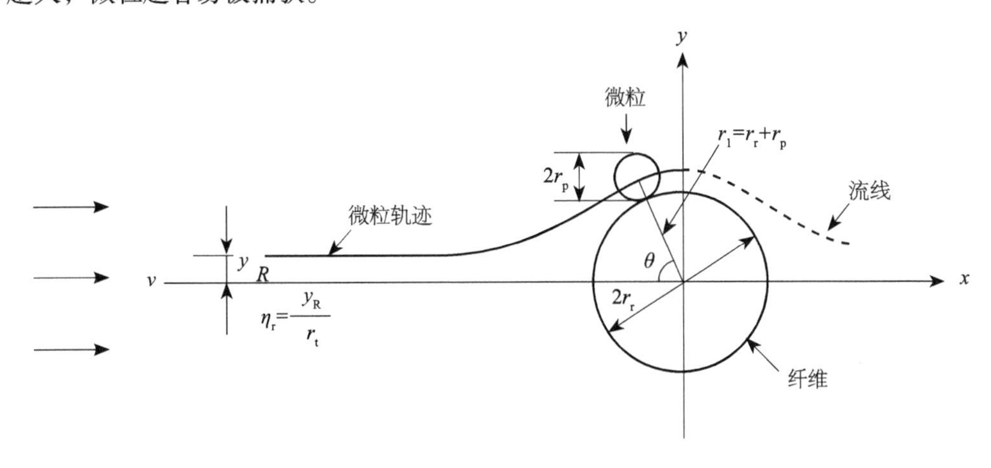

图2-3　拦截过滤效应示意图

由拦截效应产生的过滤效率 η_r 可以下列公式来计算：

$$\eta_{\mathrm{r}}=\frac{1+R}{2K}\left[2\ln(1+R)-1+\alpha+\left(\frac{1}{1+R}\right)^2\left(1-\frac{\alpha}{2}\right)-\frac{\alpha}{2}(1+R)^2\right]$$

式中：α 为填充率；K 为 Kuwabara 流场动力学因子，$K\approx 3$；R 为拦截系数，$R=d_p/d_f$，d_p 为颗粒直径（μm），d_f 为纤维直径（μm）。

截留捕集效率随 R 增大而增大，即随着颗粒增大、纤维直径减小而增大。

2.2.2.2　惯性碰撞沉积效应

惯性碰撞沉积指的是微粒随气流经过非织造过滤材料的三维弯曲通道时，由于要绕过每根纤维而发生的路径变化。动量较大的微粒会因为惯性力偏离原来的流线方向、无法与气流保持相同的运动状态，最终与纤维表面接触碰撞而被拦截，如图 2-4 所示。微粒的空气动力学直径对惯性碰撞沉积效应起决定性作用，微粒的空气动力学直径越大，其惯性力越大，发生惯性碰撞沉积的概率就越大。一般来说，直径大于 0.5μm 的颗粒主要做惯性运动，越大越容易被滤除。同时，空气流速越快，惯性力对颗粒物的作用越明显，越容易脱离运行方向，从而在纤维表面发生惯性碰撞沉积而被滤除。因此，同样的过滤材料，在高的空气流量下测得的过滤效率更高。

由惯性碰撞效应所产生的过滤效率 η_{mp} 可由下式计算：

$$\eta_{\mathrm{mp}}=\frac{1}{(2K)^2}\left[(29.6-28\alpha^{0.62})R^2-27.5R^{2.8}\right]Stk$$

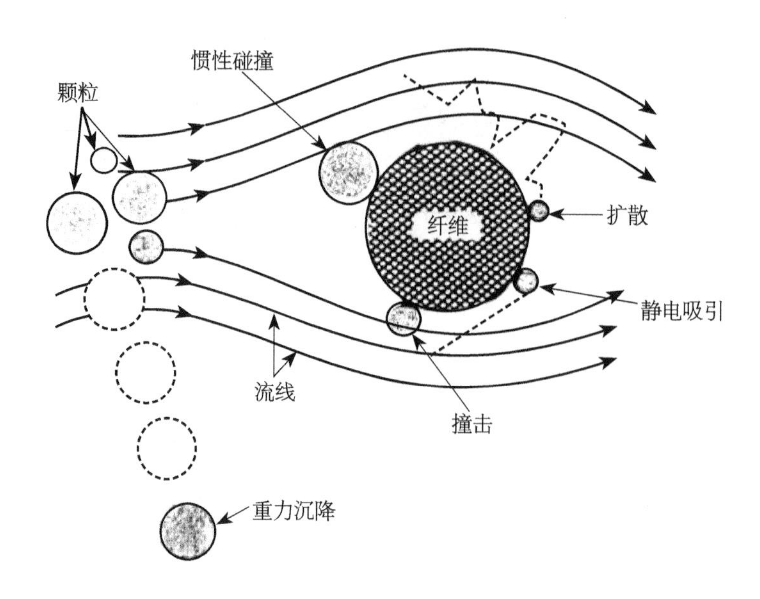

图2-4　单纤维的惯性沉积效应示意图

式中：α为填充率；K为Kuwabara流场动力学因子，$K\approx3$；R为拦截参数，定义为粒子直径与纤维直径之比，$R=d_p/d_f$；Stk为惯性碰撞捕集系数。

$$Stk=\frac{V_0d_p^2(p_p-p_g)}{18\mu d}$$

式中：p_p为微粒材料密度（kg/m^3）；p_g为排气密度（kg/m^3）；d_p为颗粒直径（μm）；V_0为过滤速度（m/s）；d为纤维直径（μm）；μ为排气动力黏度，与温度有关。

惰性撞击捕集效率随着Stk的增大而增大，即随着颗粒增大、密度增大、滤速增大、纤维直径减小而增大。

2.2.2.3　重力沉积效应

质量较大的微粒在通过非织造过滤材料的孔隙时，在重力作用下偏离流线方向，被纤维拦截捕获，这就是重力沉积效应。重力沉积效应对低速、较重的粒子影响最大。一般来说，0.5μm以下的微粒，其重力沉积效应可以忽略不计。

由重力沉积效应引起的过滤效率η_{grav}可由下式计算：

$$\eta_{grav}=\frac{G_r}{1+G_r}$$

$$G_r=G_a\times S_t \quad G_a=\frac{gd_f}{V_0^2} \quad S_t=\frac{2CP_pd_p^2V_0}{9\mu d_f}$$

式中：G_a为伽利略数；V_0为过滤速度（m/s）；S_t为Stokes数；C为滑动修正系数；μ为气体黏度。

由重力沉积效应引起的过滤效率随G_r增大而增大，即随着颗粒增大、密度增大、滤速减小而增大，与纤维直径关系不大。

2.2.2.4　扩散效应

空气中的小颗粒粉尘会发生无规则的布朗运动，从而增加了与非织造过滤材料中每根纤维的随机碰撞概率，最终被吸附捕获，其过程如图2-5所示。微粒的直径越小，空气速度越慢，其布朗运动越明显，扩散效应对其过滤效果的影响就越明显。实验证明，常温下直径为0.1μm的微粒，每秒钟扩散距离可达17μm。当纤维间距离（即过滤材料的孔径）比这个距离小得多时，微粒就有更多的机会通过布朗运动沉积下来。尺寸小于0.1μm的颗粒的布朗运动非常剧烈，越小越容易被去除。而当微粒直径大于3μm时，其布朗运动急剧减慢。因此，粒径在0.1～0.5μm之间的微粒，其扩散、重力沉积和惯性效应都不明显，较难滤除。

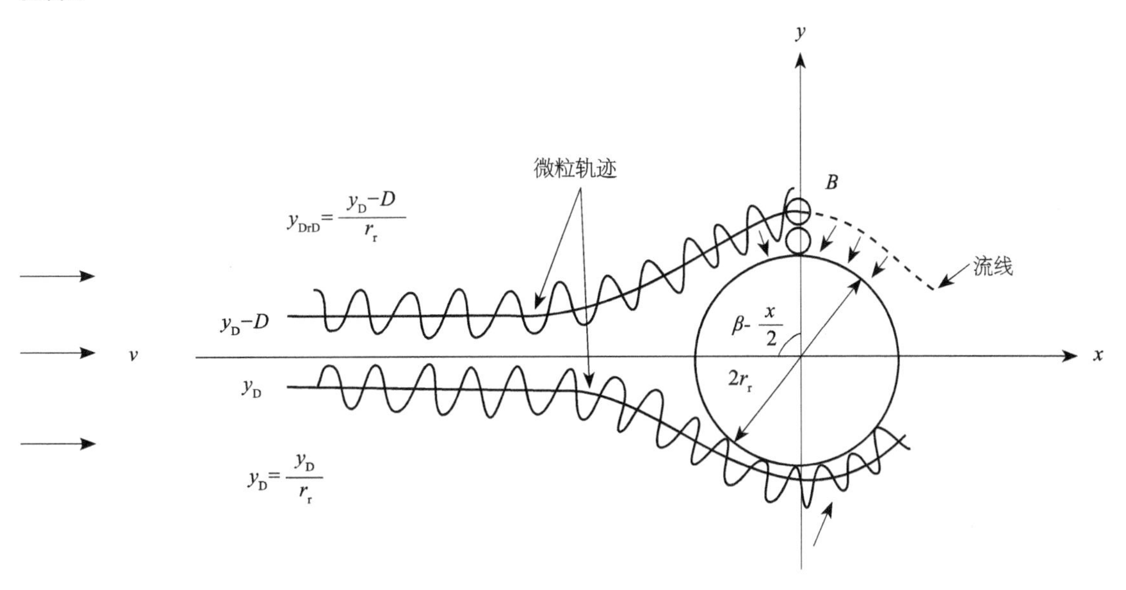

图2-5　扩散附着效应示意图

由布朗运动引起的扩散效应的过滤效率η_{dB}可用下式计算：

$$\eta_{dB}=2.58\left(\frac{1-a}{K}\right)^{\frac{1}{3}}P_e^{-\frac{2}{3}}$$

$$P_e=\frac{V_0 d}{D}$$

式中：P_e为捕集体的质量传递皮克莱数，皮克莱数是捕集过程中扩散沉降相对重要性的量度，D为尘粒扩散系数（m^2/s），可以由爱因斯坦公式计算；V_0为过滤速度（m/s）；d为纤维直径（μm）；为填充率；K为Kuwabara流场动力学因子，$K\approx3$。

扩散效应随颗粒直径增大、滤速增大而减弱，与纤维直径关系不大。

2.2.2.5　静电效应

空气中大多数的粉尘皆属于亚微米级粒子（0.1～1μm），很难通过上述四种效应（俗称机械过滤）被滤除掉，并存在0.3μm的最低过滤粒径。因此，像N95这样的高效过滤口罩，其芯层熔喷非织造材料都是带有静电的，可以进一步基于静电吸附机理滤除空气中的细颗粒物。

空气中的许多微粒都带电荷，当带电微粒随气流运动接近带电纤维时，会因静电吸附而被纤维捕获，称为静电效应。过滤材料本身不带静电，一般需要通过驻极处理才可以带上静电荷。而当过滤材料带有电荷时，大量的电荷形成电场，空气中有些不带电荷的微粒也会在该电场中被感应极化，从而通过静电效应被捕获。另外，空气中的细菌和病毒等通常都带负电。当它们通过带电过滤材料的孔隙时，由过滤材料形成的静电场和微电流会刺激细菌使蛋白质变异，破坏细菌的表面结构，从而杀死细菌。

由静电效应引起的过滤效率η_{el}可以由下式计算：

$$\eta_{el}=\frac{3\pi(1-\beta)K_{ex}}{400\beta}$$

$$K_{ex}=\frac{W_p E_0}{V_0} \qquad W_p=\frac{CQ_p}{3\pi\mu d_p}$$

式中：β为纤维体积百分率；E_0为外加电场强度；V_0为过滤速度（m/s）；d_p为颗粒物直径（μm）；W_p为颗粒物的电迁移率；C为坎宁安修正系数；Q_p为颗粒物带电量；μ为气体黏度。

过滤效率随纤维电性增强而提高。

图2-6是主要通过静电效应捕获细颗粒物的非织造材料的电镜照片。从图中可以看出，吸附在纤维表面的微粒尺寸比过滤材料的孔隙要小得多。换句话说，带电非织造过滤材料的孔径不必比微粒小，这样就降低了对过滤材料孔径和纤维细度的要求，对于超细颗粒物的吸附过滤特别有效。另外还可以看出，静电效应使微粒更牢固地黏附在纤维表面，明显减少了流阻。在相同过滤效果下，其过滤阻力比传统过滤材料小得多，大大节约了能源。用作口罩，佩戴者呼吸更顺畅。

图2-6　静电效应过滤效果电镜照片

实际过滤过程中，常常是几种过滤效应同时发挥作用。微粒直径与几种过滤效应的关系如图2-7所示。从图中可以看出，直径较大的微粒由直接捕获和惯性沉积被捕获，而直径较小的粒子则是由扩散作用沉积在纤维表面。当微粒直径从大到小变化时，扩散效率逐渐减弱。所以，过滤效率在某个微粒直径下具有最小值，换句话说，该直径大小的微粒最难被滤除。实验发现，非织造过滤材料对直径为0.3μm微粒的过滤效率最低。所以，一般将0.3μm粒径作为检测过滤材料过滤效率的介质。

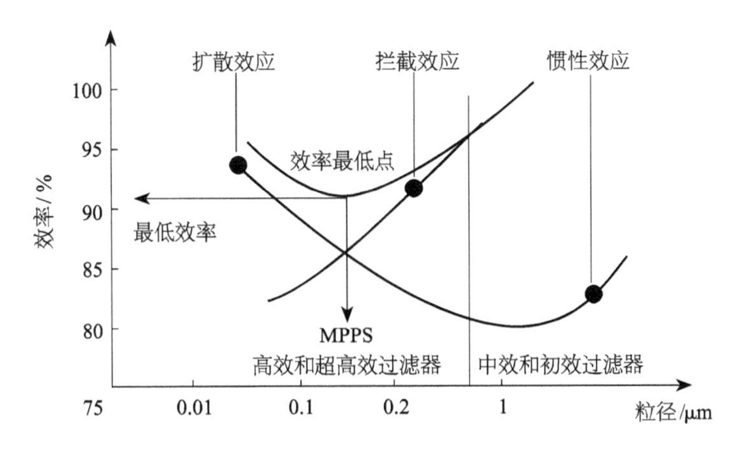

图2-7　微粒直径与其过滤效应的关系曲线

2.2.3　驻极机理和驻极方法

对非织造过滤材料进行驻极处理，可以在不增加阻力的情况下滤除空气中的亚微米级粒子，下面对驻极机理和驻极方法进行详细介绍。

2.2.3.1　驻极体

驻极体是指一类能够长久存储空间电荷和偶极矩的电介质材料，尤指那些经电场作用后，由于其本身极性单元取向而形成偶极子，或者内部离子移动或者外部电荷的注入而带有电荷，并且在外部电场去除后仍能长时间或者“永久”保持电荷的一类物质。

驻极体可分为无机驻极体、有机驻极体和生物驻极体。无机驻极体包括电气石、钛酸钡（$BaTiO_3$）、SiO_2、Al_2O_3、Si_2N_4和云母等。有机驻极体主要是一些高分子聚合物材料，按照其大分子结构可以进一步分为三类。第一类是高绝缘性含氟聚合物，如PTFE、氟化乙丙烯共聚物、可熔性聚四氟乙烯以及聚三氟氯乙烯等；第二类是极性聚合物，如聚偏二氟乙烯；第三类是非极性聚合物，如聚丙烯、聚乙烯和聚酰亚胺等。这些高分子材料一般都有长期储存电荷的能力。

2.2.3.2　驻极机理

驻极就是在一定的外界条件作用下，使驻极体或者含有驻极体的材料带上电荷。根据驻极体电荷的来源和性质，聚合物驻极体材料中的电荷可分为空间电荷和极化电荷两类。驻极体可以在三个结构层次上捕获空间电荷：在强极性键或者聚合物链段等特殊分子结构位置中；相邻分子间的原子基团或者材料内部的离子对电荷的亲和约束；结晶区与非结晶区的交错界面等不均匀结构。极化电荷也有三个来源：一是分子结构中的极性基团在外电场作用下的有序取向；二是材料内部杂质离子在极化电场的作用下产生宏观位移，当移至异性电极近旁时被陷阱捕获。这类电荷与相邻极化电极的电性质正好相反，因而也称异号电荷；三是当电流通过材料时，材料中晶粒的两个端面产生Maxwell-Wagner效应而积聚相反电荷，形成与取向极化类似的极化，也称界面极化。

2.2.3.3 驻极方法

驻极体过滤材料最早是在1976年由J.Van Turnhout等人发现提出的，经过多年的发展，目前已经形成了多种驻极方法（工艺），汇总如表2-1所示。

表2-1 驻极方法和驻极机理

驻极方法	驻极机理
电晕放电	利用非均匀电场引起空气的局部击穿的电晕放电产生的离子束轰击电介质使之带电
低能电子束轰击	利用低能电子束轰击电介质，电介质捕获并储存该电子而成为带电体
液体充电	通过接触导电液体将电荷传输到聚合物表面
热极化	电介质材料中的分子偶极子在高温电场作用下被热活化后沿电场方向取向，再在低温电场下冻结该取向
静电纺丝	带电荷的高分子溶液或熔体在静电场中流动与变形，再经溶剂蒸发或熔体冷却而固化
摩擦起电	当电子吸引力不同的两物体摩擦距离足够小时，会产生热激发作用，电子发生相互间转移而使之带电

① 电晕充电。电晕充电是最常用的驻极方法，它是利用一个高压电场引起周围空气的局部击穿而产生的粒子束来轰击被驻极材料，并使离子电荷沉积于材料中的方法。电晕电极一般是多针状电极（图2-8），或者是刀口形、弦丝形的线状电极。通常在电极和被驻极材料间加上几千伏电压，使之发生电晕充电。当前电晕充电的研究热点聚焦在添加不同的驻极功能母粒，以增加驻极带电量并提高其电荷持久性。市面上有许多驻极功能母粒，但未见较清晰的成分和驻极带电机理介绍。

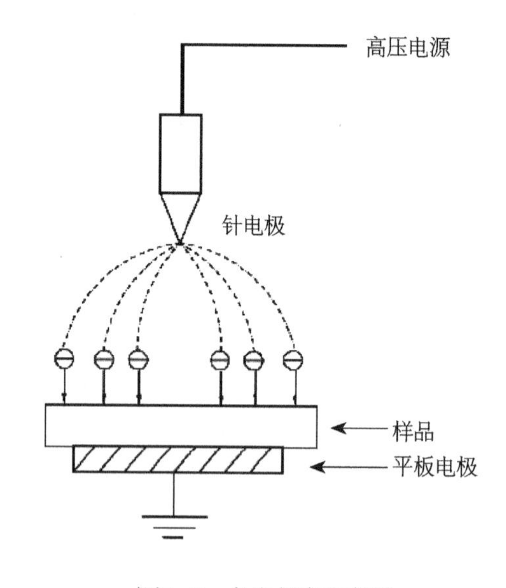

图2-8 负电晕充电装置

② 低能电子束充电。低能电子束充电是采用电子束作为外界电荷源辐照驻极体材料，从而把空间电荷注入材料中的一种方法。该方法与电晕充电方法类似，只是将电源换成了能产生较大速度电子束的针电极。低能电子束充电的设备较复杂，但能够通过控制电子束的电流而控制注入材料中的电荷深度和密度，一般在特殊场合使用。电晕充电法和低能电子束充电法一般需要各种热处理才能提高驻极电荷的稳定性。

③ 液体充电法。液体充电法是一种把空间电荷从导电液体转移到待极化的电介质表面的充电方法，再通过老化工艺把电荷从介质表面导入体内，从而获得面密度较高、电荷储存寿

命较长的带电材料。目前这一方法的详细介绍资料较少。

④ 热极化法。热极化法是最早出现的用于制作驻极体的方法，通常在恒温电炉中进行，其装置示意图如图2-9所示。在高温环境中，对材料施加电压，保持几十分钟或几小时极化，然后在保持电压不变的情况下取出，冷却后去掉高压电场，在电场作用下取向的偶极子以及注入材料的电荷都被冻结下来，便使材料带上电荷。为了防止聚合物在热极化过程中发生氧化降解反应，通常将电极和样品置于充氮的环境中。一般加热的最高温度应稍高于聚合物的玻璃化温度，所用电场约0.1～1MV/cm，极化约几分钟到一小时。

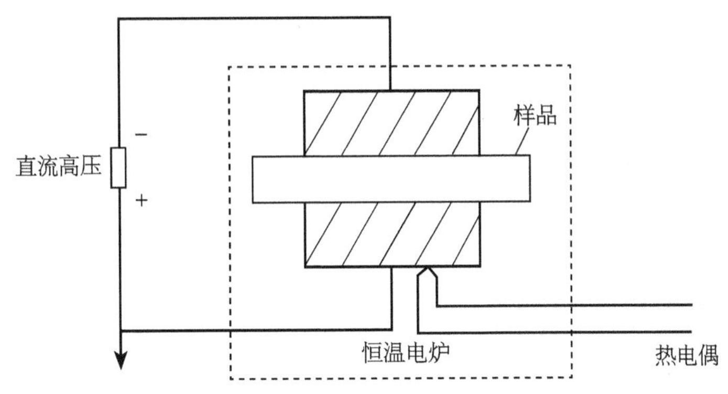

图2-9　热极化装置

⑤ 摩擦起电。摩擦起电是最古老的带电方法。由于各种物质对电子的束缚能力不同，在相互摩擦时会引起电子转移，得到电子的物体呈负电，失去电子的则呈正电。在非织造材料成形过程中，比如短纤维的梳理成网和针刺加固等工序中，纤维之间会存在摩擦起电，极端情况还会出现纤维飞花现象。

两种物体相对摩擦后的带电性质由其在“带电序列”中的位置决定，位置靠前，则物体将带正电荷，靠后的则会带上负电荷。理论上，两种材料在带电序列中的间隔越大，相对摩擦所产生的电荷量越大。常见聚合物的带电序列如图2-10所示。PTFE 位于序列的末端，所以 PTFE 与所有材料摩擦后均带负电荷。有人研究了多孔聚四氟乙烯/聚乙烯/聚丙烯驻极体的储电性能，发现多孔聚四氟乙烯/聚乙烯/聚丙烯复合膜驻极体具有良好的储电稳定性。PTFE 表面摩擦系数低，摩擦产生的电荷量较少。但其电阻率极高，电绝缘性优良，在与物

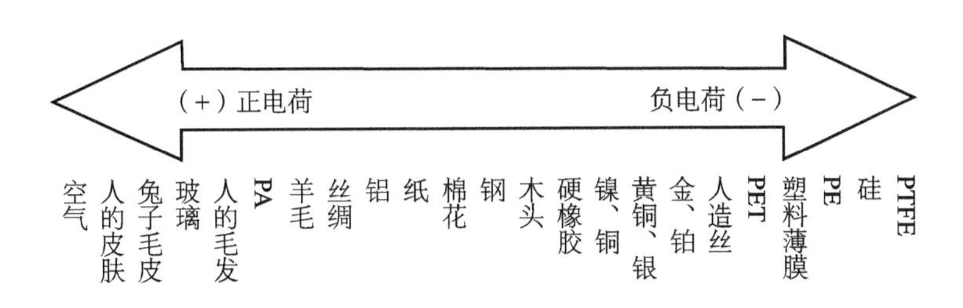

图2-10　不同物质间摩擦带电序列图

体接触、摩擦和分离后，由于产生的电荷难以逸散，表面易于积累静电荷。

工艺上讲，摩擦起电产生的静电荷量取决于三个因素：材料表面相互接触的紧密性、材料的导电性能及摩擦速度等。材料的表面接触得越紧密，电子转移机会越多；材料的电导率越高，摩擦产生的静电荷逸散越快；材料间相互摩擦的速度越快，产生的电荷量越多。

由于材料的静电驻极方法（工艺）不同，带电性质亦大不相同。而空气过滤材料从工厂制造到终端消费，需要经历较长的时间，因此要求其储存电荷密度大、储存寿命长。而储存电荷的稳定性则主要取决于材料性质、充电方法、电荷分布状态、储存的环境条件等。

电晕充电法存在的问题是电荷仅能沉积于材料表面与近表面，电荷密度的横向均匀性和电荷稳定性均比低能电子束轰击法差。摩擦起电方法存在的问题是受环境温湿度和材料吸水率的影响较大，其产生电荷的机理至今还不完全清楚。热极化驻极方法存在的问题是最大电荷密度依赖于气压和相对湿度，且易受存放温度和湿度影响。低能电子束轰击法由于其静电驻极机理较复杂，就目前的技术发展现状而言，要达到广泛应用困难还很大。

2.2.4 驻极工艺技术研究现状

2.2.4.1 电晕放电研究现状

通过电晕放电使熔喷非织造材料带上静电荷的工艺技术已经得到了很好的产业化应用和较为深入的理论研究。研究发现，极化方式、驻极电压、驻极距离、驻极速度等工艺参数对熔喷非织造材料的带电效果都有明显的影响，而为了进一步提高熔喷聚丙烯的驻极带电量，电气石、钛酸钡、SiO_2、Si_2N_4等无机物和受阻胺类光稳定剂等有机物都被尝试添加到聚丙烯熔体中，并发现具有一定的提高带电量的效果。另外，通过添加脂肪酸镁等聚丙烯成核剂的方法，也可以有效提高驻极带电。

但是，进一步的研究发现，上述功能添加剂在提高熔喷非织造材料带电量的同时，也加快了其电荷衰减速度，特别是无机驻极体的分散剂、有机驻极体和有机成核剂等有机低分子物质。现有公开报道的电晕放电技术基本无法做到同时增加材料的带电量和电荷稳定性，这也就是国产口罩无法长期储存的原因。

在电荷稳定性方面，大量的研究结果一致认为，当PP为 α 结晶结构时，更有利于提高驻极带电量和电荷稳定性。但是在口罩的长期储存过程中，除了纤维内部结构对熔喷非织造材料所带电荷稳定性有影响外，还会受到外部环境的影响。电晕充电所产生的电荷密度横向均匀性差，电荷稳定性较，更易受环境影响。为了克服这一缺点，有人将聚丙烯熔喷非织造材料先进行氟化处理，再进行电晕放电驻极处理，发现材料的纤维表面粗糙度增大、拒水性提升、电荷衰减变慢，并表现出了更好的过滤效果。但氟化处理工业化难度大，需要找到更好的替代方法。

另外，正压电场负压电场以及交变电场的驻极效果，都是当下的研究热点。在新冠病毒肺炎疫情的推动下，许多高分子材料和设备生产企业都参与了熔喷驻极工艺技术的研发，生产出许多有特色的驻极设备。

2.2.4.2 摩擦带电研究现状

如何利用成形过程中的摩擦进行纤维材料配伍，形成带静电量大的非织造带电过滤材料，是近几年的研究热点。有人研究了PTFE膜与五种纤维（尼龙、棉、聚苯硫醚、涤纶、丙纶）针刺非织造材料的摩擦带电情况，发现纯PTFE膜与尼龙针刺非织造材料摩擦后的电荷面密度最高。当摩擦因素中摩擦循环数达到70、压力为7.7N、速度达到5.2m/min、且接触面积为28.5cm^{2}时，纯PTFE膜与副磨料相对摩擦后的电荷面密度趋于最大。亚克力纤维与PTFE纤维共混、羊毛与丙纶共混后的针刺摩擦带电效果都被人研究过。为了进一步提高摩擦带电效果，有人采用洗涤剂、碳酸钠以及乙醇试剂去除涤纶针刺非织造材料的纤维表面油剂，结果表明，去除油剂后，其带电效果大有提高，静电衰减周期延长。有人制备了SiO_2填充改性PTFE纤维，研究了填充剂含量对PTFE纤维摩擦带电的影响。发现随着SiO_2含量的增加，改性PTFE纤维材料的摩擦起电性能有提高的趋势，尤其是填充改性剂含量为3%时，改性PTFE纤维材料的摩擦起电性能明显提高，在轻微的摩擦条件下即可产生电荷。

带电纤维过滤材料受到了全球纺织领域学者的关注，2017年，世界著名的两大纺织特色高校美国北卡莱罗纳州立大学和英国立兹大学的非织造材料学科带头人Russell教授和Pourdeyhimi教授就“驻极过滤材料充电和电荷稳定性”共同著书，认为电晕放电会破坏聚合物大分子链并生成功能性不饱和基团，提高了电荷在纤维表面的运动能力，从而加速其衰减。他们引用30多篇文献，从不同聚合物体系和不同摩擦方式等方面对摩擦带电方法进行了综述，并展望了液体摩擦在纤维材料上的可行性。

在纳米能源与自驱动系统研究领域居国际领先和引领地位的王中林院士，报道了摩擦纳米发电在空气过滤领域方面的潜在应用。在一篇文献中，他们先将PTFE和锦纶机织物进行等离子体刻蚀以提高其粗糙度，再用手拿着相互摩擦，然后测试其空气过滤效果。结果发现，五层摩擦带电材料复合在一起后，对PM2.5颗粒物的过滤效率高达96%，比未驻极高前39%。并且，水洗5次后其过滤效率基本不变，具有非常好的耐湿度稳定性。但该材料的过滤阻力和厚度都非常大，不适合用于口罩。另一篇文献中，该研究团队将静电纺PVDF纳米纤维膜与铜金属膜等组装成自驱动静电吸附面罩，利用呼吸过程中PVDF纤维膜与铜金属膜之间的摩擦而带电，从而实现对空气中细颗粒的过滤。其结构示意图如图2-11所示。

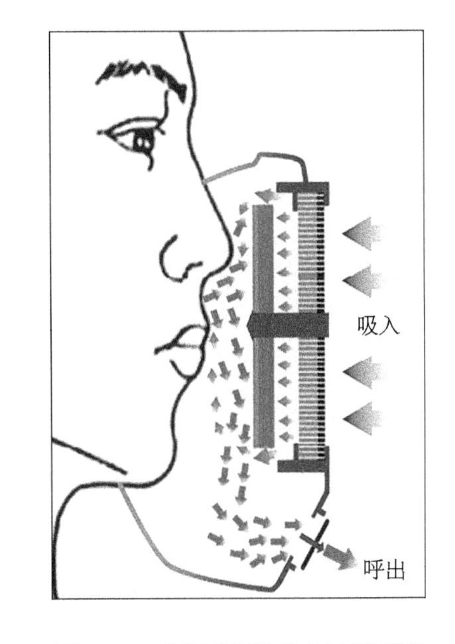

图2-11 自驱动摩擦发电过滤面罩

总之，在拦截效应、重力效应、惯性效应和扩散效应不起明显作用时，如何利用静电效应来滤除空气中的尘埃、粉尘、花粉、尘螨、香烟、宠物毛屑等亚微米粒子，是驻极带电过滤技术的优势和近几年的研究热点。

2.2.5 空气净化和个人防护材料产品分类

按照应用领域，非织造空气过滤材料可以分为空气净化和个体防护空气过滤材料两大类，而个体防护空气过滤材料主要是口罩。

2.2.5.1 口罩

流行病学研究表明，如果长期暴露在PM2.5污染的环境中，可能会引发哮喘、支气管炎和心血管疾病等，严重危害人体健康。PM2.5颗粒物的直径相当于人类头发的1/20大小，不易被阻挡，容易在呼吸过程中进入人体肺部。PM2.5细颗粒物能在大气中停留更长时间，输送距离也更远，对大气环境及人体健康的影响更大。口罩是人们在雾霾天出行的防护必备，更是抗击新型冠状病毒肺炎疫情扩散的重要防护装备之一。当然，还有用于医护人员的医用口罩以及满足矿工等特殊作业工况需要的专业防护口罩或者呼吸器。

（1）口罩分类

按照用途，口罩可分为医用防护口罩、医用外科口罩、一次性医用口罩、工业防尘口罩和其他日常用途的口罩，前三种口罩属于医疗器械管理的范畴，必须符合医疗器械产品注册标准要求，其外包装通常有产品注册证号，属于一次性使用产品。医用防护口罩和医用外科口罩是2003年“非典”以后获得国家规范性管理的医用产品，属于第二类医疗器械，作为医疗器械管理。工业防尘口罩根据不同的作业需求和工作条件对粉尘的浓度和毒性进行限定，所有工业防尘口罩都适合有害物浓度不超过10倍的职业接触限值的环境，超出这一要求应使用全面罩或防护等级更高的呼吸器。

按照成型方法及外观，口罩又可以分为平面口罩和模压口罩两大类，其结构如图2-12所示（彩图见插页）。模压杯型口罩一般由针刺非织造材料、熔喷非织造材料和纺粘非织造材料组成，熔喷非织造材料的单位面积质量至少要达到40g /m²，再加上针刺非织造材料的厚度，所以外观上看起来比平面口罩更厚一些。

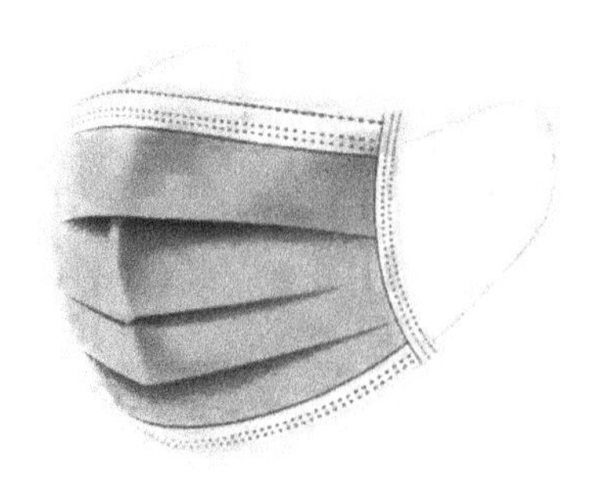

（a）平面口罩

（b）模压口罩

图2-12　口罩

当口罩所用材料符合标准要求，而且能与佩戴者面部紧密贴合时，呼气和吸气时气流会顺畅通过口罩。而当口罩外形与面部贴合性差，或者口罩所用过滤材料的过滤阻力较大时，吸气和呼气过程中，空气会从口罩与面部贴合处泄漏，达不到很好的防护效果。因此，口罩的外形结构对防护效果也有非常重要的影响。为了降低空气泄漏，防护型口罩必须设计成立体结构，靠头带和鼻夹施加一定压力使口罩与脸紧密地贴合。

一般口罩是靠佩戴者自主呼吸来克服口罩对空气的阻力，因此也可以称为自吸过滤式呼吸器。吸气时，口罩内的低气压使气流进入口罩；呼气时，口罩内气压高于环境气压，气流通过口罩排出。一些患有慢性呼吸疾病、心脏病或其他伴有呼吸困难症状的病人，佩戴口罩可能会引起呼吸更加困难。因此，市面上还有带有呼气阀的口罩，大大减轻了佩戴者的呼气阻力。但是，带有呼气阀的口罩只可以保护佩戴者，不能保护其周围人群。如果是病毒携带者，建议选用没有呼气阀的口罩，以免病毒传染。

常规口罩一般是由面层、芯层和内层构成的三层复合结构，其结构示意图如图2-13所示（彩图见插页）。面层为聚丙烯纺粘非织造材料，要求具有较好的拒水效果，防止飞沫黏附。内层也是聚丙烯纺粘非织造材料，要求具有较好的佩戴舒适性。而中间芯层为熔喷非织造材料，是口罩的核心过滤防护层。图2-14为一种口罩的截面电镜照片，可以看出，该口罩所用熔喷非织造材料较多，可能是一种N95口罩。而熔喷非织造材料的生产效率较低，这也就是在新冠肺炎疫情突发阶段口罩紧缺的原因。

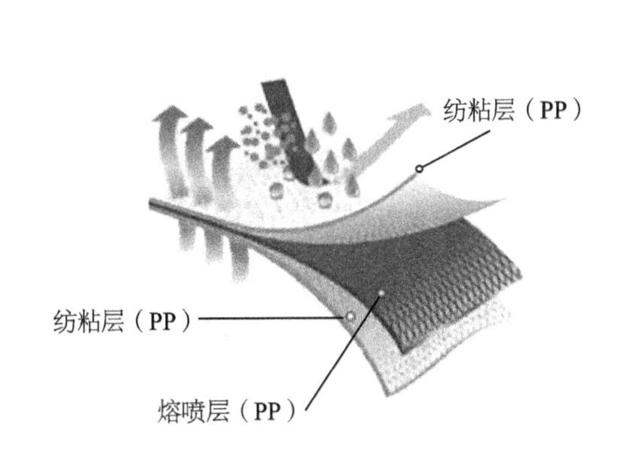

图2-13　常规口罩的三层复合结构

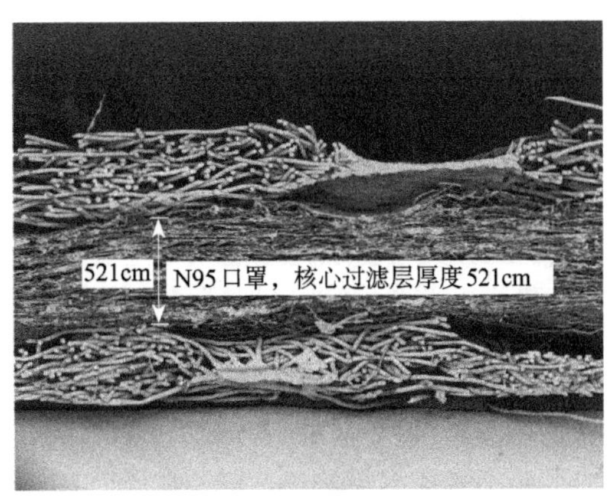

图2-14　口罩的截面电镜照片

（2）口罩性能要求和测试标准

口罩类型不同，其过滤性能等指标要求不同，对其进行约束的标准也不同，具体如表2-2所示。

从表2-2可以看出，GB 19083—2010《医用防护口罩技术要求》、YY 0469—2011《医用外科口罩》、GB 2626—2019《呼吸防护用品 自吸过滤式防颗粒物呼吸器》这三个标准属于强制性标准，对颗粒物过滤效率和细菌过滤效率都有具体指标要求。GB 19083—2010的制定是源于2003年的SARS疫情，当时发现N95口罩可防止病毒传播，因此，在颗粒物过滤效率≥95%的基础上，加入抗合成血液穿透、抗沾水等性能，适用于病原传播性强、极需防护的医疗工作环境，特点是阻隔防护性、密合性强，对血液、体液等液体具有防护效果，主要用于疫情一线的医护人员、工作人员，不建议老人、儿童及体弱的健康成人佩戴。同时，GB 19083—2010中没有“N95”的提法，而是采用“1级”“2级”和“3级”来表示过滤效率等级。因此，一般1级就可以达到“N95/KN95”的要求。医用防护口罩芯层熔喷非织造材料的单位面积质量一般为45～55g /m²。

表2-2　口罩性能要求和相关测试标准

口罩类型	医用防护口罩	医用外科口罩	一次性医用口罩	KN90/KN95 类口罩	日常防护口罩
执行标准	GB 19083—2010	YY 0469—2011	YY/ T 0969—2013	GB 2626—2006	GB / T 32610—2019
标准性质	强制性标准	强制性标准	推荐性标准	强制性标准	推荐性标准
通用领域	高暴露风险的医疗工作环境	临床医护人员有创操作过程	普通医疗环境，阻隔口鼻呼出污染物	用于劳动保护等普通工作环境	日常生活空气污染环境
外观特点	立体、密合性好	平面、密合性一般	平面、密合性一般	立体、密合性好	立体、密合性
颗粒物过滤效率 -PFE	1 级≥ 95% 2 级≥ 99% 3 级≥ 99.97%	≥ 30%	—	KN90 ≥ 90% KN95 ≥ 95% KN100 ≥ 99.97%	I 级≥ 99%（盐、油） II 级≥ 95%（盐、油）、 III 级≥ 90% 盐、80% 油
颗粒物类型	盐性气溶胶	盐性气溶胶	—	盐性气溶胶	盐性、油性气溶胶
细菌过滤效率 -BFE	—	≥ 95%	≥ 95%	—	—
其他关键指标要求	气阻、血液穿透、抗湿、阻燃	细菌过滤效率、血液穿透	细菌过滤效率	吸气阻力、呼气阻力、泄漏率	防护效果，吸气阻力、呼气阻力

医用外科口罩虽然对颗粒物过滤效率要求较低，但对细菌过滤效率要大于95%。同时，其吸气阻力不能超过49Pa、呼气阻力不能超过29.4Pa，保障了医护人员在工作时的呼吸顺畅性。该类口罩主要用于医院的手术、置管等侵入性操作，感控重点监控部门也要求使用这类口罩。也适用于疫情时期民众防止携带病原体的体液、飞沫等的传播，保护自己和周围人群，但一般不建议普通消费者日常佩戴。该类口罩芯层熔喷非织造材料的单位面积质量一般为30～35g /m²。

满足GB 2626—2019《呼吸防护用品　自吸过滤式防颗粒物呼吸器》标准的口罩产品，主要是安监劳保领域用于防护各类颗粒物吸入的工作场合的口罩，其KN95规格产品与美国联邦法规42CFR Part84中N95的测试方法和要求类似，能起到较好的阻隔防护作用。

一次性医用口罩和日常防护口罩对应的规范标准分别YY/T 0969—2013《日常防护型口

罩技术规范》和GB/T 32610—2016《日常防护型口罩技术规范》，属于推荐性标准。一次性医用口罩是日常药房能见到的最多的口罩，其芯层熔喷非织造材料的单位面积质量一般为25g/m²，其主要考核指标是细菌过滤效率（≥95%），一般无法保证对病原微生物、粉尘的过滤。一般用于医院中常规护理，隔绝灰尘、飞沫、体液等有害物质，主要作用是阻隔医护人员与患者之间的日常交叉污染，并没有特别高的要求，同样适用于疫情时期民众佩戴防护。GB/T 32610—2016是基于近年来的雾霾情况，针对民众日常生活防护佩戴的口罩标准，同时采用盐性和油性气溶胶对其过滤效率进行测试，对口罩的密合性和所用过滤材料的要求很高，同样适用于疫情严峻时期的个人防护。

美国国家职业安全与健康研究所（NIOSH）根据过滤和防护油气溶胶性能，将呼吸防护面罩进行分类。根据气溶胶的性能，呼吸防护面罩可分为N型、R型和P型三种类型。不防油性气溶胶的防护面罩为N型，有一定防护油性气溶胶效果的防护面罩为R型，而有较强防油性气溶胶效果的面罩则为P型。另外，按照防护面罩的过滤效率将其分为95、99和100三个等级，分别对应对油性或盐性气溶胶的过滤效率为95%、99%和99.97%（本质上是100%）。举例来说，如果防护面罩的字母数字代码为P100，表明它可以过滤掉空气中99.97%的油性微粒。

在我国，根据GB 2626—2019的要求，KN型口罩主要用于防护非油性颗粒物，KP型口罩既可以防护油性颗粒物，也可以防护非油性颗粒物。化工行业接触较多的为油性颗粒物（如石蜡油蒸气等），一般使用KP型口罩。其他行业，包括普通民用，则以KN型口罩为主，KN型口罩无防水要求。KN90和KN95口罩是目前佩戴最广的防护口罩，其核心过滤材料为熔喷聚丙烯带电非织造材料。

（3）模压口罩结构剖析

常见模压口罩一般由面层、芯层，骨架层和内层组成，其结构示意图如图2-15所示，面层和芯层结构及性能如图2-16和表2-3所示。

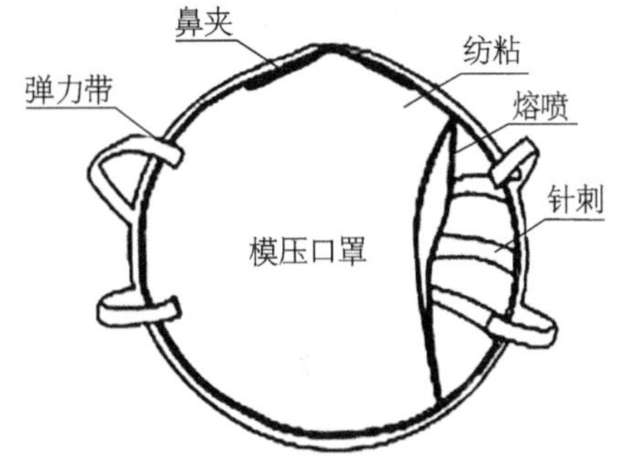

图2-15　模压口罩结构示意图

从图2-16可以看出，口罩的面层为纺粘非织造材料，其纤维直径比较粗，在20μm左右，有较好的耐磨性。芯层为熔喷非织造材料，纤维直径比较细，在2μm左右，对防止细菌、血液渗透等起到至关重要的作用。骨架层为针刺非织造材料，赋予口罩所需的外形结构。内层为纺粘非织造材料，赋予口罩较好的佩戴舒适性。该种类型的口罩，如果所用纺粘和针刺非织造材料过厚，口罩就比较硬。而熔喷层过厚，则呼吸阻力较大。所以从口罩呼吸的难易程度可以判断口罩的阻隔效果，呼吸越困难，则阻隔效果越好。

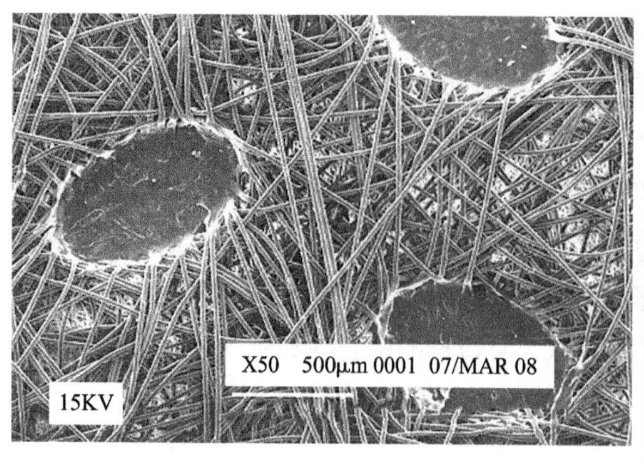

（a）面层

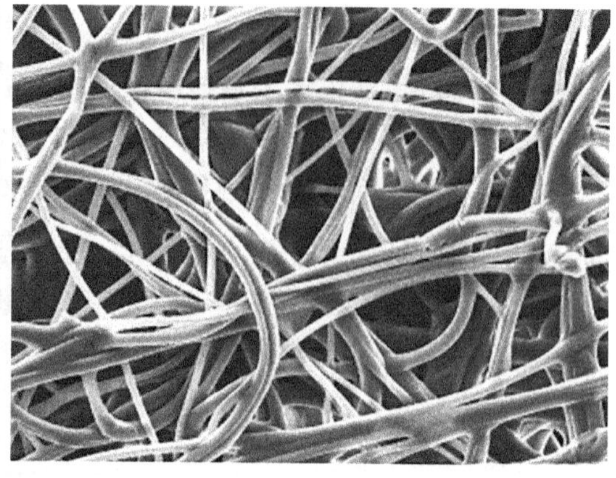

（b）芯层

图2-16 模压口罩中纺粘层和熔喷层非织造材料电镜照片

表2-3 口罩结构及性能

四层	纤维细度 /μm	原料
面层：纺粘非织造材料	16～20	PP
芯层：熔喷非织造材料	1.5～2	PP
骨架层：针刺非织造材料	14～25	PET
内层：纺粘非织造材料	16～20	PP

2.2.5.2 空气净化用非织造过滤材料

众所周知，近年来我国空气质量堪忧，空气质量指数时有超标，大气中PM2.5治理将是一个长期而艰巨的任务。因此，采用空气新风系统对进入室内的空气进行过滤处理，是目前较为流行的提高室内空气质量的手段。特别是在寒冷的冬季和炎热的夏天，许多幼儿园、中小学和家庭采用全新风系统来改善室内空气的清新度和洁净度。全新风系统一般是由新风、排风两个风道和空气过滤材料组成，通过将室外的新风引入新风风道，经由新风系统的净化单元过滤后，将洁净的空气送进室内，再将室内的污浊空气排放到室外。全新风系统一般采用正压送风的方式给室内输送新鲜且富含氧气的空气。目前，建筑物的新风系统主要有静电过滤和高效空气过滤材料过滤两种，鉴于高压静电场会产生臭氧，目前更多的方案倾向于高效空气过滤器加新风风机的方式。

除了民用和商业用建筑室内空气净化外，食品、医疗卫生、精细化工、高精密电子设备、食品无菌包装及航空航天等许多领域的生产加工车间，都需要达到一定标准的净化要求。只有采用有效的空气过滤净化系统，才能降低空气中细颗粒物和微生物的数量水平，从而生产出合格产品。

例如像卷烟厂一类的企业，为保障卷烟产品质量，对环境温湿度及含尘量的控制要求较高，通常采用组合空调系统来维持一个恒湿恒温与洁净的环境。而食用菌生产过程中，从实验室、冷却室、接种室、发菌房，再到出菇房等一系列操作环境必须达到一定的空间洁净度要求，需要采用空气过滤系统来净化空气，以防止菌种制作、培养料灭菌及接种、栽培管理等过程中受到粉尘、细菌等污染，实现环境的无菌化，是食用菌栽培的关键之一。轿车涂装生产工序多，包括前处理、电泳、烘干、打磨、上胶、中面涂等，整个涂装过程耗时较长，容易受到车间内灰尘颗粒的污染。为保证涂装质量，很多主机厂的涂装线是全封闭式车间，需要对进风进行过滤处理，确保达到各个工艺控制点的灰尘颗粒数要求，提升涂装品质。

过滤材料是影响过滤空气净化效果的主要因素之一。目前，高效空气过滤材料有玻璃纤维滤纸、驻极体聚丙烯熔喷非织造材料、PTFE微孔膜等，其中玻璃纤维滤纸因性能稳定、价格合理而成为主流过滤材料。但玻璃纤维脆性大，生产加工过程中容易产生粉尘，危害工人身体健康。普通的空气过滤材料，在纤维非常细且结构紧密时才具有较高的过滤效率，但同时也具有较高的过滤阻力。因此，在满足系统新风量要求的基础上，选择性能优良的过滤材料制成空气净化单元，对滤除空气中的微细颗粒物十分重要。

（1）空气净化过滤材料的分类及特性

GB/T 14295—2008《空气过滤器》将空气过滤器分为粗效空气过滤器、中效空气过滤器、高中效空气过滤器和亚高效空气过滤器，过滤效率要求如表2-4所示。相应地，所用过滤材料也可分为粗效过滤、中效过滤以及高效过滤材料。在某些特殊应用领域，还有超高效过滤材料器。

表2-4 空气过滤器的分类与性能指标要求

类别	粒径 /μm	额定风量下的过滤效率 E / %	额定风量下的初始阻力 / MPa
粗效	≥ 5.0	80 > E ≥ 20	≤ 50
中效	≥ 1.0	70 > E ≥ 20	≤ 80
高中效	≥ 1.0	99 > E ≥ 70	≤ 100
亚高效	≥ 0.5	99.9 > E ≥ 95	≤ 120

① 初效过滤材料。初效过滤主要适用于空气净化系统的初级过滤，能滤除5μm以上的颗粒物。在空气净化系统中，主要作为预过滤保护中效及高效过滤和空调箱内的其他配件，以延长其使用寿命。初效过滤材料主要有板式、折叠式及袋式三种外观结构，过滤材料主要采用非织造材料、机织滤网、金属筛网等。初效过滤主要用于中央空调和通风系统预过滤、洁净回风系统、局部高效过滤装置的预过滤等场合。

② 中效过滤材料。中效过滤材料可以捕集1～5μm的颗粒灰尘及悬浮物，对粒径大于等于1μm微粒的过滤效率为20%～70%。具有风量大、阻力小、容尘量高等特点，广泛应用于各种空调设备及空调系统中。在对空气净化洁净度要求不高的场所，经中效过滤器处理后的空气可直接送至用户。还可以用于制药、医院、电子、食品等工业净化，以及高效过滤的前

端过滤。中效过滤材料主要有玻璃纤维非织造过滤材料、熔喷非织造过滤材料、超细纤维非织造过滤材料以及微孔聚乙烯泡沫塑料等。

③ 高效过滤（HEPA）材料。高效过滤材料可以捕集0.5μm以下的颗粒灰尘及悬浮物，其中对粒径大于等于0.5μm微粒的过滤效率在95%～99.9%的过滤材料属于亚高效过滤材料，对粒径大于等于1μm微粒的过滤效率在70%～99%的过滤材料属于高中效过滤材料，而高效过滤器一般采用超细玻璃纤维非织造材料和聚丙烯熔喷非织造材料作为过滤材料，折叠后制成过滤单元，具有过滤精度高、过滤速度快、纳污量大等特点。高效过滤是空调净化系统中的终端过滤，也是高级别洁净室中必须使用的终端净化设备，

高效过滤器广泛用于光学微电子、精密仪器仪表、生物医药、饮料食品等无尘净化车间的空调末端送风处。根据功能、结构的不同，高效过滤器还可以分为超高效过滤器、大风量高效过滤器、亚高效过滤器及抗菌型无隔板高效空气过滤器等。

经过十余年的发展，高效空气过滤装置实现了国产化，在满足基本的高效过滤功能外，在原位检漏和原位消毒等核心技术方面实现了原始创新。在标准规范方面，GB/T 14295—2008《空气过滤器》适用于常温、常湿、包括外加电场条件下的通风、空气调节和空气净化系统或设备的干式过滤器。GB 19489—2008《实验室　生物安全通用要求》对生物安全型高效空气过滤器提出了具体性能指标要求，它是一种专门用于生物安全领域的通风过滤装置，内部安装有高效空气过滤器，是生物安全实验室最重要的二级防护屏障之一，可有效防止实验室内生物气溶胶泄漏到室外环境。医院的呼吸道传染病污染区和半污染区内的排风系统，要达到GB 15982—2010《医院消毒卫生标准》要求的病房内空气菌落数要求。一般需要在新风系统末端设置高效过滤器，以控制菌落数和气凝胶，限制病毒的宿源，抑制受控环境的人员释放病毒和细菌滋生条件。

不同国家和地区对高效过滤器的过滤效率要求不同。美国能源部将对0.3μm颗粒物的滤除率达到或超过99.97%的滤材或过滤器定义为高效空气过滤，欧盟则将高效空气净化器按照过滤效率分为3个等级：E10～E12（efficient particulate air filters）、H13～H14（high efficiency particulate air filters）、U15～U17（ultra low penetration air filters），其中H 13级别以上的空气净化器对于0.3μm颗粒物的过滤效率大于等于99.95%。

（2）空气净化用非织造过滤材料研究现状

过滤材料是空气过滤器的核心部件。传统空气净化材料过滤精度低、使用周期短、更换频次高。非织造材料是高效过滤器最有效、最可靠和最经济的过滤材料，在过滤阻力、过滤效率和容尘量等方面综合表现好。20世纪50年代，美国人将湿法成型超细玻璃纤维非织造材料成功用于高效空气过滤，并一直沿用至今。常见湿法玻璃纤维非织造材料产品如图2-17所示。但由于玻璃纤维脆性大，在使用过程中存在短纤维脱落隐患，迫切需要开发更多新型高效低阻过滤材料。将粗效针刺非织造材料作为接受基布，在线熔喷复合制备出的复合过滤材料，在具有亚高效过滤性能的同时，还具有较好的力学性能，是一种新型复合非织造空气过滤材料。

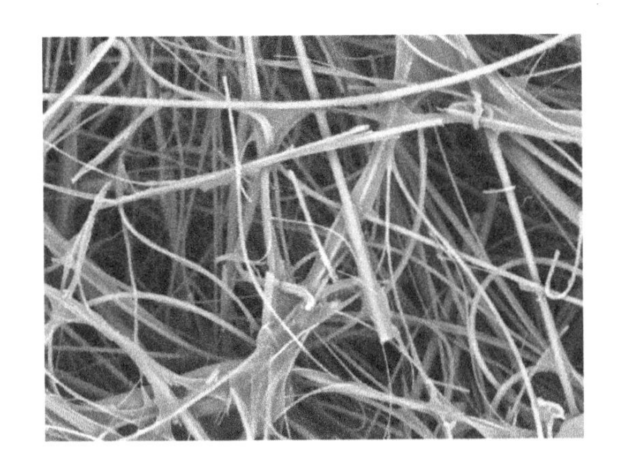

图2-17 湿法成网化学黏合玻璃纤维非织造材料电镜照片

PTFE微孔膜是一种多孔、高通量的有机聚合物薄膜，具有初始阻力小、过滤效率高等优点，近几年在高效空气过滤领域的应用越来越广泛。但由于其厚度薄、抗拉强度较差，实际应用中需要与支撑材料复合，形成PTFE微孔膜复合滤材。常用的支撑材料有针刺毡、编织物或纺粘非织造材料等。有人以PTFE微孔膜作为过滤层，将其与熔喷非织造材料热黏合在一起用作高效空气过滤材料，其截面结构如图2-18所示。

近年来，以纳米纤维为介质的高效空气过滤材料以其比表面积大、过滤精度高等优势引起研究者的广泛关注。但纳米纤维还处在规模化生产攻坚阶段，本书不做讨论。随着熔喷非织造成形工艺技术的发展，已经可以产业化生产纳米级熔喷非织造材料，为高效过滤市场提供了更多的解决方案。近几年来，大容尘量、长寿命、梯度密度的新型过滤材料正逐步走向市场。

另外，高效空气过滤器的过滤阻力主要包括过滤材料的过滤阻力和结构阻力。目前，关于过滤材料的过滤阻力方面的研究较多。通过对过滤器结构和参数的合理设计，可在几乎不影响过滤器效率的情况下，有效减小过滤器的过滤阻力。

高效空气过滤材料主要采用如图2-19所示的折叠结构。有人研究了折叠形式、褶间距对过滤阻力的影响。结果发现，随着褶间距的减小，过滤阻力先减小、后增大，当褶间距为2.5mm时过滤阻力最小。与U型和V型相比，∠型折叠形式的过滤阻力最小。三种折叠方式如图2-20所示。

图2-18 熔喷非织造覆膜过滤材料的截面结构

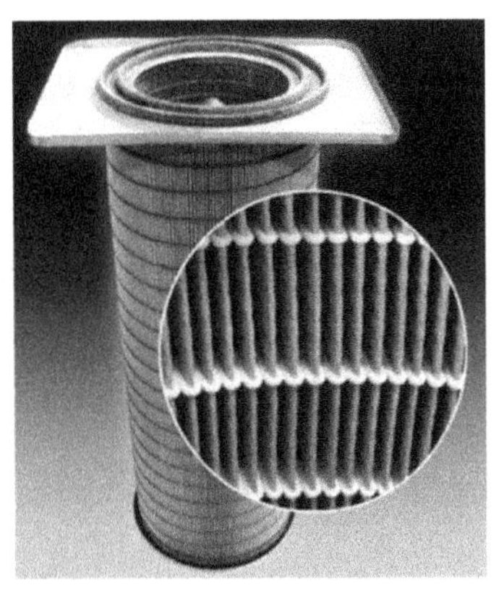

图2-19 折叠滤芯过滤器

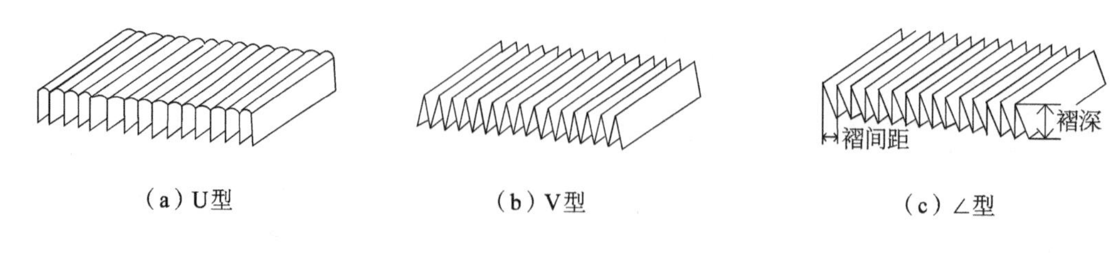

（a）U型　（b）V型　（c）∠型

图2-20　三种折叠方式示意图

2.3 工业烟尘过滤—袋式除尘过滤材料

2.3.1 概述

空气动力学当量直径大于10μm以上的颗粒会被鼻子挡住，对人体无太大伤害。而PM10以下的颗粒，直径越小进入人体呼吸道越深，对人体伤害越大。许多学者已经证明，直接穿过人鼻及嘴的PM2.5细颗粒物会对人体造成一系列的危害，导致心血管及呼吸系统疾病发病率提高，甚至会引起死亡。不仅如此，这些颗粒物对大气能见度的恶化负主要责任。有充分证据表明，中国北方频繁出现的尘暴、雾霾主要是由PM2.5细颗粒物引起的，而燃煤电厂是所有行业中颗粒物排放量最大的行业。

2011年10月，我国大气中PM2.5细颗粒污染超标的问题开始引起重视。当年北京地区一月份只有5天没有出现雾霾，PM2.5浓度监测值超过WHO标准20多倍，我国大气细颗粒物污染已经到了十分严重的程度。2012年9月，《重点区域大气污染防治“十二五”规划》（国函[2012]146号）明确：“到2015年，重点区域环境空气质量有所改善，可吸入细颗粒物年均浓度下降5%。”2013年6月13日，国务院常务会议部署大气污染防治十条措施，其中特别强调“加强人口密集地区和重点大城市的PM2.5治理”。2014年9月，国家发展改革委、环境保护部、国家能源局联合颁布《煤电节能减排升级与改造行动计划（2014—2020）》（发改能源[2014]2093号），要求我国东部地区新建燃煤发电机组的烟尘排放浓度不高于10mg/Nm³。2015年，《政府工作报告》提出：“深入实施大气污染防治行动计划，实施区域联防联控，推动燃煤电厂超低排放改造”。为落实这一指示，2015年7月，环境保护部下发《关于编制“十三五”燃煤电厂超低排放改造方案的通知》，要求五大发电公司对燃煤电厂“提速扩围”，即将我国东部十一省超低排放的限期由2020年提前到2017年底完成，并将超低排放范围由东部十一省扩大到全国。

近十年来，经过上述一系列的政策法规约束和环保行业的努力，我国空气质量明显好转。GB 3095—2012《国家环境空气质量标准》要求工业区颗粒物PM10的年均排放浓度限值为70μg/m³，PM2.5的年均排放浓度限值为35μg/m³，总悬浮颗粒物年均排放浓度不超过200μg/m³。数据显示，2019年，上海市环境空气质量持续改善，PM2.5年均浓度为35 mg/Nm³，达到国家二级标准。上海市环境空气质量指数（AQI）优良天数为309天，AQI优良率为84.7%。

袋式除尘是当前工业烟尘治理的主流技术，垃圾焚烧100%采用袋式除尘，钢铁行业90%～95%采用袋式除尘，水泥行业和燃煤电厂分别是90%和30%采用袋式除尘。实际上，袋式除尘广泛用于电厂、水泥生产、垃圾焚烧、铝制品生产、沥青搅拌站、生物垃圾焚烧、石灰石膏和黏土制造、有色金属和金属冶炼、钢铁生产、食品工业、化工和医药、木材加工等多个领域，是工业烟尘治理的主要手段，其中也有少部分滤袋还可以用来收集过程产物。

目前，我国袋式除尘过滤材料行业基本上形成了以辽宁滤料集群、长三角滤料集群、阜宁滤料基地、天台滤料基地为主的产业集群发展态势。据公开资料报道，2019年，我国袋式除尘过滤材料行业总产值约200亿元。由于产品应用行业涉及面广、覆盖面大，工业烟尘过滤材料逐渐成为产业用纺织品中的重要组成部分，并将保持持续发展的态势。工业烟尘排放治理是一个全球性课题，我国提出的"一带一路"战略方针，将为我国环保治理企业提供更多的参与机会，利用中国的技术与智慧，为发展中国家大气污染治理提供借鉴和帮助。

2.3.2 常见工业烟尘过滤工况简介

工业烟尘过滤材料在滤除烟气中细颗粒物的同时，还要能够经受住实际过滤工况的酸碱性等化学氛围的腐蚀。同时，烟尘的水蒸气含量等，对滤袋的清灰效果和使用寿命等都有很大影响。燃煤电厂、钢铁工业、垃圾焚烧和水泥工业等是主要空气污染源，下面分别介绍其烟尘过滤工况，以便对过滤材料所用纤维材质做出科学选择。

2.3.2.1 燃煤电厂

我国在能源资源方面属于"富煤贫油"国，煤炭消费约占一次性能源消费总量的70%。即使国家已经在积极开发风能、核能等新型能源，这一基本国情在短期内仍无法改变。根据《BP世界能源统计年鉴2013》的统计，2015 年，我国煤炭消耗量约为19.6亿吨油当量，约占全球煤炭消费重量的50.6%。电力行业作为燃煤消耗大户，产生大量的酸性含尘烟尘，烟尘中颗粒物的粒径范围主要分布在0.7～17.5μm之间，呈单峰分布，峰值在7.48～10.97μm。

煤炭燃烧时会释放出SO_2和氮氧化物（NO_x）等酸性气体，而NO_x中的主要成分为NO及少量的NO_2。NO极不稳定，在有氧气存在的情况下会迅速转化为NO_2。另外，有数据表明，燃煤电厂排放的烟气中水蒸气含量高达12%～16%，而SO_2和NO_2遇到水蒸气后，会形成具有强氧化性的酸。如果烟尘不做处理直接排放，则会变成酸雨破坏大气环境。因此，在烟尘过滤前需要进行脱硫脱硝处理。在过滤燃煤电厂排放的烟尘时，若滤袋使用温度低于烟尘的露点温度，强氧化性的酸会在滤袋表面形成酸性结露，对滤袋造成严重腐蚀。同时，酸性水蒸气会增加含尘气体的黏性，使粉尘堵塞滤料的孔隙，造成清灰困难。因此，需要让烟尘保持较高的温度进入袋式除尘过滤器，减轻或者避免酸性结露的影响，具有过滤效果好、能耗低、滤袋使用寿命长等优点。因此，燃煤电厂需要采用耐高温、耐酸性腐蚀、拒水过滤材料。

在美国，要求燃煤电厂排放烟尘中的颗粒物、二氧化硫、氮氧化物排放浓度小时均值分别不高于12.3mg/Nm^3、136.1mg/Nm^3和95.3mg/Nm^3。在欧盟等国家和地区，要求烟气颗粒物、二氧化硫、氮氧化物排放浓度小时均值分别不高于10mg/Nm^3、150mg/Nm^3和150mg/Nm^3。日本（东京特别区）的火力发电厂烟气污染排放物中的烟尘、二氧化硫、氮氧化物排放限值分别为8mg/Nm^3、111mg/Nm^3和70mg/Nm^3。

2017年10月，河南省发布的DB 41/1424—2017《燃煤电厂大气污染物排放标准》规定了烟尘、二氧化硫、氮氧化物三项指标排放限值分别为10mg/Nm^3、35mg/Nm^3和50mg/Nm^3。2018年7月，天津发布的强制性标准DB 12/810—2018《火电厂大气污染物排放标准》规定，火电厂排放烟气的烟尘、二氧化硫、氮氧化物的排放限值分别为5mg/Nm^3、10mg/Nm^3和30mg/Nm^3。这些排放指标已经达到并部分超过了国际水平。

2.3.2.2 钢铁冶炼工业

钢铁工业是耗能和空气污染大户，平均能耗约占全国总能耗的17%。中国钢铁生产仍然以长流程转炉炼钢为主，从原料进厂到成品出厂的原料场、焦化、石灰、烧结、炼铁、炼钢、轧钢等，每一个工序都会产生大量烟尘。2018年5月，生态环境部发布关于《钢铁企业超低排放改造工作方案》(环办大气函[2018]242号)。在广泛征求意见的基础上，2019年4月22日，生态环境部、发展改革委等五部委联合印发的《关于推进实施钢铁行业超低排放的意见》规定，烧结机机头、球团焙烧烟气颗粒物、二氧化硫、氮氧化物排放浓度小时均值分别不高于10mg/Nm^3、35mg/Nm^3和50mg/Nm^3，拉开了我国钢铁工业超低排放烟气治理的序幕。欧盟2010/75/EU工业排放指令中，对烧结机机头袋式除尘器颗粒物的排放浓度限值为15mg/Nm^3，美国印第安纳州袋式除尘颗粒物排放浓度限值为16.02mg/Nm^3，可见我国钢铁工业的烟尘排放指标要求更高。

近几年，我国生铁年产量控制在7亿吨左右，高炉为主要炼铁工艺设备，由烧结工序为高炉提供特定品位和粒度的烧结矿或球团矿等合格炉料。在炼铁炉料中，烧结矿占60%~80%，球团矿占10%~20%，还需加入一定量的焦炭。烧结、球团、焦化是钢铁工厂污染源最集中、治理难度最大的工序区域。我国现有链篦型带式烧结机1240多台，烧结床总面积约15万平方米，年产烧结矿约10.8亿吨。球团设备约有500多台，产能约1500万吨/年。烧结烟气的主要工艺参数如下：

① 烟气量：4000~6000m^3/t矿；

② 温度：80~180℃；

③ 含氧量：15%~18%；

④ 含湿量：10%~13%；

⑤ 含尘浓度：不铺底料为2~4g/Nm^3，铺底料为0.5~1g/Nm^3；

⑥ SO_2浓度：一般为300~1500mg/Nm^3，最高为6000mg/Nm^3；

⑦ NO_x浓度：200~600mg/Nm^3；

⑧ 二噁英浓度：30～60ng-TEQ /Nm^3 。

从上述烧结烟气的工艺参数可以看出，钢铁工业排放的烟尘呈酸性、含氧量高、湿度大。因此，需要对过滤材料做表面拒水后整理，以提高其清灰效果。过滤材料所用纤维能够耐氧化、耐酸性水解。钢铁冶炼过程中容易产生火花，过滤袋所用纤维最好有阻燃功能。但是，钢铁冶炼排放烟尘的温度不是很高，因此对纤维耐温性的要求也不是很高。

近几年，我国钢铁工业用烟尘过滤材料市场保持了较好的发展态势，除了炼铁高炉煤气、炉前烟气、矿槽粉尘、转炉二次烟气、石灰窑烟气等传统烟气过滤外，烧结烟气、流化床粉尘、半干法脱硫后高浓度烟尘的过滤成为新热点，引发了滤料的创新与研发。另外，基于超低排放设计的超细纤维高密面层过滤材料在钢铁工业烟尘治理领域得到了新应用，取得了良好效果。许多钢铁企业已经达到了5mg /m^3以下的超低超净排放水平。

2.3.2.3 城镇生活垃圾焚烧

随着城市经济的发展、人民生活水平的不断提高，生活垃圾日益增多，已成为当今社会发展的公害之一，严重影响人们的生活环境。国内外广泛采用的城市生活垃圾处理方式主要有卫生填埋、高温堆肥和焚烧等，因地理环境、垃圾成分、经济发展水平等因素不同，不同国家、地区采取的主要垃圾处理方式也不同。填埋法作为垃圾的最终处置手段，一直占有较大比例。农业型发展中国家大多数以堆肥为主。国外工业发达国家，特别是日本和西欧，普遍致力于推进垃圾焚烧技术的应用。焚烧是世界各国广泛采用的城市生活垃圾处理技术，配备热能回收与利用装置的垃圾焚烧处理系统，由于顺应了回收能源的要求，正逐渐成为焚烧处理的主流。

近年来，我国频频出台多项与垃圾焚烧相关的政策，国家要求46个重点城市到2020年基本实现原生垃圾“零填埋”。据不完全统计，2018年，我国城镇范围已建和在建的垃圾焚烧项目合计已达到660座左右。到2020年，全国城镇垃圾焚烧建成的投运项目有望达到550座左右，垃圾焚烧处理规模有望达到或超过55万吨/天，垃圾焚烧处理率有望超过50%，在2015年的基础上实现翻番。

由于城镇生活垃圾来源广、成分复杂，垃圾焚烧烟气具有以下特点：

① 烟气湿度高达30%，且含有HCl、SO_2等酸性气体，容易酸结露；

② 烟气温度波动范围大，高温大于230℃，低温小于140℃；

③ 烟尘颗粒细小，密度小；

④ 烟尘危害性强，含有二噁英等物质。

GB 18485—2014《生活垃圾焚烧污染控制标准》中，对垃圾焚烧后的烟气排放污染物24h均值规定限值的颗粒物、氮氧化物、二氧化硫二噁英类的指标分别为20mg /Nm^3、250 mg /Nm^3、80mg /Nm^3和0.1ng-TEQ /m^3。

城镇生活垃圾焚烧所产生的烟气呈酸性、湿度大、温度高且波动大，对过滤材料性能要求高。过滤材料所用纤维要具有耐高温、耐酸腐蚀、拒水等性能。当前所用的主流过滤材料是纯PTFE纤维针刺覆膜和PTFE/玻璃纤维针刺覆膜两种过滤材料。另外，垃圾焚烧过程中会产生二噁英等有害物质，我国制定的垃圾焚烧污染控制新标准中的二噁英排放限值与最严格的欧盟标准一致。如何将二噁英治理技术与烟尘细颗粒物过滤技术相结合，协同治理垃圾焚烧烟尘，是当前的研究热点。

除了上述过滤工况外，袋式除尘过滤材料还广泛用于水泥生产、沥青搅拌站、石灰石膏和黏土制造等多个领域，是工业烟尘治理的主要手段。像水泥等行业，在净化排放烟尘的同时，还可以提高水泥产量。据统计，每生产1t水泥会产生6000～12000m³的废气，其中含有130～280kg的粉尘。因此，像水泥厂这样的工业除尘，除尘既是基于对环境保护的考虑，也是产品回收的需要。整个水泥生产线上要安装多个除尘器（收尘器），具体位置如图2-21所示。

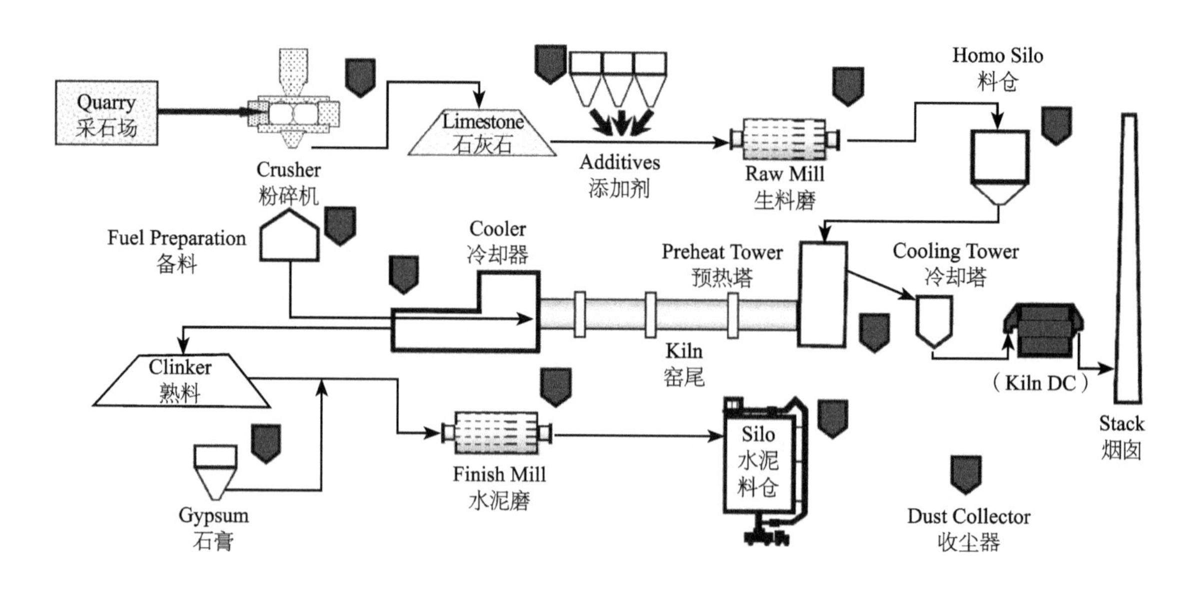

图2-21　水泥生产流程上的除尘器安装节点

2.3.3　袋式除尘器结构及过滤除尘机理

2012年6月，《“十二五”节能环保发展规划》（国发[2012]9号）提出，加快先进袋式除尘技术、电袋复合除尘技术及细微粒粉尘控制技术的示范应用。经过几年的行业发展和技术进步，我国袋式除尘技术已取得明显进步。袋式除尘具有对污染源和过滤工况适应性好、高效稳定除尘净化和对多种污染物协同治理的能力，是实现超低排放协同控制的可持续发展技术。袋式除尘器是大气污染治理的高效除尘设备，可以达到总除尘效率不低于99.9%、对微细颗粒（小于PM2.5）的去除率不低于98%、粉尘排放浓度低于10mg /m³ 、运行阻力800～1200pa等超低排放指标。下面分别以典型脉冲袋式除尘器和改进型协同控制除尘器为例，介绍其主要结构及工作过程，从而便于对袋式除尘器用过滤材料过滤机理的理解。

2.3.3.1　袋式除尘器结构和除尘工作过程

袋式除尘器又称布袋除尘器，它是利用过滤元件（即过滤袋）将含尘气体中的固态或者凝胶微粒阻留、分离或吸附的高效除尘设备。常见袋式除尘器的外观如图2–22所示，其内部由多个独立的过滤袋和龙骨组成[图2–22（b）]，龙骨起到支撑过滤袋的作用，防止过滤袋在过滤及清灰时发生剧烈摆动及变形。图2–23所示为大型袋式除尘器的过滤袋安装过程。

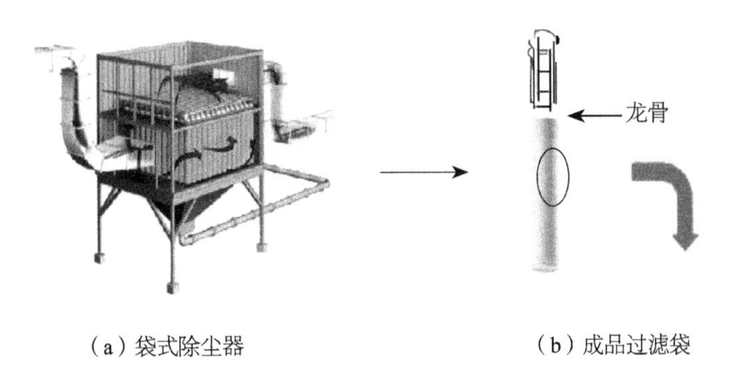

（a）袋式除尘器　　（b）成品过滤袋

图2–22　袋式除尘器结构示意图

图2–23　过滤袋现场安装图

以脉冲袋式除尘器为例，其工作过程大致可以分为过滤过程和清灰过程，如图2–24所示。当含尘气体进入除尘室内后，一部分直径较大的烟尘颗粒由于惯性碰撞作用自然沉降落入除尘器灰斗底部。大部分烟尘颗粒则随气流的流动接触到若干根独立的过滤袋外表面，在过滤袋的纤维与纤维间或者表面微孔膜所形成的细小孔洞的拦截、捕捉等作用下，大部分粉尘被阻留在滤袋外部，净化后的气体则经由滤袋内部进入除尘器上部箱体，经出风口排放进入大气，达到除尘目的。随着过滤过程的不断进行，过滤袋外表面的积尘逐渐增多，除尘器的运行阻力逐渐增大。当阻力增加到预先设定值（800～1500Pa）时，清灰控制器发出信号，切断进气，同时以极短的时间（0.1s）向上部箱体内喷入干净的压缩空气（0.5～0.7MPa），使过滤袋产生膨胀、抖动，加上逆气流的作用，过滤袋外表面上的粉尘便掉落到除尘器底部灰斗。清灰完毕后，再次打开含尘气体进气阀，进入下一个循环，周而复始。

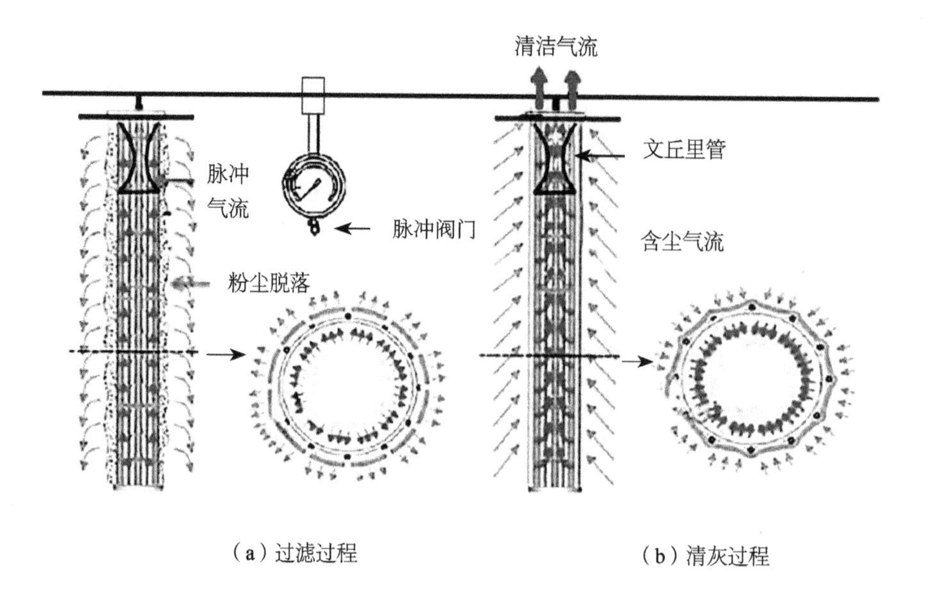

图2-24　袋式除尘器过滤和清灰过程示意图

常见针刺非织造过滤袋产品如图2-25所示（彩图见插页）。它一般由上下两层纤网加中间一层增强基布构成，短纤维层主要起过滤粉尘的作用，而中间基布主要起增加结构稳定性、提高滤袋强力和使用寿命的作用。过滤材料的正确选择与使用对袋式除尘器的性能、运维成本发挥着极其重要的作用。

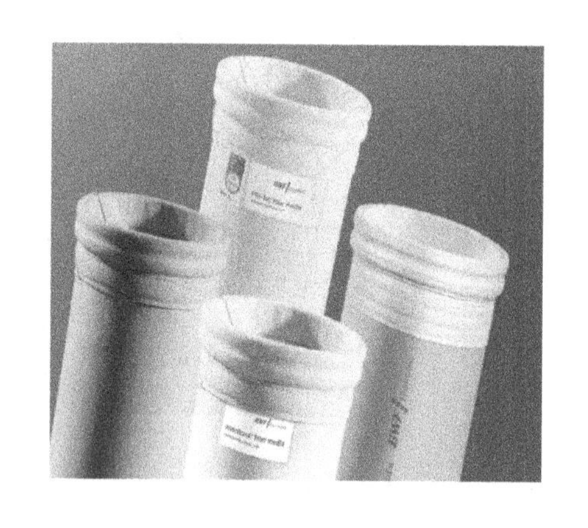

图2-25　针刺非织造过滤袋产品

2.3.3.2　脱硫脱硝和烟尘过滤协同治理设备及工作原理

随着人们对除尘器除尘机理的探究和科技进步，为了降低燃煤电厂、钢铁冶炼和垃圾焚烧等尘烟气中的细颗粒物，机械式除尘器、电除尘器、过滤袋式除尘器等先后被用作工业烟尘治理，当前最流行的是电袋复合除尘设备。而在许多工业烟尘治理工况中，除了要过滤烟尘中的细颗粒外，还涉及脱硫和脱硝等问题，如燃煤电厂、钢铁和水泥行业的烟尘处理。

当前实现钢铁烧结机烟气超低排放使用较多的技术路径是半干法脱硫装置+袋式除尘器+中低温SCR脱硝装置。半干法脱硫技术是在布袋除尘器前端设置脱硫系统，对于除尘器工况的影响有三点：含尘量高（800~1000g/m^3）、入口浓度大、对系统冲刷较明显。干法脱硫后，除尘器布袋区域硫含量降低，但粉尘浓度大、出口排放要求高。半干法脱硫在塔内喷雾，使烟气的含湿量增加，对滤料的抗结露、糊袋性能要求较高。对于半干法脱硫装置配套的袋式除尘器来说，常用氢氧化钙来吸收烟气中的HCl和SO_2，反应形成$CaCl_2$和$CaSO_3$固态小颗粒后进入袋式除尘器，被滤袋拦截滤除。

下面以改进型循环流化床协同控制工艺流程为例，介绍脱硫脱硝和烟尘过滤协同治理工艺过程。

图2-26是改进型循环流化床协同控制工艺流程。一般来说，改进型循环流化床主要由催化反应罐、循环流化床塔、布袋除尘器、增压风机、返料及净气循环回路等组成。经电除尘器处理后，温度为100～150℃的烧结烟气进入催化剂反应罐，其中含有的NO气体被氧化为NO_2气体，然后继续进入脱硫脱硝反应流化床塔进行脱硫脱硝，再从流化床塔底进入布袋除尘器。同时，$Ca(OH)_2$粉、返料和水等复合吸收剂进入脱硫脱硝反应塔，烟气降温并与吸收剂反应生成$CaSO_3$、$CaSO_4$、$Ca(NO_3)_2$、$Ca(NO_2)_2$等物质。烟尘中初始所含固体颗粒和脱硫脱硝反应形成的固体微粒从塔顶回落，大颗粒沉积到布袋除尘器底部灰斗，其余形成内循环，大部分细颗粒则随烟气进入布袋除尘器而被拦截过滤在布袋外表面，干净气体进入烟囱排出。连接反应塔底部的布袋除尘器，起加速与均流作用，上部设增压回流装置，促使大部分固体反应物回流，可以提高脱硫脱硝效率。本工艺流程的脱硫效率为85%～98%，脱硝效率为60%～85%，在脱硫的同时可以脱除氮氧化物。该设备结构紧凑，特别适用于中小型工业锅炉和冶金窑炉烟气的超低排放协同控制。

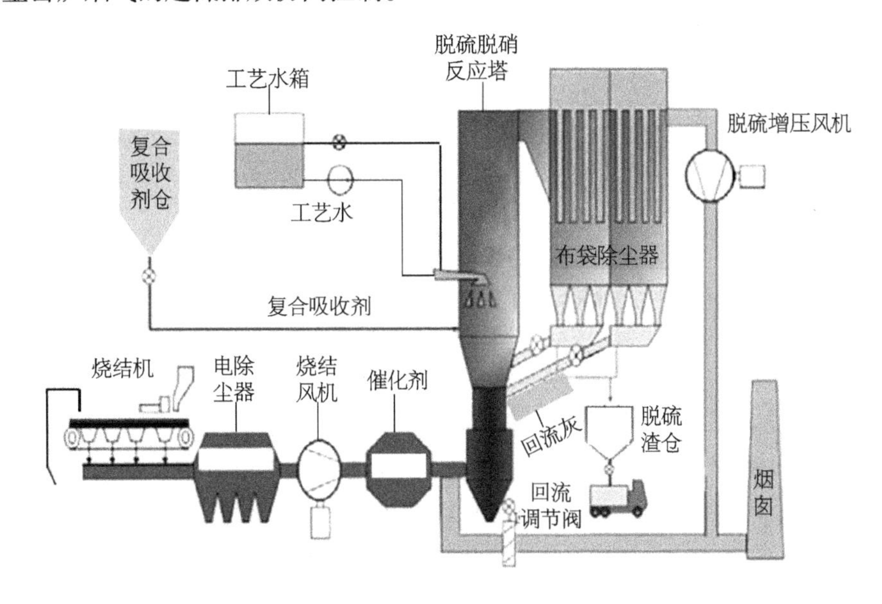

图2-26 改进型循环流化床协同控制工艺流程

2.3.3.3 袋式除尘过滤机理

1974年，武汉安全科学研究院研制出第一条常温涤纶针刺过滤袋生产线，经过多年的发展，尤其是近些年来在我国一系列环保治理政策法规的推动下，袋式除尘过滤材料在纤维原料、纤维成网、针刺加固和后整理等方面都取得了显著进步。滤袋作为袋式除尘器的核心部件，其过滤机理如图2-27所示。

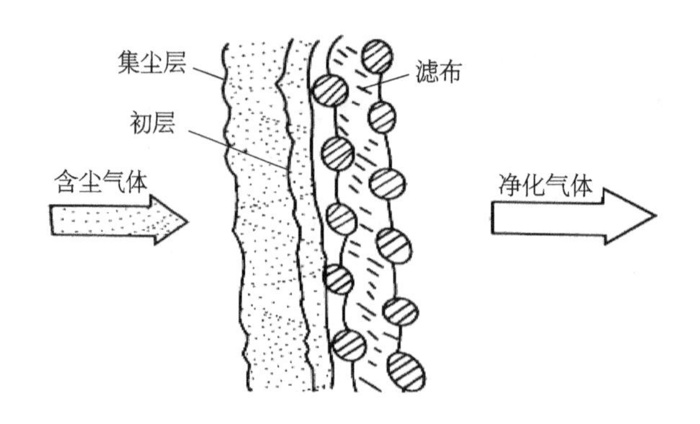

图2-27　袋式除尘针刺非织造材料表面过滤机理示意图

在过滤初期，受到筛分、惯性、滞留、扩散等综合作用，含尘烟气在流动通过滤袋纤维层时，部分粉尘被拦截，与滤袋表面纤维层共同形成过滤层。随着过滤时间的延长，被拦截粉尘逐渐在滤袋表面形成一次性粉尘层，俗称滤饼。随着过滤的进行，当滤饼的厚度达到0.3～0.5 mm时，对粒径小于纤维直径的粉尘，通过碰撞和扩散等效应被拦截的概率增加，发挥滤饼过滤功能，除尘效率提高。一般来说，针刺非织造材料本身的除尘效率仅为85%~90%，效率较低。但当其表面形成滤饼后，其除尘效率可以达到99.5%以上，可实现超低超净排放功能。

因此，对于袋式除尘器来说，滤袋清灰应该适度，应尽量保留滤饼，防止除尘效率下降。当然，滤饼的形成与过滤风速有关。过滤风速较高时，滤饼形成较快。而当过滤风速较低时，滤饼形成较慢。但滤饼过滤的缺点是每次清灰后需要一定的时间形成新的滤饼，此时排放烟气中的细颗粒物可能会超标。

2.3.4　新型工业烟尘过滤材料及工艺技术

作为控制工业烟尘排放的有效途径，袋式除尘过滤材料发挥了关键作用。纤维品种从原来的常温涤纶，已经发展到聚酰亚胺纤维、芳纶、PPS纤维、PTFE纤维等高性能有机纤维和超细玻璃纤维、玄武岩纤维、不锈钢金属纤维等无机纤维。制造工艺不断创新，先进的机器设备使纤维铺网更加均匀，针刺机的生产速度得以提高，过滤材料的制造质量不断提升。后处理工艺技术已由过去的分单元进行烧毛、热定型、轧光、浸渍涂层、干燥等处理变成连续的一条龙后处理生产线，不仅提高了生产效率，更提高了后处理品质和稳定性。

根据过滤材料的连续使用温度（干态），可以将其分为三大类：低于130℃为常温过滤材料；130～200℃为中温过滤材料；高于200℃则为高温过滤材料。过滤工况环境温度高、气体腐蚀性强等特殊作业环境对高温烟气除尘用过滤材料提出了很高的要求，过滤材料必须满足较高的过滤效率、优异的耐高温性能、较长的使用寿命以及合理的价格等条件。

随着国家一系列环保政策的出台，对工业排放烟尘中的细颗粒物含量要求从30mg / Nm³降到15mg / Nm³、10mg / Nm³，甚至5mg / Nm³，使超净排放成为工业烟尘治理的发展目标，仅依靠常规的非织造梳理铺网针刺工艺技术已经无法满足要求。在市场需求推动下，超细面层过滤材料和覆膜过滤材料是当前工业烟尘超低排放的优选技术方案，而烧毛轧光后整理可以进一步提高过滤袋的过滤精度和清灰效果。另外，通过打褶方式制备的褶皱滤袋，可以大大提高滤袋的过滤面积，从而实现更好的过滤效率；拒水拒油后整理可以提高过滤袋的清灰效果和使用寿命；而多种纤维混合梳理成网制成的过滤袋，则可以协同发挥多种纤维的优良性能。海岛纤维水刺加固制成的非织造材料，在超低排放领域也显示出非常好的应用潜力。诸如此类，当前高温烟尘过滤材料有许多新型技术方案，下面分别进行介绍。

2.3.4.1　超细面层梯度结构过滤材料

针刺非织造成型工艺技术因纤维原料适应性广、产品成本相对便宜，被广泛应用于工业、农业、国防、医疗等领域。通过改变纤维原料种类及配比、针刺工艺、后整理方式，甚至与其他工艺相结合，可以进一步扩大产品的应用领域。但常规针刺非织造材料的平均孔径起码在20μm以上，无法满足工业烟尘超低排放要求。

超细面层梯度结构过滤材料是通过在过滤材料厚度方向上形成容尘梯度结构和超细纤维面层，发挥表面滤饼过滤作用，从而提高对细颗粒物的过滤效率，其结构示意图如图2-28所示。超细面层梯度结构过滤材料是由多层纤网与基布叠合后经针刺或者水刺非织造加固工艺而成，纤维细度和纤维层密度沿过滤材料的厚度方向呈梯度变化，通常面层采用超细致密纤网。与覆膜过滤材料相比，其产品面层与底层结合紧密牢固，纤网结构更加稳定，表层耐磨、耐磕碰、耐冲击，在整个运行周期内具有更稳定优良的综合运行性能。研究表明，纤维越细，由其形成的表面过滤层越致密，过滤精度越高。但超细纤维的纤网梳理难度随着纤维变细而加大，5μm以下纤维难以梳理成网。

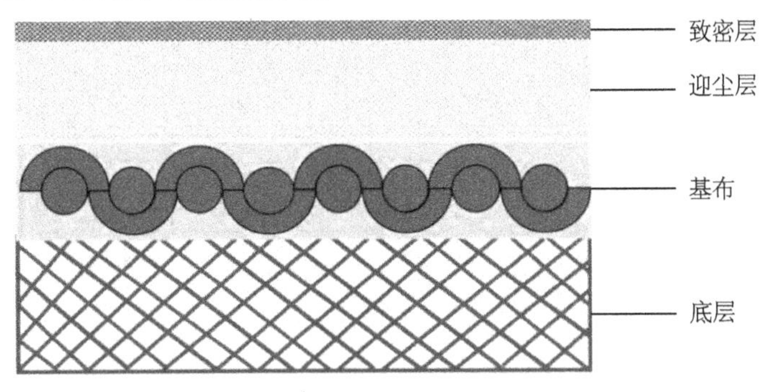

图2-28　超细面层梯度结构过滤材料结构示意图

另外，对于过滤材料而言，其耐磨性也是非常重要的性质，对过滤袋的使用寿命影响很大。在过滤含尘气体时，当过滤材料表面的粉尘积累到一定数量触发清灰操作时，过滤袋发生剧烈抖动，引起其与内部龙骨和粉尘之间的摩擦。因此，过滤袋的底层采用粗纤维则具有支撑作用，可以充分保证滤袋的耐磨性和使用寿命。另外，滤袋芯层的增强基布则可以增加过滤袋的强力和尺寸稳定性，满足使用寿命要求。常用增强基布分为经编基布和机织基布两类，如图2-29所示。相对而言，由于经编基布的特殊线圈结构赋予其良好的尺寸稳定性，在针刺过程中不容易发生纬斜，所制备针刺非织造材料的经纬向强力更容易控制。

与常规过滤材料相比，超细面层梯度结构过滤材料的表层纤网平整光滑、孔径微细均匀，具有过滤精度高、清灰性能好等优点，是实现超低排放的首选滤料。超细纤维细度要小于1dtex，纤维比表面积大，形成的纤网匀称致密、孔径微细弯曲。再经过烧毛、轧光或者浸渍、定型等后处理，形成平整、光滑、无毛羽的平整光滑表面，类似于在针刺非织造材料表面复合了一层微孔膜，实现表面过滤。因为是表面过滤，超细面层过滤材料的压力降比普通滤料小得多。图2-30是一种超细面层过滤材料与普通过滤材料的压力损失对比图。图2-31是一种超细面层梯度结构过滤材料的电镜照片。

目前已经发展了多种超细面层梯度结构过滤材料制备工艺技术，从最初的基于细旦纤维铺网到超细海岛纤维、纳米纤维、湿法成网、熔喷成网等，可以采用针刺和水刺非织造多种

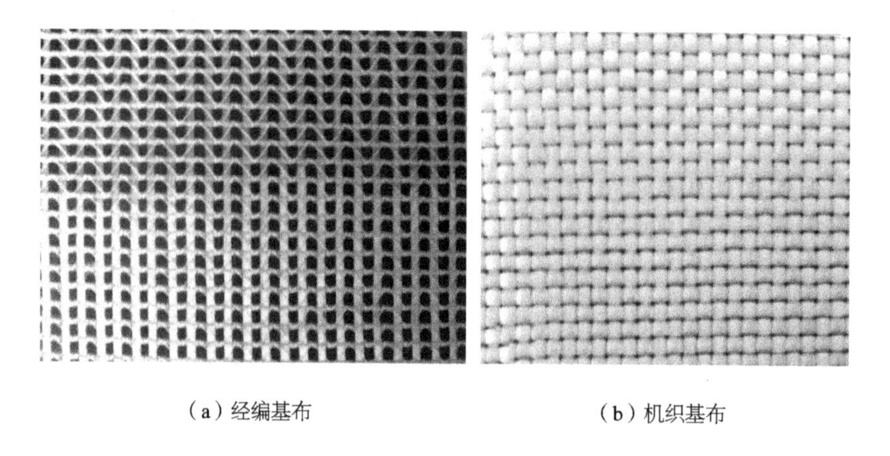

（a）经编基布　　（b）机织基布

图2-29　经编和机织基布

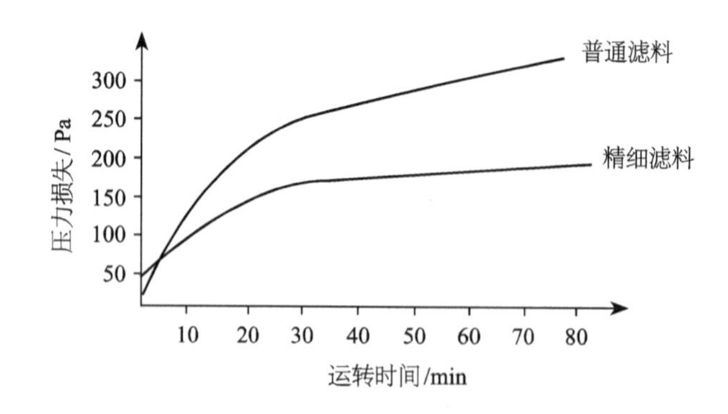

图2-30　普通过滤材料和超细面层过滤材料的压力损失对比图

（过滤风速1.0m/min，喷吹压力5kg/cm²，温度100℃，滑石粉尘浓度50g/m³）

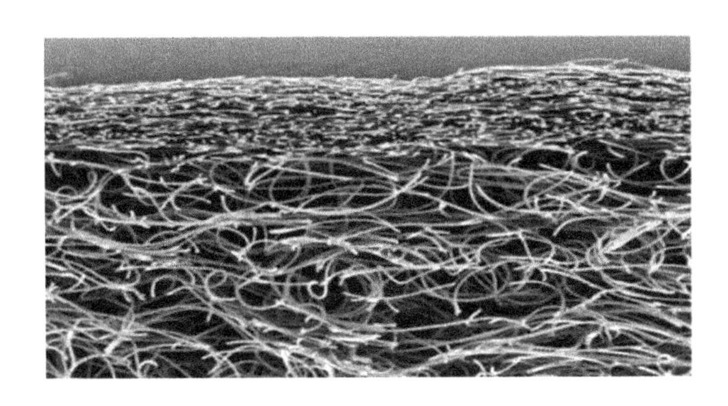

图2-31　超细面层梯度结构过滤材料的电镜照片

加工固结方式，制成的过滤材料的过滤效率和阻力接近于覆膜过滤材料，可靠性和寿命优于覆膜过滤材料。

2.3.4.2　覆膜过滤材料

1973年，美国Gore公司将PTFE微孔膜用于过滤领域，为微孔膜的应用打开了一个新市场。PTFE微孔膜的平均孔径为0.1～2.0μm，覆膜过滤材料是通过热压或其他方法，将一层PTFE微孔薄膜黏覆在纤维过滤材料表面制成的超低排放过滤材料，赋予过滤材料表面过滤功能，可以过滤极细小的粉尘，且粉尘不易穿透、渗入纤维过滤层，具有更好的清灰效果。覆膜之后，过滤材料的过滤效率相对于传统针刺过滤材料大大提高，可以拦截颗粒直径小于2.5μm的粉尘。覆膜滤料表面相当于粉尘初层，受后续生成滤饼的影响较小，在周期性使用过程中，过滤效率和阻力变化不大。PTFE微孔膜的光滑表面使得滤料表面抗黏附，喷吹压力低，具有清灰尘效果好、滤料残余阻力低等优点。只要覆膜未被破坏，则排放低、压差可控。目前使用的主要是PTFE双向拉伸膜。常用PTFE微孔的结构如图2-32所示。图2-33所示是覆膜生产现场。

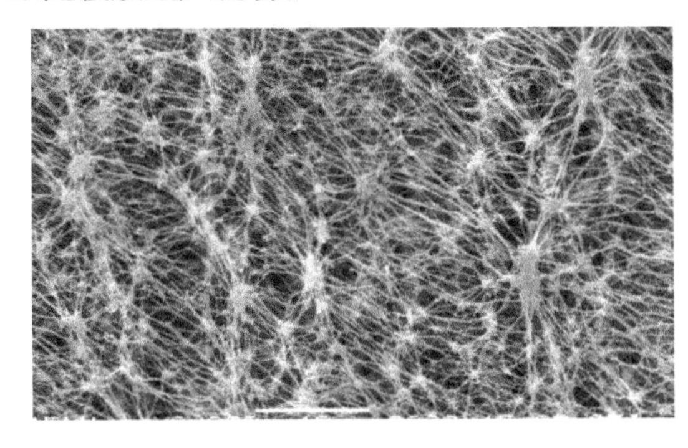

图2-32　PTFE微孔膜

图2-33　覆膜生产现场

目前，高温环保过滤材料产品中，约70%为PTFE覆膜滤料。PTFE膜有薄膜和厚膜两种，厚度分别为2～3μm和8～10μm。目前，覆膜工艺主要有胶黏法和高温热压法。胶黏法是在基布表面涂上一层黏合剂，使薄膜与基布复合。由于黏结剂在高温下易融化，会堵塞薄膜上的微孔，导致滤料透气率下降。而高温热压法则是采用将微孔膜与基布在高温下直接热压复合的方式，其效果优于胶黏法。目前，多采用高温热压法将PTFE膜复合到针刺非织造材料上。

玻璃纤维具有耐高温、拉伸强力大、伸长率小，滤袋尺寸稳定性好等优点，是最早用于高温工业烟尘过滤的纤维材料。为了进一步提高其过滤精度，将PTFE微孔膜黏覆到玻璃纤维机织材料表面，制成玻璃纤维机织布覆膜过滤材料，广泛用于水泥厂，实现了5mg/Nm³的超低排放。该过滤材料具有运行稳定、机械强度高、持久的透气量、价格低廉等优点。其产品如图2-34所示。

但PTFE微孔膜很薄，覆膜过程中牵伸应力、轧辊压力等工艺参数的波动，以及纤维滤料表面的杂质突起等，都会对微孔膜结构造成一定程度的破坏。一旦过滤袋表面的PTFE微孔膜被破坏，烟气中的微细颗粒物就会从破损处逃逸，影响除尘效果。图2-35是覆膜后受损的PTFE微孔膜结构。因此，覆膜过滤材料的性能及质量受制于制膜与覆膜工艺水平，与非PTFE纤维针刺非织造材料的复合难度较高。此外，微孔膜表面容易磕碰磨损，当粉尘浓度较大时，覆膜过滤材料的过滤风速较低，压力较大。同时，当粉尘颗粒硬度较大时，由于PTFE微孔膜的耐磨性较差，膜表面容易发生破裂从而降低过滤效率。膜表面一旦破坏，过滤效率会明显下降，具体情况则取决于其复合的针刺非织造材料。

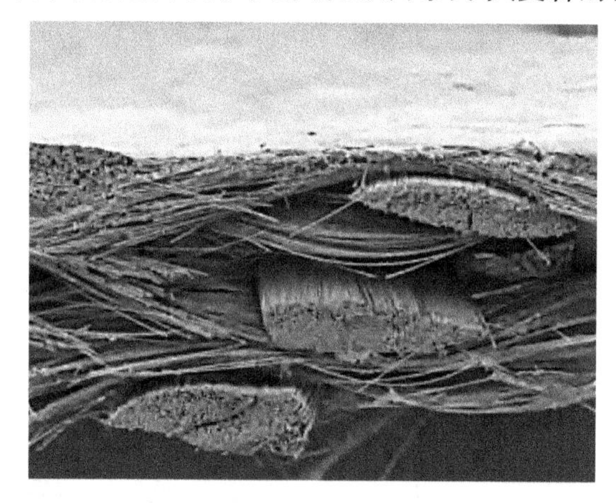

图2-34　玻璃纤维机织材料覆膜超低排放过滤材料

图2-35　覆膜后受损的PTFE微孔膜电镜照片

在排放标准愈加严苛的形势下，覆膜过滤材料受到广泛关注，成为超低排放的护身符。但微孔膜质量、复合工艺及水平、滤袋制作、安装等都会对覆膜过滤材料的过滤效果产生影响，覆膜过滤材料的品质稳定性差。国产覆膜滤料在初期使用时效果很好，使用一段时间后易破损、磨蚀，寿命短，需要在其耐磨性、覆膜牢度上继续加强改进。在覆膜后整理工艺中，需要提升国产热复合专用设备的精度，减少对进口设备的依赖，自主研发高精度PTFE覆膜玻纤滤料。目前，我国高温过滤非织造材料后整理技术仍处于起步时期，PTFE覆膜整理的技术规范化、规模化以及相应膜材料质量把控等级应进一步提高，提升高温过滤非织造材料在工况中的过滤精度和均匀度。

覆膜过滤材料、超细面层梯度结构过滤材料与普通针刺非织造过滤材料的性能对比如表2-5所示。

表2-5　三种过滤材料的结构性能对比

指标	普通过滤材料	覆膜过滤材料	超细面层梯度过滤材料
梯度结构	无	无	有
过滤精度	一般	高	高
清灰效果	一般	好	好
初始阻力	低	高	中
运行阻力	高	平稳	平稳
脱膜风险	无	有	无

2.3.4.3　不同纤维混合针刺非织造材料

将不同种类的纤维混合是一种简单而有效地提高纤维材料综合性能的手段，可以取长补短，协同发挥各种纤维的优点。目前，大量商业化的滤袋都采用两种或两种以上纤维混合的形式，如将PPS纤维与性能更好的聚酰亚胺纤维或PTFE纤维混合，从而达到成本与性能的综合平衡。

另外，与单种纤维构成的过滤材料相比，两种细度不同的纤维混合后制成的非织造过滤材料，其孔径分布更窄，更有利于过滤效率的提高。研究发现，将粗纤维与细纤维共混后热风加固制成的过滤材料，在保证过滤精度的同时，可以赋予过滤材料更高的孔隙率，有助于提高过滤通量。同时赋予过滤材料更好的尺寸稳定性，经过多次反冲后仍可保持其优良的高孔隙度。还有研究发现，由粗细纤维混合制成的非织造材料，当细纤维含量占38%~50%时，比由纯细纤维制成的非织造材料具有更高的过滤效率和更小的过滤阻力。进一步研究发现，由粗细纤维混合制成的过滤材料，若要有效地过滤细颗粒物，纤维直径不能大于或等于颗粒平均直径的三倍。

商业名称为氟美斯的耐高温针刺过滤材料是博格公司1997年研制、1998年批量投放市场的一种耐高温过滤材料。它是由两种或两种以上的耐高温纤维以不同比例与玻璃纤维混合梳理成网，再与玻璃纤维基布复合后针刺加固，经含氟乳液后整理而成。氟美斯系列产品具有耐高温、高强度、抗酸碱腐蚀、耐磨、抗折等特点，还具有易清灰，拒水防油、防静电等特点，可以在很宽的温度范围内使用。当过滤材料的表面层为P84纤维时，由于其三叶型截面具有很高的比表面积，增大了捕尘概率。同时，该纤维特殊的截面形态，使粉尘大多数被集中到过滤材料的表面，较难渗透到过滤材料的内部，不会堵塞内部孔隙，能起到降低运行阻力的作用，可以在更高的过滤风速下使用。图2-36是P84纤维与玻璃纤维（30：70）共混针刺非织造材料的电镜照片。

图2-36 P84纤维与玻璃纤维（30：70）共混针刺非织造材料电镜照片

2.3.4.4 水刺加固非织造过滤材料

除了针刺非织造加固工艺外，水刺加固工艺因其依靠高压水射流而使纤网具有一定强力而得名。水刺非织造成形工艺主要用于薄型非织造材料的制备，产品主要用于医用卫生领域。随着水刺成形工艺技术的发展，越来越多地将其应用在超细面层梯度结构过滤材料的加固上。与针刺工艺相比，水刺加固工艺不会在过滤材料表面出现由刺针形成的贯穿孔洞，是一种具有弯曲通道结构的过滤材料，可以更好地拦截粉尘颗粒物，从而表现出更高的过滤效率。另外，许多研究发现，经水刺工艺加固或整理过的织物其耐磨性也会有显著性提高。

另外，双组分纤维水刺开纤技术及其应用近几年较热门。当水针能量足够大时，水针板中喷出的射流会对“海岛纤维”“橘瓣形纤维”等双组分纤维构成的纤网发生冲击，两种组分界面作为最薄弱的部分最先受到破坏，从而开纤为更细的纤维。有人采用水刺工艺加固橘瓣形纺粘非织造材料，并探讨该材料在空气过滤方面的应用可行性。结果发现，由该种工艺制备的过滤材料符合典型多孔过滤介质的特性，单位面积为200g /m^{2}的过滤材料对PM2.5的过滤效率达到97.68%，认为完全可以应用到空气过滤领域。目前国内已有企业上马了水刺加固生产线，专门用来生产工业烟尘过滤用非织造材料。

另外，水刺非织造加固工艺可加工刚性较大的纤维材料，如不锈钢纤维、玻璃纤维、玄武岩纤维等。但是，由于水刺加工工艺技术所限，当加工单位面积质量较大的纤网时，常常需采用预针刺和水刺加固相结合的加工工艺。

总之，对于高温烟气过滤材料而言，水刺工艺技术与针刺工艺技术的产品风格不同、生产速度不同、生产能耗也有巨大差别。从能耗方面考虑，水刺工艺的电耗能、水耗能较大，相比之下，针刺加固工艺技术更加环保、成本更低。另外，水刺非织造过滤材料的应用还需加强市场推广，过滤材料的结构仍需优化。

2.3.4.5 烧毛和轧光后整理

当用作过滤材料时，纤网经针刺非织造工艺加固后，还需经烧毛、轧光等后整理。具体说来，烧毛和轧光后整理就是将针刺非织造过滤材料以一定的速度通过燃烧的天热气或煤气的火口，过滤材料表面的毛羽被熔融或者软化，然后立即进入一定温度的轧机钳口，熔融或者软化的纤维在轧辊压力和温度作用下，在过滤材料表面形成膜状物，或者帖服在滤料表面，从而改善滤料的表面光滑度和平整性，有助于提高滤料过滤精度和清灰效果，降低过滤阻力，延长滤袋的使用寿命。烧毛、轧光现场照片如图2-37所示（彩图见插页），常规烧毛、轧光后整理针刺非织造材料的表面如图2-38所示。

近年来，研究人员发现经烧毛、轧光整理的非织造材料具有更好的高温过滤效果，如涤纶、玻璃纤维、聚苯硫醚等多种纤维原料的针刺非织造材料通过上下轧辊轧光烧毛整理后，针刺非织造材料的孔径减小，纵横向强力基本不变，但过滤效率得到了较大的提升。在使用过程中，粉尘不易进入滤料深层，大大提高了滤料使用寿命及过滤效果。

图2-37　烧毛、轧光现场

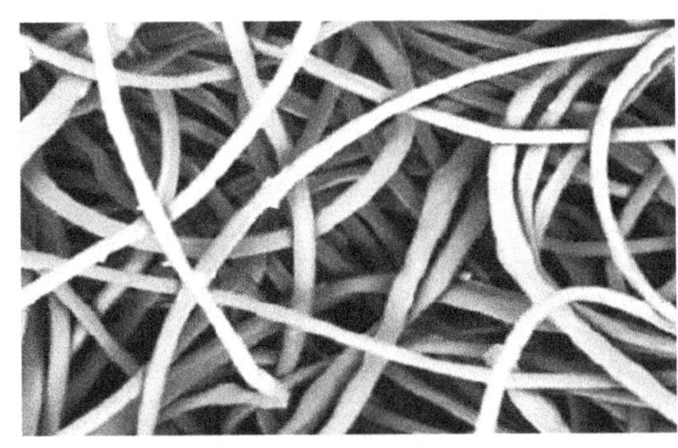

（a）烧毛前

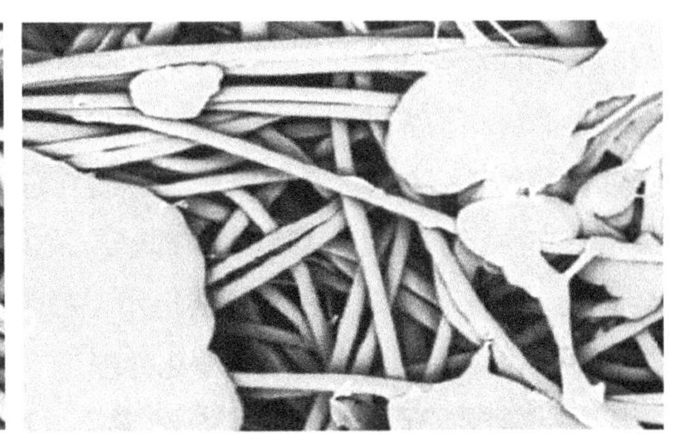

（b）烧毛轧光后

图2-38　烧毛、轧光后整理前后针刺非织造材料的表面结构

2.3.4.6　拒水拒油后整理

像垃圾焚烧等烟尘过滤工况的烟尘湿度大，烟尘中的细颗粒物容易黏附在滤袋表面，造成清灰困难，情况严重时会发生糊袋问题，增加过滤设备的运行能耗，降低过滤材料的使用寿命。将过滤材料在浸渍槽中用拒水拒油整理液浸渍处理，轧干后烘燥定型，可以赋予过滤材料疏水、疏油等特殊功能，同时还可以改善像玻璃纤维针刺非织造材料等的柔韧性和耐折性。采用PTFE乳液对易受空气氧化的PPS进行浸渍涂层可有效提高非织造材料的抗氧化性、耐磨性和拒水性等，从而提高过滤材料的使用寿命。当然，后整理的效果主要取决于浸渍涂层的配方，因此，功能后整理一直是近年来较热门的研究和应用方向。

2.3.4.7　涂层后整理

在非织造材料表面均匀地涂覆一层聚合物溶液/乳液或者颗粒物，经过进一步烘燥后，在非织造材料表面形成连续的微孔膜层，称为涂层后整理。涂层复合非织造材料不仅具有非织造材料的原有特性，更增加了表面涂层赋予的功能。一般而言，非织造材料起到骨架作用，提供材料的力学性能，而涂覆层提供材料的功能性。PTFE发泡涂层是一种理想的提高针刺非织造材料过滤效率和表面清灰效果的涂层后整理技术。

有人采用PTFE乳液对PTFE/玻璃纤维复合滤料进行发泡涂层整理，经过整理后的滤料在270℃高温下无严重变形，具有良好的热稳定性和机械稳定性以及较高的柔性。在过滤风速为3m/min时，初始压降为3.6mmH_2O，除尘频率为6.5h，在最大压降为100mmH_2O的条件下，具有良好的过滤性能。通过在PTFE涂层剂中添加一定的黏合剂和水性环氧树脂对涂层配方进行改进，制成PTFE复合涂层剂，可以改善PTFE涂层剂的成膜性和黏结性，并将其用于聚苯硫醚过滤材料表面涂层。实验结果表明，经过PTFE复合涂层剂整理后的PPS过滤材料，其表面形成了连续的薄膜，降低了过滤材料的孔径，减缓了氧化作用，降低了对PPS过滤材料的损害，使其力学性能得以较好地保持，并具有更好的过滤效果。

2.3.4.8 滤筒和褶皱滤袋

在安装空间受限的过滤工况下，滤筒和褶皱滤袋可以大幅度增加过滤面积，缩小除尘器体积，满足特殊过滤工况的需求。常见滤筒和褶皱滤袋的结构如图2-39和图2-40所示。

将过滤材料沿着滤筒的外圆和内圆反复折叠，形成多褶皱式结构，其过滤面积可以达到同尺寸滤袋的3～30倍，是钢铁超低排放《意见》中推荐的过滤器结构。当然，滤筒和褶皱滤袋也存在一定的缺点，其皱褶深部容易积尘，不易被清除，长期使用后，部分过滤面积可能会失效。因此，滤筒和褶皱滤袋适用于粉尘浓度较低的气体过滤工况。同时，滤筒的长度受限，一般用于风量较小的烟气净化处理。

图2-39 滤筒

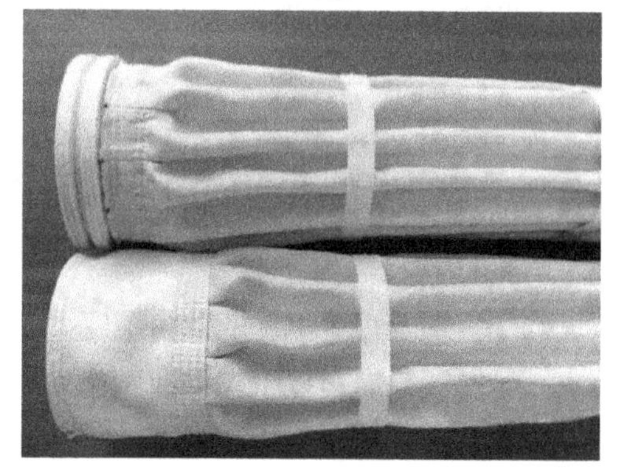

图2-40 褶皱滤袋

2.3.5 过滤材料发展趋势

随着环保政策对工业烟尘中的重金属、二噁英排放浓度的限值要求，未来滤袋朝着功能更加多样化的催化滤袋方向发展。有人将具有催化功能的多孔陶瓷管与非织造过滤材料相结合，制成新型多功能滤袋，滤袋起到去除粉尘的作用，而陶瓷管内的催化剂既可以通过催化还原减少NO_x的含量，又可以通过催化燃烧去除二噁英、呋喃等有害物质，是垃圾焚烧烟尘治理的新型过滤材料。有人将含有催化剂Pd/Al_2O_3的整理液以喷涂或双浸双压的方式涂覆在过滤材料上，研究其在燃煤电厂烟气过滤的效果。发现在催化剂饱和之前，滤袋对汞的氧化效率能达到90%以上。有人采用泡沫涂层的方法，将研制的Mn-La-Ce-Ni-Ox催化剂涂覆在PPS过滤材料表面，使其能够在过滤粉尘的同时反应掉废气中的NO_x。Gore公司研发了一种覆膜催化滤料，除了表层的PTFE微孔膜外，支撑层由PTFE纤维与特殊配方催化剂组成，不仅可以起到支撑作用，还能有效分解垃圾焚烧厂释放出的二噁英。据文章介绍，该产品已经在国外某公司正常使用50个月之久。

另外，300℃以上的超高温气—固分离的需求越来越强烈，例如煤化工、脱硝前除尘等。而有机纤维的耐温性有限，利用无机纤维材料在高温下直接过滤工业烟尘，也是研究发展方向之一。比如陶瓷管/陶瓷纤维管，其耐温可到1000℃以上。如果在成本、价格、安装方面有突破，即可规模化应用。使用金属颗粒或纤维烧结而成的金属过滤材料，具有耐温性好、过滤效率高、不易破损等优点。但价格昂贵、重量大、清灰效果差，在一些特殊领域小规模气量工程上有应用。

总之，经过这些年的发展，我国高温过滤材料行业取得了一系列的进步，具体表现在：高效、低阻、长寿命取得进步；过滤材料纤维国产化成绩显著；滤袋清灰技术有所突破；除尘器大型化叹为观止；电袋复合除尘业绩斐然；PM2.5微细粉尘治理初显成效；应用领域不断扩展。但在纤维原料生产技术、加工成型及后整理技术及装备、功能化材料技术等方面仍存在薄弱点，主要体现为：①热复合装备精度不够，设备仍依赖引进，减缓我国滤料加工复合领域的技术拓展；②离线式100%PTFE纤维过滤材料加工技术及装备有待研发，主要存在开松与梳理过程中纯PTFE纤维静电大，阻碍垃圾焚烧用过滤材料产品的加工效果；③可分解二噁英过滤材料及装备的研发不足，难以深化功能性过滤材料技术。这些技术的发展与突破有望进一步提升我国高温烟气过滤材料的档次，并扩大在燃煤、重油燃烧、垃圾焚烧等烟气过滤领域中的应用。

2.4 液体过滤材料

2.4.1 概况

2018年，我国工业用水总量1285亿立方米，其中印染、石化焦化、电镀、工业循环水及垃圾填埋等是污染大户及重污染行业。为切实加大水污染防治力度，2015年4月，国务院正式发布《水污染防治行动计划》（简称“水十条”），要求到2030年，全国七大重点流域水质优良比例总体达到75%以上，城市建成区黑臭水体总体得到消除，城市集中式饮用水水源水质（达到或优于Ⅲ类）比例总体为95%左右。这一政策措施为污水处理过滤材料开辟了很大的市场空间。

另外，食品与饮料行业、生物工程与医药行业、涂料油漆与油墨行业，纺织、印染、造纸工业等，在生产加工过程中都会涉及液体过滤或者提纯。而在病人输血前，也需要对血液进行过滤，滤除其中的白细胞，以免引起排斥反应。因此，液体过滤材料的应用领域非常广泛。

液体过滤材料主要包括机织物、非织造材料和微孔膜等材料，除了上述应用领域，还广泛用于选矿过滤、贵金属回收过滤、化工液固分离、海水淡化、油漆和涂料等化学药品过滤等许多领域。其中，微孔膜分离技术是近年来发展起来的一项新兴分离技术，它是一种具有选择透过性的多孔膜，在外力推动下对混合物进行物理分离的方法。

根据微孔膜的孔径（或称为截留分子量）大小，可以将其分为微滤膜、超滤膜、纳滤膜和反渗透膜，过滤精度如表2–6所示。

表2–6　四种微孔膜的过滤精度

过滤膜	微滤膜	超滤膜	钠滤膜	反渗透膜
过滤精度	0.1μm	10nm	1nm	0.1nm

而非织造材料是一种纤维随机杂乱分布的三维网状结构，具有弯曲通道孔径结构，更有利于发挥纤维本身特别是多孔、异形纤维的过滤优势，使液体中的悬浮颗粒有更多的机会与纤维发生碰撞和吸附，捕集效率高，容尘量大。但是，相对来说，非织造材料的过滤精度比微孔膜材料低得多，一般只用于过滤精度要求不高的初级过滤。

2.4.2　液体过滤机理

广义的固液分离是指任何体系中固相与液相之间的分离。具体来讲，是指把生产中含水的中间产物或最终产物的液相和固相分开，即从悬浮液中将固体颗粒与液相分离的作业。固液分离是现代冶金、化工、环境、材料、轻工、水利和矿物工程等工艺过程的重要环节。通过固液分离，可以回收有价值的固相，如矿物加工中精矿的脱水；可以回收液相，如造纸纸浆的返回使用；可以同时回收两相，如酱油的酿造；也可以不回收任何一相，如使废水达到排放标准后再排放。现代工艺技术对固液分离的依赖性越来越高，它直接关系到金属回收率的高低、环境治理、企业投资大小、生产作业难易和应用企业的生产成本等。

固液分离方法按其作用原理可以分为：机械分离法、热力分离法和物理化学分离法三类，其中应用最广泛的是机械分离和热力分离，机械分离又进一步分为沉降分离和过滤分离。过滤是在推动力或者其他外力作用下，使悬浮液中的液体透过介质，固体颗粒物质被过滤介质截留，从而使固体与液体分离的操作。其中，真空过滤、加压过滤和离心过滤是目前固液分离行业最常采用的方法，它是采用真空抽吸、板框加压或者离心力作用，将悬浮液中的液体透过滤布，使固体物质被滤布截留的方法。

目前比较常用的过滤设备主要为板框压滤机、带式压滤机、吊袋式过滤机和转鼓离心过滤机等，其中压滤机和离心机应用最广泛。板框压滤机是通过液压缸对板框挤压，使物料中的水通过滤布排出，达到脱水的目的。带式压滤机是由两条无端过滤布缠绕在一系列顺序排列、大小不等的辊轮上，利用滤带间的挤压和剪切作用脱除料浆中水分的一种过滤设备。吊袋式过滤机是一种压力式过滤装置，主要有过滤筒体、过滤筒盖和快开机构、不锈钢滤袋加强网等主要部件组成，滤液由过滤机外壳的旁侧入口管流入过滤袋，液体渗透过所需要细度等级的过滤袋即能获得合格的滤液，而杂质颗粒则被过滤袋拦截。转鼓式真空过滤机的转鼓表面包裹一层过滤布，当转鼓回转时，借助于真空装置，助滤剂浆液吸附在过滤布表面形成一定厚度的滤饼，溶液中的悬浮物则吸附在助滤剂之上，而溶液则通过滤饼和过滤布进入转鼓内，然后由转鼓的空心轴引出转鼓外。

从上面的介绍可以看出，不管是压滤还是离心过滤，其设备上所用过滤布（带、袋）是决定设备过滤精度的核心部件。常见液体过滤布以机织滤布为主，随着液体过滤技术的发展，针刺、熔喷和热轧等非织造材料也逐渐用于液体过滤。

当液体流经过滤材料时，液体中的不溶物被截留在过滤材料的表层或者内部，从而达到滤除目的。对于液体中固体颗粒的过滤，其过滤机理与气—固过滤相似。一般认为，液体过滤分为不溶物的迁移、附着和脱落三个子过程。

① 迁移。迁移过程是指液体中的不溶物附着在过滤材料上之前，在过滤材料孔隙中运动到接触孔壁的过程。迁移过程与气体过滤规律相似，主要包括拦截、惯性碰撞、扩散和重力沉积。与气—固过滤不同的是，液体过滤的扩散更多受不溶物浓度梯度的影响，而非布朗运动。液体过滤迁移作用同样可能来自多种作用机理的叠加，但一般只是其中的一种或者两种作用的结果。

② 附着。附着过程是随着迁移过程的进行、与过滤材料接触的不溶物或离子附着在过滤材料孔壁不再脱离的过程。形成附着的原因主要有接触凝聚、静电吸引、分子引力及吸附等。其中接触凝聚一般指在液体中添加特定的凝聚剂后立即进行过滤，此时液体中失去稳定性的胶体很容易在过滤材料表面凝聚，或发生接触凝聚作用。概括而言，不溶物在过滤材料表面附着主要通过两种机理实现：不溶物接触过滤材料时由于范德华力大于双电层斥力而产生的附着，或者是不溶物与过滤材料之间借高分子物质起到架桥作用而形成附着。

③ 脱落。脱落过程是将附着在过滤材料上的不溶物去除。脱落的方法一般包括液体反向冲洗、压缩空气辅助清洗等。除了以上脱落方法外，在过滤过程中往往存在附着与脱落的双向过程，即在过滤过程中不仅有不溶物附着在过滤材料表面的过程，同时包括不溶物重新脱落回到液体中的过程。一般液体过滤材料需定期清洗才能保证过滤效率和压力降。

非织造液体过滤材料中的纤维是杂乱分布的，液体在流经过滤材料时分散效果加强，增加了不溶物与单纤维的碰撞和黏附机会，过滤效果好。

从过滤过程中不溶物的聚集状态来看，过滤又可以进一步分为表面过滤和深层过滤。深层过滤多采用具有一定厚度的针刺和热风非织造过滤材料，其弯曲通道的孔径结构和高孔隙率，使液体中的不溶物滞留在某一深度的滤层中。表面过滤又称为滤饼过滤，即迁移到过滤材料表面的颗粒在其表层的微孔中不断架桥凝聚，使过滤功能表面层的孔径迅速缩小，停留在过滤材料表面的颗粒逐渐形成如饼状的过滤介质，即滤饼；形成滤饼后，不溶物就不能再进入过滤材料内部，滤饼起到真正的过滤作用。具有滤饼过滤效果的过滤材料大致可分为以下三类。

① 格筛过滤。过滤介质为栅条或机织滤布，此种过滤方式一般适用于大流量、对过滤精度要求不高的场合。传统的机织物通过经纱与纬纱间的孔隙进行过滤，只有在形成滤饼后，才能阻挡较小的颗粒物。用经纬纱分别为500旦（144f）和1000旦（288f）的特种超粗长复丝制成缎纹结构机织过滤布，当其单位面积质量为485g/m²时，透气率只有96.5L/（m²·s），用作污水处理滤布时，具有较好的过滤效果。

② 微孔过滤。过滤介质为非织造过滤材料、机织滤布和部分微孔膜材料，或者在一般过滤材料表面涂一层助滤剂（如硅藻土）所形成的微孔过滤材料。不同过滤精度的过滤材料，用来滤除粒径不同的颗粒。

③ 膜过滤。膜过滤是指在一定的推动力下，使液体流过孔径极小且具有选择性的半透明微孔膜，膜过滤可以选择性地除去溶液中的细菌、病毒和有机物等。

2.4.3 典型液体过滤材料

2.4.3.1 血液过滤材料

（1）血液组成介绍

血液是在心血管系统内流动的一种黏稠性液体，属结缔组织。它由细胞成分和非细胞成分两部分组成。其中，细胞成分包括红细胞、白细胞和血小板，统称为血细胞。血细胞约占血液总量的45%。而非细胞成分则包括胶体成分和晶体成分，即所谓的血浆成分，也称无形成分。血浆内含有蛋白质、脂质、无机盐、纤维素、酶等一百多种成分。由于血液中的白细胞具有防御保护、机体免疫等功能，如果将献血者的血液直接输入病人体内，极易引起献血者与受血者白细胞抗原的同种异体反应，甚至导致病毒的传播。因此，在输血之前通常需要对血液进行过滤，以去除部分白细胞，预防输血不良反应的发生。正常成人血液中白细胞总数为4000～10000个/mm³。正常人体内白细胞的数量相对比较稳定，在急性炎症等特殊情况下，白细胞数量会急剧增加，但是当人体恢复正常后，白细胞的数量便会迅速恢复到正常水平。

红细胞属无核细胞，平均直径为7.2μm，形状类似四圆碟形，周边稍厚。正常的红细胞具有变形能力，在血液流动过程中，因其可塑性变形可通过毛细血管和血窦孔隙。血小板呈圆形或卵圆形，平均直径为2～4μm，体积比红细胞和白细胞小。

与无核的红细胞相比，白细胞具有细胞核和胞浆，一般呈球形。根据白细胞的胞质有无特殊颗粒，可将其分为有粒白细胞和无粒白细胞两类。有粒白细胞又可以进一步根据其颗粒的嗜色性，分为中性粒细胞、嗜酸性粒细胞和嗜碱性粒细胞。无粒白细胞有单核细胞和淋巴细胞两种。嗜酸性粒细胞占白细胞总数的0.5%～3%，细胞呈球形，直径为10～15μm；中性粒细胞占白细胞总数的50%～70%，是白细胞中数量最多的一种，直径为10～12μm；嗜碱性粒细胞占白细胞总数的0～1%，细胞呈球形，直径为10～12μm。单核细胞占白细胞总数的3%～8%，是白细胞中体积最大的细胞，直径为14～20μm；淋巴细胞占白细胞总数的20%～30%，呈圆形或椭圆形，大小不等。直径为6～8μm的是小淋巴细胞、直径为9～12μm的是中淋巴细胞、直径为13～20μm的是大淋巴细胞。白细胞、红细胞和血小板如图2-41所示（彩图见插页）。

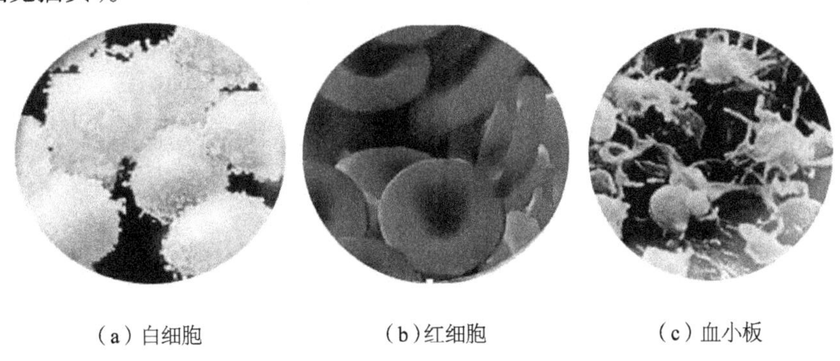

（a）白细胞　　（b）红细胞　　（c）血小板

图2-41　白细胞、红细胞和血小板

从上述内容可以看出，绝大多数白细胞在体积上比红细胞和血小板要大。另外，带核白细胞很难变形，其粗糙表面使其容易被过滤材料孔壁吸附。而红细胞则容易变形，容易从过滤材料的孔隙中通过。因此，可以采用机械过滤的方法，将白细胞从血液中滤除。

（2）血液过滤

标准YY 0329—2009《一次性使用去白细胞滤器》规定，过滤后血液中残留的白细胞数应不大于2.5×10^6个/L。虽然说理论上可以采用离心法、洗涤法、冰冻去甘油法和机械过滤法等进行血液过滤，但机械过滤法则是迄今为止最有效的去除血液中白细胞的方法，而熔喷非织造材料则是主要的血液过滤材料。血液流经过滤器后，变形能力小、尺寸相对较大的白细胞被熔喷非织造过滤材料拦截，而大部分红细胞和血小板则可顺利通过，从而实现对白细胞的滤除。常见血液过滤器的外观如图2-42所示。

熔喷非织造材料的纤维直径基本在2～5μm范围内，容易制成平均孔径低于8μm的微孔过滤材料，被广泛用作血液过滤材料。当血液流经过滤材料时，白细胞几乎不能通过熔喷非织造材料的孔隙，而红细胞则通过变形极易通过。另外，红细胞柔软，形状为两侧内凹，内部无核，因此在过滤过程中一般沿着微孔轴线流动。根据流体力学原理，微孔轴线流速在整个流体中速度最快。而白细胞由于变形能力差，流动性较差，因此会被推向微孔孔壁，增大了其黏附到过滤材料

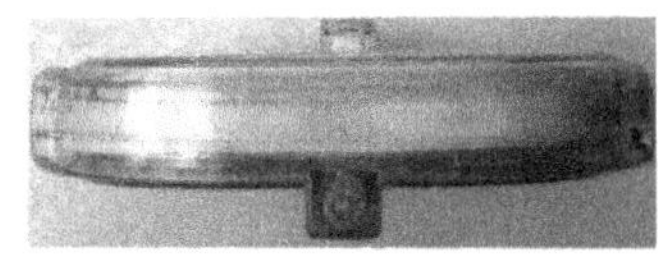

图2-42　血液过滤器

孔壁的概率，这一现象称为边缘效应。

纤维过滤材料对白细胞的滤除效果主要受纤维表面的润湿性、化学基团、表面电荷特性等因素影响。研究发现，淋巴白细胞的过滤主要以机械筛滤为主，而单核白细胞的过滤则以机械筛滤和吸附两种方式为主，有粒白细胞的过滤除了机械过滤和直接被吸附在纤维上外，部分有粒细胞白细胞会被间接吸附在血小板上。聚对苯二甲酸丁二醇酯熔喷非织造材料由于具有良好的生物相容性，被广泛用作血液过滤材料，但为了提高其对白细胞的过滤效率，还需要进行接枝改性、电晕放电和低温等离子体刻蚀等表面改性，以提高其对血液的润湿性。引入的极性基团还可以增加其对白细胞的选择吸附性。

静电纺丝是一种广受学术界关注的超细纤维制备方法，静电纺纳米纤维过滤材料有较高的比表面积，但其机械强度不高，纤网的稳定性需要进一步提高。许多人探索了其在血液过滤方面的应用，有人将其与熔喷非织造材料复合后进行血液过滤，发现其白细胞滤除率可以提高一个数量级。但同时也损失了部分红细胞，红细胞的回收率由90%下降到87%。复合过滤器结构示意图如图2-43所示。

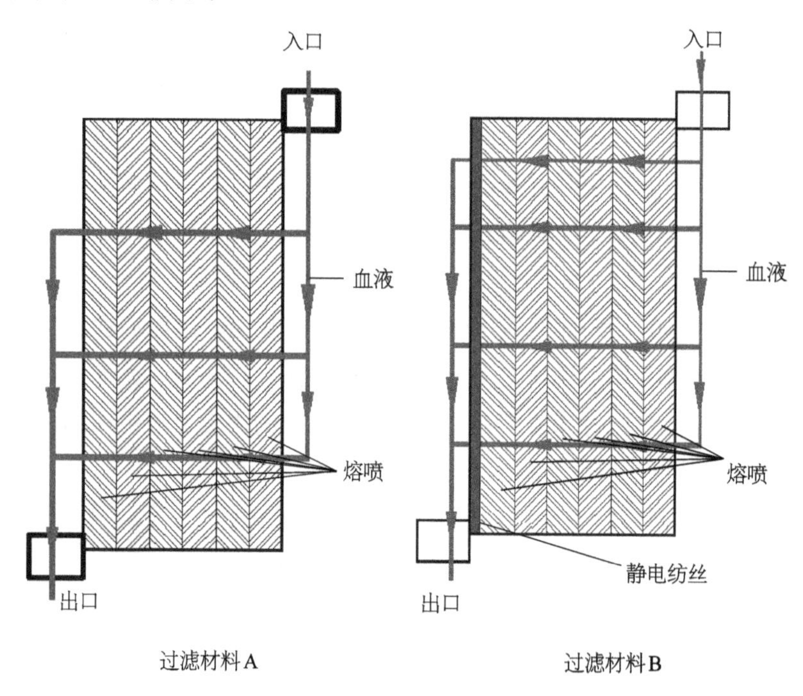

图2-43　静电纺丝/熔喷复合非织造血液过滤材料结构示意图

2.4.3.2　熔喷滤芯液体过滤材料

通过改变纤维收集方式，可以将熔喷非织造材料直接成形为三维结构的滤芯状过滤材料，其结构如图2-44所示（彩图见插页）。熔喷滤芯的过滤精度有1μm、3μm、5μm、10μm、20μm、30μm等多种规格，可以广泛用于医药工业（各种针剂、药液及针剂洗瓶水的预过滤，大输液以及各种抗菌素、中药注射剂的预过滤）、食品行业（酒类、饮料、饮用水的过滤）、

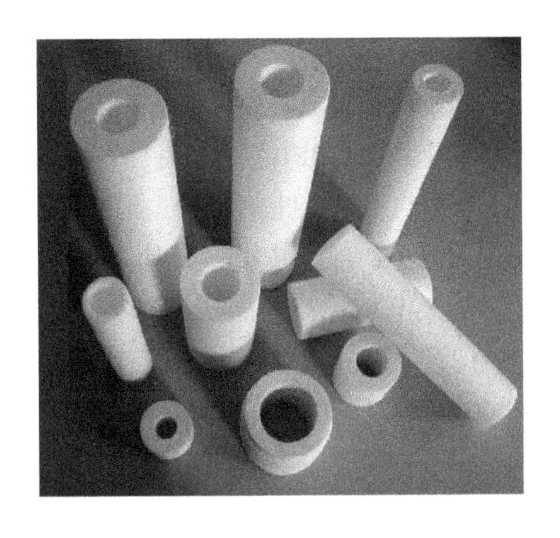

图2-44 熔喷滤芯

电子工业（纯水、超纯水的预过滤）、石油及化学工业（各种有机溶剂、酸、碱液的过滤）。还可以通过成形工艺的调整，使滤芯中的纤维细度和纤网致密程度沿着滤芯厚度方向呈梯度变化，以优化其过滤精度、纳污量、过滤阻力等性能参数。

过滤时，液体首先流经纤维较粗、致密程度较弱的滤芯外表面层，继续沿着滤芯厚度方向流动，溶液中的不溶物逐渐被各层纤维截留，洁净的滤液最终从滤芯内层表面流入中心集液腔，最后引至滤芯外部，实现净化过滤。

2.4.3.3 化工生产等液固分离等领域的应用

化工生产由多种单元装置串联组成，化工企业生产的终端产品质量、收率、成本、生产效率、污染程度等均与单元装置的质量、效率及操作情况等密切相关。精密预处理可显著提高化工装置的效率、收率、处理物质量和劳动生产率，同时降低成本并减轻对环境的污染。所有预处理技术中，液固非均相分离（即液体过滤）最关键，目前普遍使用非织造等过滤材料进行初滤。非织造过滤材料也广泛用于超滤、纳滤、反渗透、精馏及吸收等装置前的精密预处理，大规模用于离子交换、电渗析及层析等分离装置的精密预处理，确保离子交换树脂、电渗析膜及层析介质等不被细颗粒物污染，提高分离介质的寿命与处理产品的质量。当然，普通的非织造过滤材料只能滤除液相中大于5μm的固相微粒，小于5μm的绝大多数微粒仍大量进入后续单元装置中。常见液体过滤袋如图2-45所示。

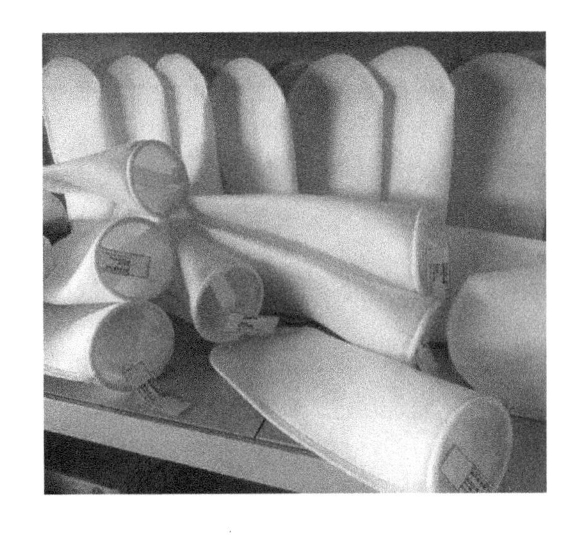

图2-45 液体过滤袋

例如，在氧化铝生产蒸发工序中，需要将拜尔法或烧结法的种分母液浓缩到符合生产要求的浓度，同时需要利用过滤材料滤除浓缩液中的其他杂质。其过滤条件十分苛刻，过滤液pH值为10～12，温度为90～135℃，过滤过程中还会受到大于2200N的高压气流冲击作用。目前所使用的过滤材料大多为基布增强的针刺非织造过滤材料，单位面质量约为620g/m^2，面层为丙纶，中间增强基布为玻璃纤维长丝机织布，经纬密度为88根/10cm×60根/10cm。该过滤材料具有尺寸稳定性好、断裂强力大、耐碱、使用寿命长、过滤效果好等优点。目前全球氧化铝年产量在6000万吨左右，我国的氧化铝年产量约1000万吨，属于有一定规模的非织造液体过滤材料应用领域。

相对于空气过滤材料来说，液体过滤用非织造材料方面的研究报道较少。有人尝试采用0.9dtex（0.8旦）、1.6dtex（1.4旦）和2.2dtex（2旦）三种不同线密度的涤纶共混成网后水刺，再涂覆不同含量的聚丙烯酸酯黏合剂，黏合剂含量对过滤效率的影响如图2-47所示。结果发现，随着黏合剂含量的增加，滤料的平均孔径和孔隙率逐渐减小，过滤阻力先缓慢增长、后急剧增长。粗纤维的添加增大了水刺非织造布的平均孔径，但其过滤阻力也相应下降。细纤维对平均孔径的影响不大，但孔径分布更趋于一致。最优纤维混合比为1.4旦和2旦涤纶各40%、0.8旦涤纶为20%。图2-46为不同黏合剂含量的水刺非织造过滤材料的过滤效率（ε为孔隙率）。

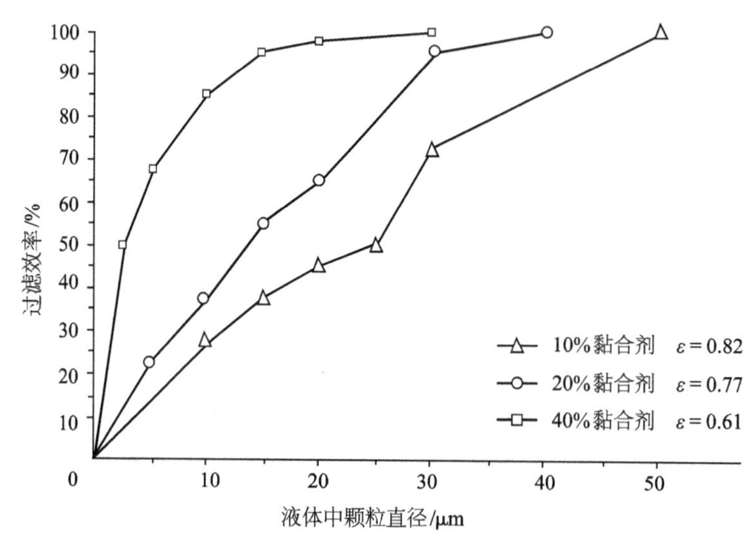

图2-46　不同黏合剂含量的水刺非织造过滤材料的过滤效率

2.4.4 液体过滤前景与展望

液体过滤工况复杂多样，要求达到的过滤目的也可能不同，对过滤材料要求也不同。膜技术被认为是通过表面接枝改性、电晕放电、低温等离子体刻蚀处理等表面改性技术，开发新型液体过滤材料，提高过滤材料表面对液体的亲和性，或者引入特征基团实现选择性吸附性，都是当前的研究热点。另外，复合过滤材料是近年来发展起来的新型过滤材料，通过将微孔膜、机织布、非织造材料等不同过滤材料进行复合，协同发挥各种材料的优点，从而提高材料的过滤性能、机械性能和使用寿命等。

在资源短缺的今天，发挥过滤材料在污水治理、海水淡化、化工生产过程中的固液分离，意义重要。膜分离技术被认为是21世纪最有发展前途的清洁技术之一。预计未来2O年后，随着非织造过滤材料和膜技术的创新发展，可以实现规模化海水淡化，以解决未来人们所面临的水资源短缺甚至生存问题。

参考文献

[1] DIPAYAN DAS, ABHIJIT WAYCHAL. On the triboelectrically charged nonwoven electrets for air filtration [J]. Journal of Electrostatics, 2016 (83): 73-77.

[2] P. P. T SAI, Y. YAN. The influence of fiber and fabric properties on nonwoven performance [J]. Applications of Nonwovens in Technical Textiles, 2010: 18-45.

[3] 赵熙, 张宗兴, 祁建城. 我国生物安全型高效空气过滤装置研究现状及建议[J]. 暖通空调, 2020, 50(1): 5-9.

[4] 钱幺, 王雨, 钱晓明. ES纤维针刺非织造布的摩擦驻极性能[J]. 天津工业大学学报, 2016, 35 (3): 28-32.

[5] 李增珍, 章俊岫, 朱凯, 等. HEPA过滤器折叠参数对过滤阻力的影响[J]. 低碳世界, 2015 (18): 317-318.

[6] 朱顺冬, 周冠辰, 古俊飞, 等. 半干法脱硫针刺复合滤料的性能研究[J]. 河南工程学院学报: 自然科学版, 2019, 31 (2): 28-31.

[7] 钱幺, 赵宝宝, 钱晓明. 超细无碱玻纤复合滤料的过滤性能[J]. 环境工程学报, 2017, 11 (6): 3659-3665.

[8] 中国环境保护产业协会袋式除尘委员会. 袋式除尘行业2013年发展综述[J]. 中国环境保护产业发展报告, 2013: 41-79.

[9] 吴海波. 袋式除尘滤料先进制备技术及应用展望[J]. 纺织导报, 2016 (s1): 41-45.

[10] 朱孝明, 代子荐, 赵奕, 等. 改性二氧化钛/纺黏-熔喷非织造抗菌复合滤材的制备及性能[J]. 东华大学学报: 自然科学版, 2019, 45 (2): 197-203.

[11] 刘庚, 金伟, 曹凯. 工艺空调在线除尘过滤网材料的研究及应用[J]. 卷宗, 2019, 9 (12): 233-234.

[12] 张月, 张田, 王洪. 过滤材料的撒粉涂层处理[J]. 产业用纺织品, 2018, 36 (8): 31-36.

[13] 李亚兵, 杨瑞, 王洪, 等. 基于受阻胺类光稳定剂的熔喷驻极体材料研究[J]. 产业用纺织品, 2015, 33 (1): 13-19.

[14] 张楠, 崔鑫, 靳向煜, 等. 加固工艺及组分对PPS/PTFE复合耐高温滤料性能的影响[J]. 东华大学学报: 自然科学版, 2014, 40 (2): 202-204, 233.

[15] 朱传龙, 陈运, 吴曦桐, 等. 简析非织造液体过滤材料[J]. 山东纺织科技, 2015 (1): 39-41.

[16] 刘朝军, 刘俊杰, 张建青, 等. 静电纺丝法制备高效空气过滤材料的研究进展[J]. 纺织学报, 2019, 40 (6): 134-142.

[17] 钱幺, 钱晓明, 邓辉, 等. 静电增强纤维过滤技术的研究进展[J]. 合成纤维工业, 2016, 39 (1): 48-52.

[18] 卢延蔚, 钱晓明, 张恒. 橘瓣型双组分非织造材料的开纤技术及过滤性能[J]. 合成纤维工业, 2017, 37 (2): 64-67.

[19] 刘妙峥, 吴海波. 聚四氟乙烯/聚丙烯杂化熔喷滤料结构与性能[J]. 东华大学学报: 自然科学版, 2019, 45 (3): 353-357.

[20] 林茂泉, 吴海波, 张旭东, 等. 聚四氟乙烯覆膜滤料的高温热压覆膜工艺[J]. 东华大学学报: 自然科学版, 2017, 43 (5): 645-650, 688.

[21] 徐玉康, 朱尚, 靳向煜. 聚四氟乙烯耐腐蚀过滤材料结构特征及发展趋势[J]. 纺织学报, 2017, 38(8): 161-171.

[22] 李猛，代子荐，黄晨，等．聚四氟乙烯微孔膜 / 双组分熔喷材料复合空气滤材的制备与过滤性能 [J]．东华大学学报：自然科学版，2018，44（2）：174–181.
[23] 朱尚，徐玉康，靳向煜. 聚四氟乙烯针刺非织造材料摩擦起电性能研究 [J]. 产业用纺织品，2017，35(5)：27–33.
[24] 宋卫东．空气过滤系统的分类与使用维护 [J]．农业开发与装备，2018（9）：47，49.
[25] 刘飞，柳静献，陈思思，薛建伟，林秀丽．气湿度对自吸过滤式口罩过滤性能的影响研究 [J]．中国安全生产科学技术，2017，13（8）：18–23.
[26] 王一帆，钱晓明．气体过滤用纤维材料的设计与选用 [J]．化纤与纺织技术，2016，45（4）：22–26.
[27] 董琳琳，陈明智，杨光烈，陈庆军．浅谈液体过滤材料的开发 [J]．非织造布，2007，15（2）：8–10.
[28] 钱幺，赵宝宝，钱晓明．强制静电下导电滤料的过滤效率 [J]．纺织学报，2016，37（1）：55–59.
[29] 郑茜璞，张威．全新风系统用复合空气过滤材料的制备及性能 [J]．产业用纺织品，2019，37（7）：36–40.
[30] 夏前军，吴存兰．三类高性能过滤材料前景广阔 [J]．纺织科学研究，2018（2）：39–41.
[31] 陈相玮，林忠平，刘鸿洋．湿度对 ePTFE 高效空气过滤材料阻力的影响 [J]．建筑热能通风空调，2015，34（3）：26–28.
[32] 李婧岚，吴海波．梯度结构的 PE/PP 皮芯纤维空气滤料性能研究 [J]．产业用纺织品，2019，37（2）：14–19.
[33] 张恒，吕宏斌，车福生，等. 梯度结构的聚酯 / 黏胶热风非织造材料及液体非对称传输特性 [J]. 丝绸，2019，56（7）：46–51.
[34] 张恒，甄琪，王俊南，等．梯度结构耐高温纤维过滤材料的结构与性能 [J]．纺织学报，2016，37（5）：17–22.
[35] 赵宝宝，钱幺，钱晓明，等．梯度结构双组分纺粘水刺非织造材料的制备及其性能 [J]．纺织学报，2018，39(5)；56–61.
[36] 杨为焕，梁雯，肖俊．涂装车间空气过滤器物料总包的应用研究 [J]．大众汽车：学术版，2018，(11)：67–68.
[37] 税永红．无纺布在水处理中的应用研究进展 [J]．纺织科学与工程学报，2019，36（4）：91–96.
[38] 张一风，张泽书．氧化铝工业用高强耐碱过滤材料的研究开发 [J]．产业用纺织，2009（8）：7.
[39] 宋志黎，宋显洪．一种高效低耗的 “表层过滤” 方法用作精密预处理 [J]．化工机械，2019，46（1）：21–22.
[40] 李风光，邵蕊娜，张峻梓，闫钧，郭艳，郭文远，高文静．异形口罩过滤效率和通气阻力辅助测量装置的研制 [J]．医疗装备，2019，32（9）：37–39.
[41] 张芸．原料对 KD–100 液体过滤材料结构与性能的影响 [J]．纺织科学研究，2016（5）：86–89.
[42] 钱幺，刘凡，钱晓明．针刺加工对橘瓣双组分纺粘水刺布过滤性能的影响 [J]．天津工业大学学报，2017，36（4）：38–42.
[43] 姚翠娥，王荣武．驻极工艺对 PP 熔喷非织造过滤材料静电性能的影响 [J]．山东纺织科技，2014（1）：1–4.
[44] 郦建国，朱法华，孙雪丽．中国火电大气污染防治现状及挑战 [J]．中国电力，2018，51（6）：2–10.
[45] BAI Yu, HAN Changbao, HE Chuan, et al. Washable multilayer triboelectric air filter for efficient particulate matter PM2.5 removal [J]. Advanced Functional Materials, 2018, 28 (15): 1706680–1706688.
[46] LIU Guoxu, NIE Jinhui, HAN Changbao, et al. A Self–Powered Electrostatic Adsorption Face Mask Based on Triboelectric Nanogenerator [J]. ACS Applied Materials & Interfaces, 2018, 10 (8): 7126–7133.

[47] 张楠. 高效高温滤料的低损伤固结及针刺 / 水刺复合技术研究[D]. 上海: 东华大学纺织学院, 2017.

[48] 郑茜璞. 全新风净化系统用复合过滤材料的研发及性能研究[D]. 石家庄: 河北科技大学纺织服装学院, 2018.

[49] 成沙. 超细玻璃纤维复合针刺过滤材料的结构与性能研究[D]. 上海: 东华大学纺织学院, 2017.

[50] 李俊华, 姚群, 朱廷钰. 工业烟气多污染物深度治理技术及工程应用[M]. 北京: 科学出版社, 2019.

[51] 李猛, 代子荐, 黄晨, 等. 聚四氟乙烯微孔膜 / 双组分熔喷材料复合空气滤材的制备与过滤性能[J]. 东华大学学报: 自然科学版, 2018, 44 (2): 178–180.

[52] 郭莎莎. PBT 静电纺 / 熔喷复合滤材的制备及其在血液过滤中的应用[D]. 上海: 东华大学纺织学院, 2014.

[53] 张一风, 张泽书. 氧化铝工业用高强耐碱过滤材料的研究开发[J]. 产业用纺织品, 2009 (8): 7–11.

[54] 宋志黎, 宋显洪. 一种高效低耗的“表层过滤”方法用作精密预处理[J]. 化工机械, 2019, 46 (1): 21–22.

[55] 简小平. 非织造布空气过滤材料过滤性能的研究[D]. 上海: 东华大学纺织学院, 2014.

[56] 韩旭, 张寅江, 杨瑞. 医用防护口罩过滤层性能的对比与分析[J]. 产业用纺织品, 2014, 32 (10): 30–36.

[57] 刘呈坤, 马建伟. 非织造布过滤材料的性能测试及产品应用[J]. 非织造布, 2005 (1): 30–34.

[58] 吴湘济. 过滤材料的应用及其测试指标[J]. 合成纤维, 2006 (4): 26–29.

[59] 张小良, 沈倩, 沈恒根, 等. 空气过滤材料过滤性能实验研究[J]. 上海应用技术学院学报: 自然科学版, 2014, 14 (3): 243–248.

[60] 曾毅夫, 彭芬, 刘彰, 等. 高温除尘技术在玻璃行业烟气治理中的应用研究[J]. 环境工程, 2018(36): 394–397.

[61] 吴海波, 靳向煜, 任慕苏, 等. 过滤用纺织品的现状与发展前景[J]. 东华大学学报: 自然科学版, 2014, 40 (2): 151–156, 188.

[62] 工业和信息化部. 纺织工业“十三五”发展规划[J]. 纺织科技进展, 2016 (12): 2–4.

[63] 彭孟娜, 马建伟. 有机耐高温纤维及其在过滤材料中的应用[J]. 产业用纺织品, 2017 (10): 30–34.

[64] 杜林娜. PTFE 发泡涂层滤料的制备及性能研究[D]. 上海: 东华大学纺织学院, 2017.

[65] 林茂泉. PTFE 复合滤料高温热压覆膜工艺研究[D]. 上海: 东华大学纺织学院, 2017.

第3章　非织造基电池隔膜

3.1　前言

3.1.1　概述

按照是否可以充电，电池可分为一次电池和二次电池。一次电池即原电池，只能使用一次，放电后不能再充电使其复原，一次电池包括碱锰电池、锌锰干电池、锂一次电池等。二次电池又称为充电电池或蓄电池，是指在电池放电后可通过充电的方式使活性物质激活而继续使用的电池，包括锂离子电池、镍氢电池、镍镉电池、铅酸蓄电池等，广泛运用于交通工具、储能、电子数码产品等多个领域。除了内含活性物质的可充电电池外，近年来，可重复使用的燃料电池的发展也非常迅猛。电池分类如图3-1所示。

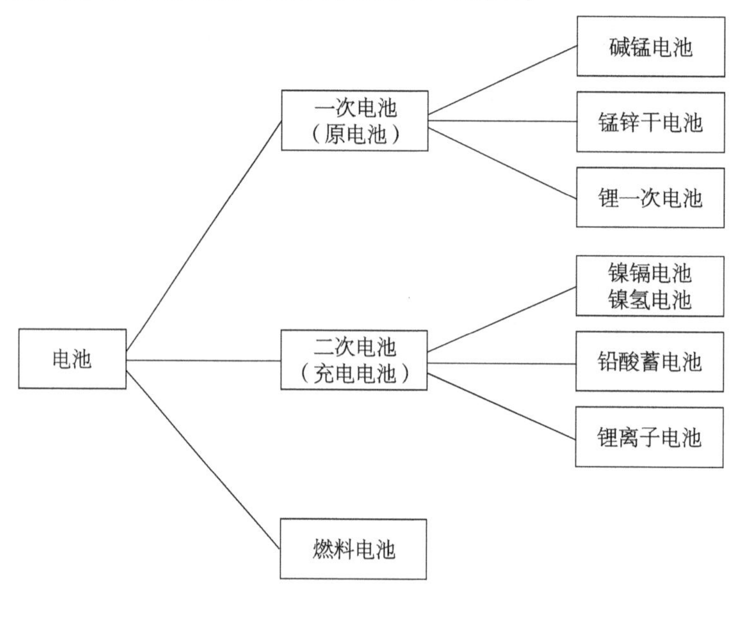

图3-1　电池分类

相对于一次电池来说，二次电池对材料的综合性能要求更高，因此，下面主要介绍二次电池及其所用电池隔膜。

3.1.2　充电电池

下面以镍镉和镍氢电池、铅酸蓄电池、锂离子电池为例，对充电电池的特性进行简单介绍。

3.1.2.1 镍镉电池和镍氢电池

镍镉电池是最早应用于手机和笔记本电脑等设备的电池，电池正极由氧化镍粉和石墨粉组成，负极由氧化镉粉和氧化铁粉组成。但其“记忆效应”明显，使用寿命短，同时存在镉离子污染问题，目前用量很少。

镍氢电池（Ni-MH）是20世纪90年代在镍镉电池的基础上发展起来的一种新型碱性充电电池，由正极、负极、电解质（氢氧化钾水溶液）、隔膜和电池外壳等五大部分组成。充电时，负极析出氢气并贮存在电池中，正极由氢氧化亚镍变成氢氧化镍和水。放电时，氢气在负极上被消耗掉，正极由氢氧化镍变成氢氧化亚镍。

镍氢电池除具有镍镉电池的优点以外，无镉污染，其能量密度40~70wh/kg，是镍镉电池的1.5~2倍，在相同尺寸下容量可提高70%左右。但相对于锂离子电池来说，镍氢电池的能量密度低，许多应用领域已被锂离子电池所取代。

3.1.2.2 锂离子电池

锂离子电池是指锂离子在正负极之间往复脱嵌并发生氧化还原反应的可充放电的二次电池，由正极、负极、电解质、隔膜和电池外壳等五大部分组成。相对于镍氢电池，锂离子电池具有无记忆效应、自放电率低、能量密度高、电压高、充放电循环次数多、使用寿命长等优异性能，在笔记本电脑、数码相机、手机、平板电脑等便捷式电子设备、电动自行车和新能源汽车等领域广泛应用。

锂离子电池的能量密度高，理论值可超过500Wh/kg。所以，在同样体积下，锂离子电池比镍氢电池容量大，也是我国能源车的主要电池选型。虽然锂离子电池的综合性能优于镍氢电池，但其制造成本较高，不可能完全取代镍氢电池，镍氢电池的应用依然较普遍。

3.1.2.3 铅酸电池

铅酸电池由正极板、负极板、隔板、壳体、电解液、液孔塞（排气阀）和连接条等构成，其正极板活性物质为PbO_2，负极板活性物质为Pb，电解液为H_2SO_4。放电时，正极板和负极板活性物质都变为$PbSO_4$，而充电时$PbSO_4$又都还原为各自的活性物质状态，这就是所谓的“双硫酸盐化理论”。电解液H_2SO_4在其中传导电流，并参与反应。

隔板包括聚氯乙烯塑料隔板、微孔硬橡胶隔板、玻璃纤维隔板等，其作用是防止正、负极板活性物质相互接触发生短路，但要允许电解液顺利通过，以参与正负极板的化学反应。隔板上密布着细小的微孔，既可以保证电解液的自由扩散和离子的迁移，又可以阻隔正、负极板之间因活性物质脱落而造成接触。

玻璃纤维非织造材料（行业内俗称玻璃纤维隔板）的耐腐蚀性、耐酸性和润湿性较好，在铅酸电池中的作用越来越重要。具体来说，玻璃纤维隔板在阀控式铅酸电池中的作用主要是：①保证电池内部一定的装配压力，抑制正极在深放电循环过程中活性物质的过度膨胀和脱落，延长循环寿命；②为电池内部的氧循环及离子迁移提供通道；③储存并提供电池反应所需的电解液；④防止短路。玻璃纤维隔板虽然具有其他隔板所不及的优势，但存在回弹性差、湿态强度低及在电解液中易分层等缺点。为了克服这些缺点，目前的玻璃纤维隔板中基本都含有化学纤维，如图3-2所示。

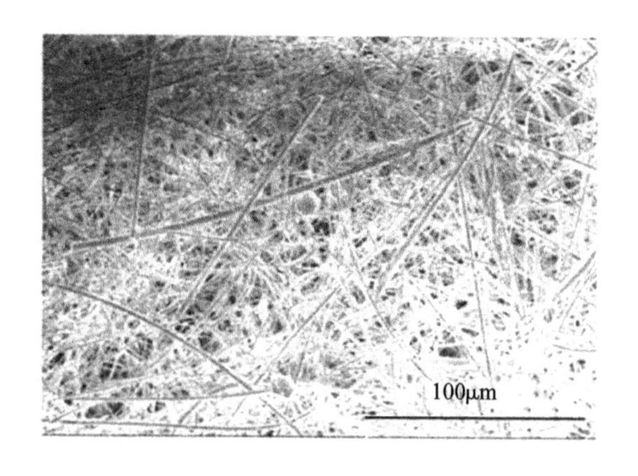

图3-2 含有化学纤维的玻璃纤维隔板照片

铅酸电池自1859年问世以来，经历了近160年的发展，在经济发展中发挥了极其重要的作用，现在也还是某些特殊应用领域的主流电池。铅酸电池因其原料丰富、制造工艺成熟、成品价格低廉、性能安全可靠等显著优势，在通信、交通、电力等领域得到广泛应用。目前，在汽车起动、电动助力车、通信基站、工业叉车等诸多领域，铅酸电池仍然是主要电池。

3.1.3 燃料电池

燃料电池是一种把燃料所具有的化学能直接转换成电能的电化学装置，又称电化学发电器。以氢燃料电池为例，其电极和电池反应如下。

负极：$H_2 + 2OH^- \rightarrow 2H_2O + 2e^-$

正极：$\frac{1}{2}O_2 + H_2O + 2e^- \rightarrow 2OH^-$

电池反应：$H_2 + \frac{1}{2}O_2 \rightarrow H_2O$

从上面的电池反应可以看出，氢燃料电池通过氧化还原反应，将氢气变为水，因此是一种将化学能转换为电能的电化学装置。

燃料电池主要由电极、电解质和外部电路三部分组成。与其他二次电池不同的是，一般电池的活性物质贮存在电池内部，而燃料电池的正负极只是个催化转换元件，不包含活性物质。燃料电池必须同时配套反应剂供给系统、排热系统、排水系统、电性能控制系统及安全装置等辅助系统，才可以工作。电池工作放电时，燃料和氧化剂由外部供给。原则上只要反应物不断输入，反应产物不断被排除，燃料电池就能连续发电。

同为新能源电池，锂离子电池是一种储能装置，在使用前需要先充电，待用时再输出电能。而燃料电池则需要配置氢气或者甲醇等燃料，在使用时通过燃烧将化学能转化成电能。它是一种能量转化装置，而不是储能装置。目前，燃料电池的燃料主要是氢气、甲醇等碳氢化合物。

常用的燃料电池按电解质不同，可以分为质子交换膜燃料电池（PEMFC）、固体氧化物燃料电池（SOFC）、熔融碳酸盐燃料电池（MCFC）、磷酸燃料电池（PAFC）和碱性燃料电池（AFC）等。其中，质子交换膜燃料电池由于具有电池操作温度低、启动速度快等多种性能优势，是目前较成熟的燃料电池。锂离子电池与燃料电池的综合对比如表3-1所示。

表3-1 锂离子电池与燃料电池的综合对比

指标	锂离子电池	燃料电池
能量密度	提升有限	提升空间大
功率密度	提升有限	功率密度提升容易
安全性	能量密度与安全性难兼容	风险来自燃料的存储
环境温度适应性	低温性能较差	温度适应范围广
基础设施成本	充电桩和配电设施400多万	加氢站1200万～5500万
环境保护	排放转移到了上游的煤电行业	零排放、零污染
商业化程度	已商业化	商业化前期

追溯一下新能源汽车的发展历史可以看出，新能源汽车在沿着“镍氢电池—锂离子电池—燃料电池”产业化路径发展，而短期能够兑现业绩的只有镍氢电池。随着锂离子电池技术的成熟，镍氢电池逐渐被锂离子电池所取代。但目前商用锂离子电池的比容量一般不超过300mAh/g，远不能满足纯电动汽车等大型设备的高能量密度储能需求。近年来，燃料电池技术的突飞猛进，使氢能的梦想在21世纪开始变得更加现实。以氢气为动力的燃料电池汽车得到了世界各国政府和企业的高度重视，发达国家都将大型燃料电池的开发作为研发重点，企业界也纷纷斥巨资从事燃料电池的研究与开发，以加氢站、输氢管道建设为标志的“氢经济”初露端倪。

3.1.4 电池隔膜

电池隔膜是一种多孔材料，被称为电池的“第三电极”，用来阻隔电池正负极以防电池内部短路，但同时允许离子流快速通过，从而完成充放电过程中离子在正负极之间的快速传输。

一次电池和镍镉、镍氢、铅酸等二次电池基本都是使用非织造材料为电池隔膜（隔板）。目前，部分锂离子电池开始采用非织造基复合隔膜。而燃料燃烧中，通过将固体电解质与非织造材料复合，可以起到传递离子、分离燃料气体和氧化气体的作用。燃料电池中所用非织造材料的公开技术资料较少，据报道，德国科德宝公司通过专有的非织造基材匹配特殊的涂敷技术制成的复合材料，可以用作燃料电池的气体扩散层，具有控制气流并使其均匀分布在涂有催化剂的质子交换膜上的功能，保护和支撑敏感的质子交换膜，并可以移除燃烧反应产生的热量，排出多余水分并保持质子膜表面湿润、传导电子等功能。

下面以镍氢电池和锂离子电池为例，介绍非织造材料隔膜的结构、性能及研究现状。

3.2 镍氢电池隔膜

3.2.1 镍氢电池

镍氢电池（Ni–MH）是20世纪90年代发展起来的一种新型碱性蓄电池，具有环境污染少、可循环充放电性好等优点，一经问世就受到消费者的喜爱。日本汽车行业综合考虑电池的可靠性、安全性，电池材料的资源与环境问题以及电池性能的发展趋势，在全球首先将镍氢电池确立为混合型电动车的首选动力电池。

镍氢电池正极为金属氢氧化镍，负极采用镍氢合金，并以氢氧化钾水溶液为电解液，其充放电过程中正负极发生的反应如表3–2所示。

表3–2 镍氢电池充放电过程中的电化学反应

充电时	放电时
正极：$Ni(OH)_2 + OH^- \rightarrow NiOOH + H_2O + e^-$	正极：$NiOOH + H_2O + e^- \rightarrow Ni(OH)_2 + OH^-$
负极：$M + H_2O + e^- \rightarrow MH + OH^-$	负极：$MH + OH^- \rightarrow M + H_2O + e^-$
副反应：$OH^- \rightarrow \frac{1}{4}O_2 + \frac{1}{2}H_2O$	总反应：$MH + NiOOH \rightarrow M + Ni(OH)_2$

镍氢电池在充放电循环过程中发生的电化学反应均是固相转变，整个反应过程中不产生任何中间态的可溶性金属离子，也没有任何电解液组成的消耗和生成。因此，镍氢电池可以实现完全密封和免维护，其充放电过程可以看作是氢从一个电极转移到另一个电极的反复过程。充电过程中，正极活性物质中的H^+首先扩散到正极/电解液界面与电解液中的OH^-反应生成H_2O。接着，溶液中游离的H^+通过电解液扩散到负极/电解液界面，与负极储氢合金发生电化学反应，形成金属氢化物。而放电过程正好是充电过程的逆过程。

镍氢电池安全可靠，在电池可靠性测试中无爆炸和燃烧现象发生。相对于铅酸电池，镍氢电池在体积密度上提高了3倍，在比功率方面提高了10倍。这使镍氢电池具有更高的运行电压、比能量和比功率，还具有较好的过度充放电耐热性，便于消费者使用。镍氢电池是混合动力汽车所用电池体系中规模化生产最成熟的电池体系，据公开资料报道，镍氢动力电池占现有混合动力电池市场份额的99%，商业化的成功代表是丰田的普锐斯和本田的Civic等。目前主要的汽车动力电池厂商主要有日本的PEVE和Sanyo，PEVE占据全球混合动力车用镍氢电池市场份额的85%。目前，国内产奇瑞A5、一汽奔腾、通用君悦等混合动力轿车采用的也都是镍氢电池。

3.2.2 电池隔膜

电池隔膜是电池的重要组成部分，起到阻隔正负极间电子电导、同时允许离子自由通过的作用。它直接影响电池的充放电电流及电压、比能量、比功率、自放电、循环寿命和耐冲击震动等关键性能。

3.2.2.1　镍氢电池隔膜用非织造材料的主要性能要求

目前，镍氢电池隔膜基本都是采用丙纶非织造材料，对其主要性能要求如下。

① 在强碱性电解质溶液中具有很好的化学稳定性，包括耐碱性和耐氧化性，以防止隔膜在电解液中发生化学反应，从而响电池的放电量。

② 具有较高的电解液吸液速率和保液量，有利于电池的快速组装生产。隔膜吸附的电解液越多，电池正负极间的化学物质反应越充分，电池容量就越大，寿命也越长。

③ 具有较高的干、湿机械强度。电池组装生产中，隔膜随正负极材料一起卷绕的速度非常快，隔膜受到较大的拉伸力作用，因此要求其具有较高的干强度。组装成电池后，隔膜浸润在电解液中，起到阻隔电池正负极的作用，因而要求其具有较高的湿强度。

④ 具有一定的耐刺穿性，避免卷绕组装时被卷针和正负极板刺破。

⑤ 在满足机械强度的条件下，厚度越薄越好，以提高电池的比容量。

⑥ 低电阻。电阻过高，会使电池内耗增加，从而导致电池无法大电流放电。

⑦ 具有良好的绝缘性，以阻隔正负极，不发生短路问题。

⑧ 具有一定的孔径大小及均匀性。孔径太大会使电池正负极相互接触而短路，孔径太小则不利于离子通过，无法满足电池的大电流放电。

⑨ 具有良好的透气性。因为电池在过充电时，正极产生的氧气必须穿过隔膜与负极上的氢结合，否则容易造成电池内压升高，极端情况下会导致电池漏液。

从上面的九大性能要求可以看出，镍氢电池隔膜用非织造材料属于特殊用途的非织造材料，综合性能要求非常高。

3.2.2.2　我国电池隔膜材料的发展历程

实际上，我国电池隔膜材料的发展已经经历了以下四个阶段。

第一阶段，普遍采用维纶电池隔膜。将聚乙烯醇纤维经气流成网后，再使用聚乙烯醇黏合剂经化学黏合加固而成。维纶电池隔膜具有良好的透气性，吸碱率高。但在高温碱性环境中，维纶会逐步溶解，隔膜上的黏合剂也会逐渐脱落，导致隔膜结构破损，影响电池的使用寿命。

第二阶段，使用锦纶为隔膜纤维原料。锦纶隔膜具有良好的电解液浸润性和较好的电解液保液性，其内阻较小。但锦纶在高温或浓碱环境中易发生水解反应，生成物含有NH_4^+和NO_3^-等基团的副产物，其中NH_4^+可被电池隔膜吸附，与电极发生反应$NH_4OH+6NiOOH+OH^- \rightarrow 6Ni(OH)_2+NO_2^-$，使电池自放电性增加，性能下降。而$NO_3^-$在电解液中与$NO_2^-$发生交互反应，使自放电问题加剧，缩短电池的使用寿命。

第三阶段，采用丙纶为隔膜纤维原料。丙纶综合性能较好，尤其是具有良好的耐酸碱性，成本也较低，迅速成为镍氢电池的标准隔膜用纤维原料。但由于丙纶大分子链中没有亲水性基团，丙纶隔膜的吸碱率和吸碱速度不如锦纶隔膜，造成电池内阻大，影响了电池的容量和循环寿命。

第四阶段，磺化亲水处理低熔点双组分ES纤维的开发应用。将ES纤维通过磺化接枝等亲水改性处理，可以大大提高隔膜的吸碱性，其在高温条件下的使用稳定性良好，可用于各种高性能电池中，是当前性能最好的镍氢电池隔膜。表3–3是某公司生产的镍氢电池隔膜性能要求。

表3–3 镍氢电池隔膜性能要求

项目	指标
面密度 / $(g \cdot m^{-2})$	58 ± 3
抗拉强度 / $[kg \cdot (50mm)^{-1}]$	＞18(纵向)
吸液速度 / $[mm \cdot (30min)^{-1}]$	＞80
保液率 / %	＞200
通气度 / $(cm^3 \cdot cm^{-2} \cdot s^{-1})$	＞28
厚度 /μm	175 ± 10

3.2.3 镍氢电池隔膜的非织造成形工艺技术

非织造材料镍氢电池隔膜最早出现在日本，目前技术比较先进的是日本和德国等国家。用于镍氢电池隔膜的生产方法主要有湿法、气流和梳理成网后热轧加固黏合法，熔喷和静电纺丝是近几年比较热门的研究方向。

3.2.3.1 湿法非织造材料

湿法非织造材料是以水为介质将纤维分散的方法，纤维在成形网帘上脱水和沉积形成纤维网，再经热黏合或者化学黏合剂加固而形成的一种纸状非织造材料。在用作镍氢电池隔膜时，最佳方法是热黏合加固。因为化学黏合剂的引入会使隔膜在高温碱液中强度下降，多次充放电后，隔膜纤维易分散成絮状。黏合剂与碱液发生反应后，还会增加电池内阻。图3–3是一种湿法成网后热轧加固的非织造材料电镜照片。

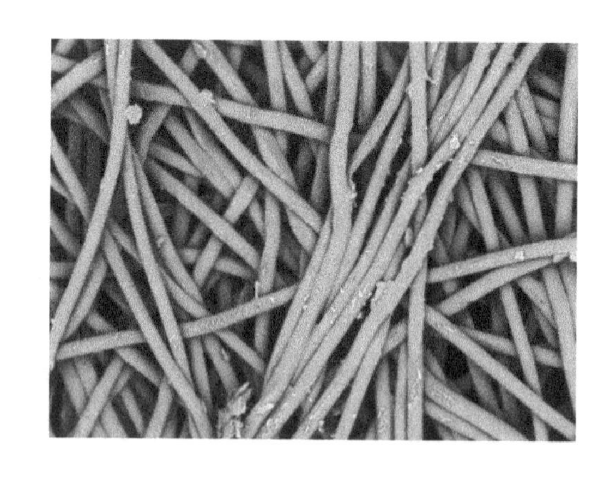

图3–3 湿法成网热轧非织造材料

湿法非织造材料所用纤维长度一般为5~20mm，在水中具有良好的分散性。湿法非织造材料因具有成网均匀度高，纤网中纤维杂乱排列，各向同性效果好等优点而受到青睐。国外较先进的隔膜生产厂家（可乐丽、东洋纺等）多采用湿法非织造成形工艺制备镍氢电池隔膜。据报道，美国BBA非织造有限公司生产的湿法非织造聚烯烃电池隔膜，需要经过润湿处理后再红外加热烘燥，使纤维间相互黏合形成网状结构。

为了解决聚烯烃类纤维亲水性差等问题，发明专利CN101775757A提供了一种镍氢电池隔膜的制备方法，其将ES纤维进行磺化处理后，采用湿法成网，再经热熔加固制得镍氢电池磺化隔膜。湿法成网的打浆工序可以使纤维原纤化，降低纤维细度。有人用湿法非织造成网技术将原纤化芳纶与ES纤维混合制成纤网，再经热轧加固制成镍氢电池隔膜，结果表明，芳纶原纤化后可以使隔膜强力增加，但孔隙率降低。

湿法成网的非织造材料纤网均匀度高，但要求纤维原料有较好的水分散性。亲水性好的纤维在水中容易分散，成网较均匀。而聚乙烯、聚丙烯等聚烯烃材料的亲水性较差，在水中的分散性不好，制浆时要加入一定量的分散剂，如聚丙烯酰胺、聚氧化乙烯等，这些分散剂会影响后续电池的充放电性能。丙纶的相对密度小，容易漂浮在浆液表面。相对来说，ES纤维具有更好的湿法成网均匀性。

近年来，随着高容量电池的发展，要求隔膜的面密度不断降低，对均匀性的要求越来越高。因此，国外较先进的隔膜生产厂家多采用湿法成网工艺制备镍氢电池隔膜。目前国内可用来生产镍氢电池隔膜的湿法非织造生产设备较少，技术储备少，因此高档镍氢电池隔膜基布还是主要依赖进口。

3.2.3.2 干法非织造材料

干法非织造材料是指纤维通过梳理或气流成网的方法制成纤维网，再经机械加固或热熔黏合加固而成形的一类非织造材料。干法非织造材料所用纤维长度一般为30～60mm，其中气流成网用纤维比机械梳理成网要短，成网均匀性更好，但国内气流成网设备很少。对于机械梳理成网来说，为满足镍氢电池隔膜纤网均匀性的要求，一般采用两次梳理的机械梳理成网方法。镍氢电池隔膜用非织造材料一般不采用针刺和水刺加固工艺，因为容易在非织造材料中产生较大的针孔。

有人将细旦ES纤维机械梳理成网后再经热风和光辊热压，制成镍氢电池隔膜用非织造材料，具有纤网均匀性好、机械强度高等优点。图3-4是一种商业镍氢电池隔膜电镜照片。

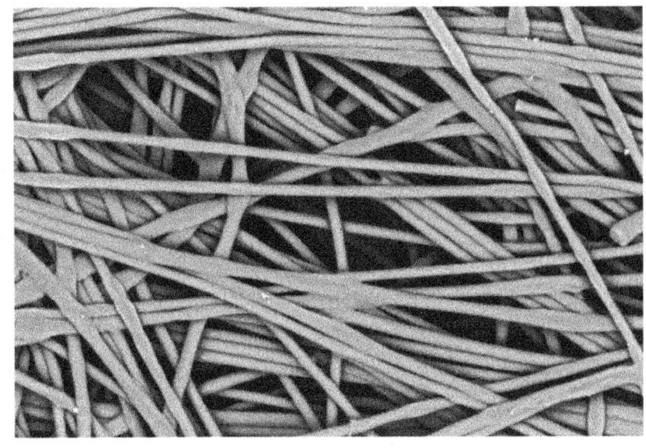

图3-4 镍氢电池隔膜电镜照片

3.2.3.3 熔喷非织造材料

熔喷非织造材料是利用高速高温气流，将从喷丝板挤出的熔体细流极度拉伸后聚集到成网滚筒或成网帘上，在自身余热的作用下自黏合而成的非织造材料。熔喷非织造材料具有纤维直径细，材料孔径小、孔隙率高等优点，是常用空气过滤材料。图3-5是常见熔喷非织造材料的电镜图。

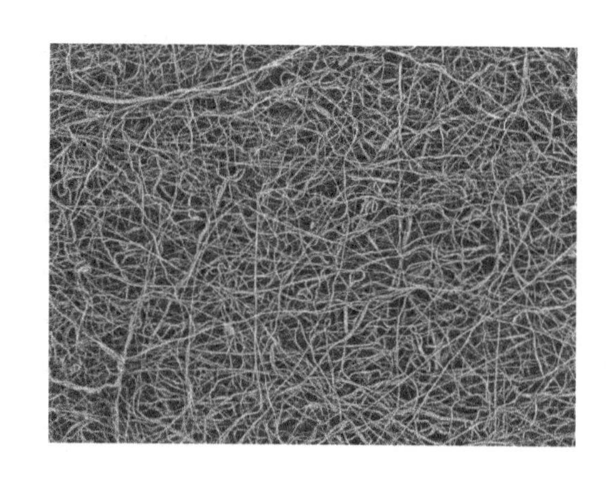

图3-5 熔喷非织造材料电镜图

有人将亲水母粒与聚丙烯树脂混合后采用熔喷非织造成形工艺纺丝成网，进一步模压后用作镍氢电池隔膜。经测试，该材料的平均孔径小于10μm，吸碱率超过760%，由其装配成的镍氢电池具有良好的循环性能，是一种适合我国国情的镍氢电池隔膜材料。

3.2.3.4 静电纺丝

静电纺丝是指通过对聚合物溶液（或熔体）施加外加电场来制造聚合物纤维的纺丝技术。通过静电纺丝工艺技术制得的亚微米级纤维具有直径小、比表面积大等特点，由其堆积而成的微孔纤维膜具有较高的孔隙率和优异的离子电导率。静电纺丝法是制备高性能电池隔膜较为理想的方法之一，特别是锂离子电池隔膜等要求孔径在微纳米级范围的隔膜。但是，静电纺丝工艺技术至今还存在生产效率低、微孔膜机械强度低、溶剂回收困难等问题，尚未实现规模化生产。

3.2.4 镍氢电池隔膜的亲水改性

从上面的介绍可以看出，ES纤维和丙纶等聚烃类纤维是镍氢电池隔膜的主要纤维原料，其中ES纤维是一种以聚乙烯为皮、聚丙烯为芯的皮芯型复合双组分纤维。聚烯烃纤维具有良好的力学性能、化学稳定性、耐酸碱腐蚀性、绝缘性、抗电压性等特性，而且具有高温熔融自闭性能，确保了可充电电池在日常使用上的安全性，是一种性能优良的电池隔膜材料。另外，ES纤维网不需要引入黏合剂等其他成分，可采用热黏合加固方法成形，避免了长期使用过程中黏合剂对隔膜性能的影响。但聚烯烃大分子结构中没有亲水基团，亲水性差。而用于镍氢电池隔膜的非织造材料必须具有优良的吸液性能，所以对用于镍氢电池隔膜的聚烯烃非织造材料进行亲水改性是必要的。

另外，有研究发现，隔膜经磺化或接枝聚丙烯酸处理后，能使镍氢电池的充放电电阻降低，且降低“氨梭”反应，从而提高镍氢电池的荷电保持能力。

采用表面活性剂对非织造材料进行浸渍等亲水后整理，是医疗卫生用非织造材料常用的亲水处理方法。采用该方法制备的镍氢电池隔膜，在电池使用初期性能较为稳定。但经多次反复充放电后，隔膜表面的亲水助剂会溶解到电解液中，隔膜亲水性降低直至消失，使隔膜保持电解液的能力急剧下降。同时，溶解到电解液中的亲水助剂对电池性能也会产生不良影响，最终表现出内阻变大，充放电性能下降。因此，现在所用的镍氢电池隔膜不再采用该方法进行亲水处理。

提高聚烯烃亲水性能的方法主要分为两类：一类是在纺前/纺丝阶段的亲水改性，如与亲水助剂共混纺丝等；第二类是利用后处理的方法对非织造材料的表面进行亲水改性，如磺化处理、表面接枝改性、氟化处理、等离子刻蚀处理等。两类方法都希望在不损伤隔膜材料力学性能的前提下，引入或产生大量—SO_3H、—COOH、—OH等亲水基团。或者提高纤维表面的粗糙度，增强毛细效应，从而改善其亲水性。

3.2.4.1 亲水母粒共混纺丝

与功能母粒共混纺丝是提高丙纶性能普遍采用的改性方法之一。共混法是以不同材料间性质的互补与协同效应来改善材料的性质，采用亲水性或极性聚合物共混改性是提高聚丙烯亲水性的方法之一。研究发现，将亲水助剂（十二烷基苯磺酸钠和聚乙二醇辛基苯基醚）与聚丙烯共混挤出造粒，制得的改性聚丙烯具有更好的亲水性能，且改性聚丙烯的结晶、流变等性能基本不受助剂的影响。有人将聚丙烯与羟基化聚丙烯（PP—OH）共混，结果发现，改性后的PP/PP—OH微孔膜的接触角小于90º，有较好的亲水效果。有人研究了聚丙烯/乙烯—丙烯酸（EAA）共混体系，发现随着EAA含量的增加，共混物表面张力增大，亲水性变好。有人采用共混方法，将亲水改性剂CHA与聚丙烯树脂熔融共混制得亲水性熔喷非织造材料，发现所得熔喷非织造材料的芯吸速率提高，且经过10多次洗涤后仍保持良好的亲水性。

在纤维共混方面，有人将丙烯酸共聚超吸水纤维（SAF）与ES纤维共混成网后热轧加固制成镍氢电池隔膜。结果发现，随着SAF含量增加，隔膜的吸液能力增大，但导水速度减慢。适当控制SAF含量，可以使电池隔膜的性能达到理想效果。有人采用水刺和热轧加固复合工艺制备了CMC复合隔膜，将亲水母粒含量分别为5%、8%、10%的亲水改性熔喷非织造材料与短纤维网叠合后水刺加固，再经热压加固制成镍氢电池隔膜，样品照片如图3-6所示，样品

（a）热轧前

（b）热轧后

图3-6 热轧前后亲水熔喷/短纤维网水刺复合非织造材料

性能见表3-4。进一步将几种隔膜组装成镍氢电池后，测试其充放电循环性能，结果如图3-7所示。

表3-4　复合镍氢电池隔膜

试样编号	0	1	2	3	4
隔膜类型	CMC隔膜 M层：纯PP	CMC隔膜 M层：CHA含量5%	CMC隔膜 M层：CHA含量8%	CMC隔膜 M层：CHA含量10%	商业磺化隔膜
面密度 / ($g \cdot m^{-2}$)	78.6	79.7	75.9	77.0	46.3
厚度 / mm	0.2	0.2	0.21	0.2	0.1
孔隙率 / %	62.4	60.2	60.7	59.5	53.8
拉伸强力 / N	52.0	33.1	35.6	39.5	34.7

从实验结果可以看出，CMC隔膜耐碱损失率不到1%，而吸碱率超过300%，表现出良好的化学稳定性和亲水性。从图3-7中可以看出，与由商业磺化隔膜组成的镍氢电池相比，由CMC隔膜组装的镍氢电池表现出更好的放电容量保持率和存储性能。三种亲水熔喷基布制备的CMC复合隔膜差异不大，考虑经济成本，CHA添加比例为5%更适宜商业生产。

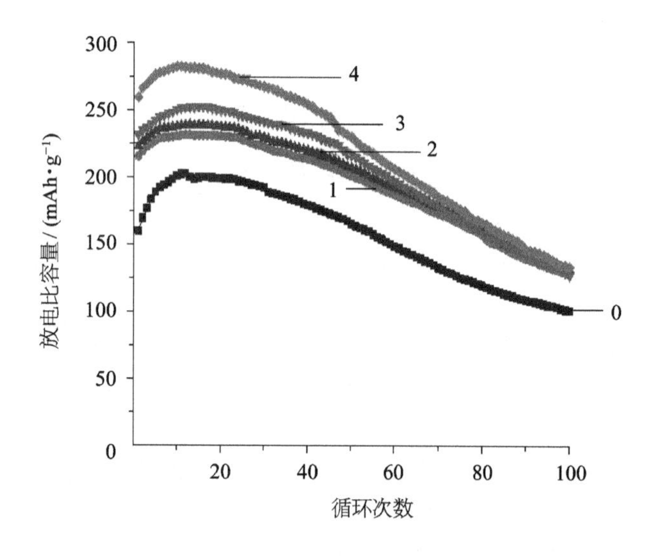

图3-7　由几种不同隔膜组装成的镍氢电池的循环充放电性能

为了进一步研究镍氢电池隔膜的长期稳定性，将循环100次的镍氢电池隔膜取出，测试其对电解液的吸液性能，并与循环前做对比，结果如表3-5所示。从表3-5可以看出，亲水性CMC镍氢隔膜比磺化隔膜表现出更好的耐碱稳定性。

表3-5　循环前后四种隔膜的吸碱率

试样编号	0	1	2	3	4
循环前隔膜吸碱率 / %	241	302	367	311	247
循环后隔膜吸碱率 / %	226	330	336	356	173
吸碱率变化率 / %	−6.2	+9.3	−8.3	+14.4	−29.9

3.2.4.2　非织造材料磺化处理

磺化处理是用硫酸或类似的化学溶剂对非织造材料进行表面处理，将磺酸基（$-SO_3H$）或磺酰氯基（$-SO_3Cl$）引入聚合物大分子链上的化学反应。由于磺酸基团为极性分子基团，所以当纤维大分子中引入磺酸基团后，其亲水性明显增强，隔膜的吸液速率、保液率和离子交换量明显提升。磺化反应通常用浓硫酸或发烟硫酸作为磺化剂，有时也用三氧化硫、氯磺酸、二氧化硫加氯气、二氧化硫加氧以及亚硫酸钠等作为磺化剂。

浓硫酸作磺化剂时可以不用外加溶剂，将非织造材料直接浸入浓硫酸中，在给定的温度、时间条件下，纤维表面即可进行磺化反应，反应简单，易于控制。但由于硫酸的强氧化性会使聚合物发生降解或交联等副反应。随着反应的进行，浓硫酸溶液的浓度会逐渐下降，因而磺化反应速率会减慢。但是，浓硫酸属于危险化学品，对设备的腐蚀性非常强，产业化应用时安全性管理难度大。

采用SO_3气体进行磺化改性时，可以不使用溶剂而直接对隔膜进行磺化改性处理，有效避免了有机溶剂对隔膜材料机械性能的破坏。日本还有一种用于抑制自放电镍氢电池的磺化聚烯烃隔膜，先通过SO_3气体进行磺化预处理后，再经过近饱和湿度的水蒸气作用，在磺化处理的同时可使非织造材料获得漂白。磺化反应时不产生水，SO_3用量可接近理论量，反应快、废液少。但其缺点是SO_3过于活泼，在磺化时易产生砜类等副产物，因此常常要用空气或溶剂稀释后使用。SO_3气体具有强刺激性臭味，使用处理工艺较浓硫酸复杂，实施难度高。

氯磺酸是一种较好的磺化反应物，其磺化反应条件温和，副反应少，得到的产物颜色较浅。但它是一种强酸，用稍过量的氯磺酸进行磺化反应时，要用有机溶剂作反应介质。常用的有机溶剂为硝基苯、邻硝基乙苯、二氯甲烷、四氯甲烷等。氯磺酸的磺化能力比硫酸强，故磺化效果比浓硫酸好，与有机物在适宜条件下几乎可以定量反应。但氯磺酸的价格较高，使用受到一定的限制。

日本许多公司在磺化改性领域掌握了核心技术，并形成多项专利，下面举例介绍。日本Toyobo公司的专利中，将聚烯烃纤维非织造材料在硫酸室中进行磺化处理，后转入冲洗室用水冲洗，再进行超声波冲刷，最终得到具有高容量保持性的镍氢电池隔膜，并可抑制电池的自放电。日本Vilene公司的专利中指出，为了防止电池短路现象发生，提高隔膜保液性，将聚烯烃超细纤维非织造材料浸泡在浓硫酸中进行磺化处理，轧光后制成电池隔膜，其单位面积质量为65g/m²，厚度为0.15mm。日本Daiwa Spinning公司开发了一种包含细度小于0.5dtex

聚烯烃超细短纤维的非织造磺化隔膜，该聚烯烃短纤维包括聚烯烃热黏合短纤维，其中一部分短纤维被压扁以使组分纤维黏结在一起，该隔膜具有0.6～1.5m^2/g的比表面积，通过电子光谱测试，其磺化深度在1.5～12范围内。日本Sanyo Electric公司通过对一种密闭型5号镍氢电池的研究，认为磺化处理聚烯烃隔膜通过抑制充放电过程中含氮氧化还原剂物质的生成，有效控制了镍氢电池的自放电反应。

日本Sekisui Chemical公司的磺化处理方法及装置专利中，先将聚烯烃纤维非织造材料进行等离子放电，再进入二氧化硫和惰性气体的混合隔室中进行磺化反应。据报道，为了得到更好的磺化效果，可先用高能电子束轰击隔膜表面，接枝上丙烯酸，再在丙烯酸上接枝苯乙烯磺酸钠，丙烯酸作为载体将苯乙烯磺酸钠接枝到聚乙烯大分子链上。

本书作者将ES纤维热轧非织造材料在浓硫酸中进行磺化处理，得到的样品结构如图3-8所示，其红外光谱图如图3-9所示。

从图3-9可以看出，磺化后隔膜在1214cm^{-1}附近出现了R—SO_2—OH磺酸基团的吸收谱带，表明经过磺化处理后，ES纤维表面引入了亲水性的磺酸基团。测试发现，该材料可以较

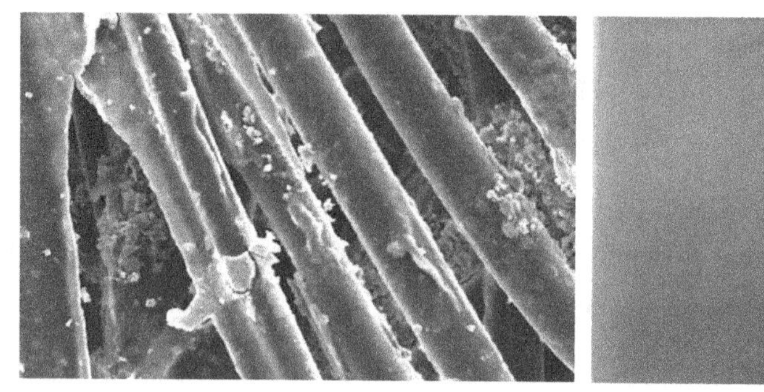

图3-8　磺化处理ES纤维热轧非织造材料照片

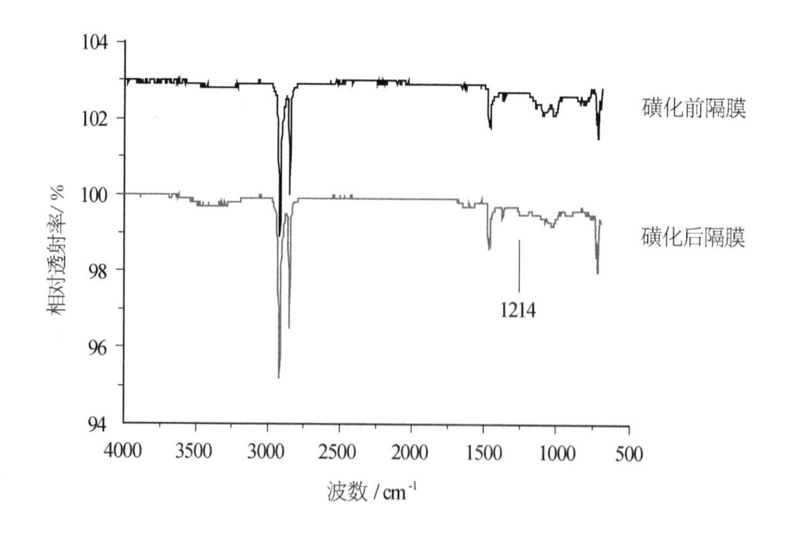

图3-9　电池隔膜磺化前后的红外光谱图

好地提高隔膜的吸碱率和吸碱速度，有利于碱液在电池隔膜表面的快速浸润，从而改善了电池的使用性能。

3.2.4.3 非织造材料表面接枝改性

表面接枝改性是聚合物化学改性中最常用的方法之一，在非极性聚合物分子链上引入极性官能团，使聚合物表面生长出一层新的具有特殊功能的接枝层，从而达到显著的表面改性效果。对聚烯烃的表面接枝改性方法主要包括光引发法、等离子体辐射法、电晕放电法、紫外线辐照法以及化学试剂引发法等。常用的接枝单体有马来酸酐、丙烯酸、丙烯酰胺、甲基丙烯酸甲酯以及氮氮亚甲基双丙烯酰胺等极性单体。

国内外学者也对聚烯烃表面接枝改性做了大量研究。有人采用强氧化剂预处理氧化还原引发接枝聚合，将丙烯酸接枝到聚丙烯镍氢电池隔膜表面。结果表明，接枝丙烯酸后，隔膜的亲水性显著提高，其电导率比未改性前提高了1.5倍以上，由其装配而成的镍氢电池具有较高的电池容量和循环寿命。

通过电晕放电方法，在电极上施加高频高压电源，产生大量激发分子或激发原子、自由基、离子和具有不同能量的辐射线，与材料表面发生化学或物理作用后，使聚合物大分子链产生氧化、降解等反应而引起材料表面微刻蚀，可以增强纤维等材料的表面毛细效应，从而提高其亲水性。电晕放电处理具有处理时间短、速度快、操作简单、控制容易、反应温度低等优点，缺点是处理效果不稳定、隔膜亲水性不均匀、亲水持久性差等。

聚烯烃属于惰性材料，接枝反应较困难。为了提高其接枝率，在电晕放电或高能辐射处理的同时，引入马来酸酐、丙烯酸、丙烯酰胺、甲基丙烯酸甲酯等极性反应物，使这些极性基团与聚合物大分子链形成化学键，从而获得永久亲水效果。

辐射接枝可进一步分为紫外辐射引发接枝、低温等离子体引发接枝、高能辐照接枝等。日本新技术开发事业团早在20世纪80年代就开发出将丙烯酸单体辐照接枝到聚乙烯薄膜表面的亲水改性技术。有人采用紫外线辐射引发法在聚丙烯表面接枝丙烯酸甲酯等亲水基团，测试结果表明，改性后材料的接触角从145°降低到15°，亲水效果非常明显。有人将等离子体引发接枝技术用于聚丙烯（PP）膜表面接枝丙烯酸，接枝改性后，聚丙烯薄膜的接触角明显下降，亲水性能得到改善。河南省科学院下属的河南科高辐射化工科技有限公司的多孔膜电子束连续化辐射接枝新工艺，部分解决了碱性电池隔膜生产的关键技术。中国科学院上海应用物理研究所用 γ 射线辐射接枝聚烯烃非织造材料，改性后的隔膜具有面电阻低、吸液量大、保液性能好等特性，在动力型氢镍电池的应用中取得了良好的效果。

3.2.4.4 非织造材料表面氟化处理

氟化处理是指在一定条件下，电池隔膜与氟气发生反应而达到亲水效果的处理方法。氟气氧化法亲水处理效果明显，基材无损伤，非常适用于聚烯烃隔膜的表面亲水处理。但采用氟气处理时对设备的要求较高，工艺较复杂，大规模生产有一定的难度。日本Vilene公司的镍氢电池隔膜专利中，提到采用氟气处理丙纶非织造隔膜的公开技术。

总之，上述亲水处理方法各有优缺点，其中磺化处理是当前的主流技术。镍氢电池隔膜长期处于强碱性环境中，要求隔膜亲水性稳定持久。开发在碱性条件下具有长期稳定亲水性能的镍氢电池隔膜，还是国内镍氢电池隔膜的研究重点。

3.3 锂离子电池隔膜

3.3.1 概述

锂电池最早出现在1912年，由Gilbert N.Lewis提出并研究。但最初的锂电池并不是锂离子电池，而是锂金属电池。由于锂金属的化学特性非常活泼，使锂金属的保存、加工、使用对环境的要求都非常高，所以一直未能形成工业化生产应用。20世纪70年代，有学者提出并开始研究锂离子电池。到1992年，日本索尼公司成功开发出锂离子电池，并应用于小型消费类电子产品上。

锂离子电池在笔记本电脑、数码相机、手机、平板电脑等便捷式电子设备以及电动自行车等领域广泛应用。其中，电动自行车的普及，极大地方便了人们的出行，电动自行车（图3-10）制造业是我国重要的民生产业。

图3-10　电动自行车

我国非常重视锂电行业发展，《“十三五”国家战略性新兴产业发展规划》中，要求大幅提升新能源汽车和新能源的应用比例，推动新能源汽车、新能源和节能环保等绿色低碳产业成为支柱产业，2020年产值规模达到10万亿元以上。德国政府也声明，2030年以后，德国将不再生产传统汽油、柴油汽车，而以新能源汽车取代。

当前主流新能源车动力电池包括超级电容器、镍氢电池、锂离子电池和燃料电池等。超级电容器储电量低，不能驱动车辆长时间行驶。镍氢电池比容量低，体积较大。燃料电池能量储备充足，可快速补充燃料，但成本高，瞬间输出能力差。因此，虽然锂离子电池在安全性和功率密度等方面存在不足，但其可输出电压最高、比容量高，是新能源汽车的重点产业化对象。图3-11为新能源电动汽车。

当前许多知名汽车制造商都在致力于开发动力锂电池新能源汽车，如美国福特、克莱斯勒，日本丰田、三菱、日产，韩国现代，法国Courreges、Ventury等。我国的比亚迪、吉利、奇瑞、力帆、中兴等汽车制造商也纷纷在混合动力和纯电动汽车中搭载动力锂电池。从发展周期看，目前汽车用动力锂电池市场正在走出导入期，开始跨入快速成长期。

图3-11　新能源电动汽车

中国是世界最大的锂电池生产国，隔膜作为锂离子电池的四大主要材料之一，在一些高端电池中，其成本占比甚至可以达到电池的20%。由于其技术难度较大，是锂离子电池材料中国产化率最低的材料。

3.3.2　电池

锂离子电池正极一般为含锂的过渡金属氧化物，如钴酸锂（$LiCoO_2$）、锰酸锂（$LiMn_2O_4$）等，负极采用锂—碳层间化合物Li_xC_6，电解质为溶解了锂盐的有机溶剂，主要有六氟磷酸锂、六氟砷酸锂、磷酸铁锂等，是电池内部的离子传输介质。

锂离子电池在充电时发生的总反应为：

$$LiM_xO_y+nC \underset{放电}{\overset{充电}{\rightleftharpoons}} Li_{1-x}M_xO_y+Li_xC_n$$

充电时，锂离子从正极材料中生成，通过电解液及隔膜运动并嵌入到负极中，使负极处于锂离子浓度高的状态，正极则处于锂离子浓度较低的状态，同时电子的补偿电荷从外部电路供给碳负极，以确保电荷的平衡。放电过程正好和充电过程相反，锂离子从负极脱嵌，经过电解液以及隔膜回到正极中，使正极重新变回富锂状态。因此，锂离子电池的充放电过程，实际就是锂离子从正极到负极，再回到正极的运动状态，因而是一种类似于“摇椅”的运动状态，使正负极发生反复收缩和膨胀。当连接到某一外部载体上时，其内部化学能就转化为电能（放电）。当连接到外部电源上时，外部电能转化为化学能（充电）。锂离子电池工作原理示意图如图3-12所示。

锂离子电池体积小、质量轻、工作电压高，理论比能量可达500Wh/kg，是镍氢电池的3倍。其具有循环寿命长、自放电率低、无记忆效应、无污染等优点。单个锂离子电池的工作电压是3.7V，多个电池串联后，其工作电压可以提高到12V或24V后才可以用作动力电池。但由于难以做到每个电池完全同时充放电，容易出现串联的多个电池组内的单个电池充放电不平衡，出现充电不足或者过放电现象，导致电池性能急剧恶化，最终导致整组电池无法正常工作，甚至报废。因此，汽车动力电池的管理系统是目前阻碍动力锂离子电池发展的瓶颈之一。

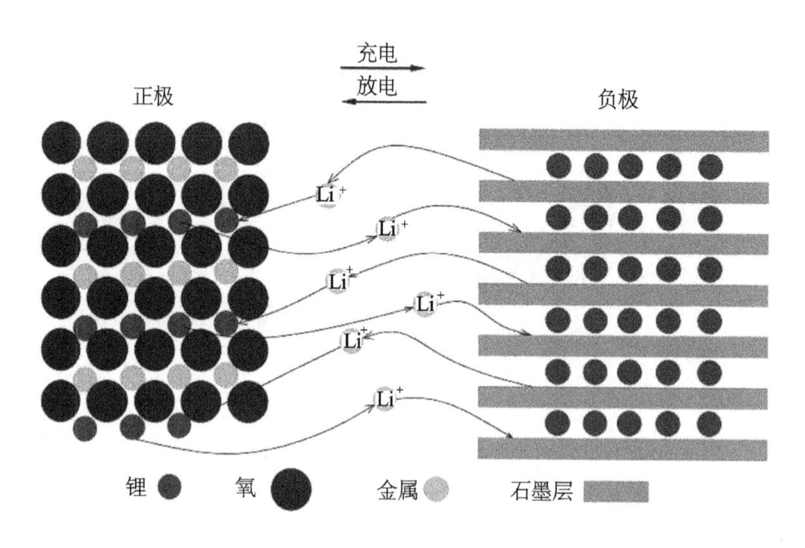

图3-12 锂离子电池工作原理示意图

3.3.3 锂离子电池隔膜

电池隔膜的作用是隔离电池的正负极，防止发生短路，同时允许离子自由通过。人们不再认为隔膜是一种惰性物质，隔膜作为锂离子电池的重要组成部分之一，对电池的电化学性能具有重要的影响。隔膜也是锂离子电池材料中技术壁垒最高的一种高附加值材料，毛利率通常达到70%以上，占锂离子电池总成本的20%。据估算，一辆新能源电动车可以用1000~2000m^{2}隔膜，这是一个很大的潜在市场。目前国内高端隔膜大部分依赖进口，国际知名隔膜企业主要有日本旭化成公司、东燃化学公司，美国Celgard公司等。国内企业主要有星源科技和金辉高科等企业。近两年来，德国科德宝公司生产的非织造基锂离子电池隔膜也逐渐占有了一定的市场份额。

锂离子电池可以分为液态锂离子电池、半液态锂离子电池和固态锂离子电池三大类，目前用量最大的是液体锂离子电池。液体锂离子电池隔膜的主要性能要求如下。

① 厚度。隔膜越薄，锂离子穿过时遇到的阻力越小，离子传导性越好，阻抗越低，放电比容量越大。但隔膜太薄时，其保液能力和绝缘性降低，会对电池安全性等产生不利影响。目前，普通用途的锂离子电池隔膜厚度要求在25μm以下。

② 孔隙率。孔隙率影响隔膜的吸液率，对锂离子电池的快速充放电性能和循环寿命有直接影响。目前干法和湿法聚烯烃微孔膜的孔隙率太小，一般不到40%，影响其大功率充放电性能。

③ 孔径大小及其分布。由于锂离子电池在长期充放电过程中，负极表面容易形成树枝状金属锂（俗称锂枝晶），锂枝晶一旦穿透隔膜到达正极，就会引起电池短路。因此，锂离子电池隔膜的孔径比镍氢电池隔膜小得多，在亚微米级大小且分布均匀。隔膜的孔径大小及分布均一性对锂离子电池性能有直接影响，孔径越大，锂离子迁移的阻力越小，电池的充放

电性能越好。但孔径过大会导致隔膜的机械性能和电绝缘性能下降，容易造成电池正负极短路。另外，为保证电池中电极/电解液界面电流密度的均匀性，隔膜的孔径分布应尽可能均匀，否则易造成局部电流过大，从而影响电池性能。

④ 润湿性。电解液对隔膜的润湿性好，可以提高离子导电性，从而提高电池容量。反之，则会增加隔膜与正负极间的界面阻抗，影响电池的充放电效率和循环性能。另外，润湿性好的隔膜可以缩短电池的组装时间。

⑤ 机械强度。为了能承受在电池组装过程中的拉伸，以及在锂离子电池充放电循环过程中的膨胀和收缩，隔膜必须具有足够的机械强度，包括拉伸强度和耐刺穿强度等。

⑥ 热稳定性。锂离子电池通常的使用温度是20～60℃，隔膜需要在该温度范围内保持热稳定性。然而，在撞击等非正常使用情况下，会造成电池内部微短路，使其内部温度升高，此时就要求隔膜能在高温下保持完整性，避免正负极大面积接触而引起燃烧甚至爆炸。但最近几年，也有观点认为隔膜在高温下的热熔闭孔性还具有保护电池安全的功能。

⑦ 化学稳定性。隔膜对电解液、电极及其反应产物必须具有足够的化学稳定性，不会出现被腐蚀、降解等问题。

表3-6是某公司生产的三种规格锂离子电池隔膜的性能。

表3-6　锂离子电池隔膜性能

性能参数		GRE-T系列		
		GRE-16T	GRE-20T	GRE-25
厚度/μm		16	20	25
孔隙率/%		40	40	40
透气性能/[s·(100mL)$^{-1}$]		390	390	390
抗拉强度	纵向/MPa	85	90	90
	横向/MPa	20	25	25
热收缩率90℃/1h	纵向/%	0.5	0.5	0.5
	横向/%	0.2	0.2	0.3
热收缩率150℃/1h	纵向/%	2	2	2
	横向/%	1.5	1.5	1.5
面密度/(g·m^{-2})		13.5	16.5	18.5

目前商业化的锂离子电池所用隔膜主要为干法和湿法聚烯烃微孔膜，目前德国科德宝公司开发的非织造涂层复合膜已进入产业化应用阶段，而在科研学术方面研究较多的则是静电纺丝电池隔膜。

3.3.3.1　聚烯烃微孔膜

目前商用锂离子电池隔膜主要是聚烯烃类微孔隔膜，包括PP和PE单层隔膜以及PP/PE/

PP三层复合隔膜，其制备工艺包括干法、湿法、Bellcore法、Celgard法和倒相法等，这几种方法的优缺点如表3-7所示。

锂离子电池隔膜主要采用干法和湿法聚烯烃微孔膜，其结构如图3-13所示。

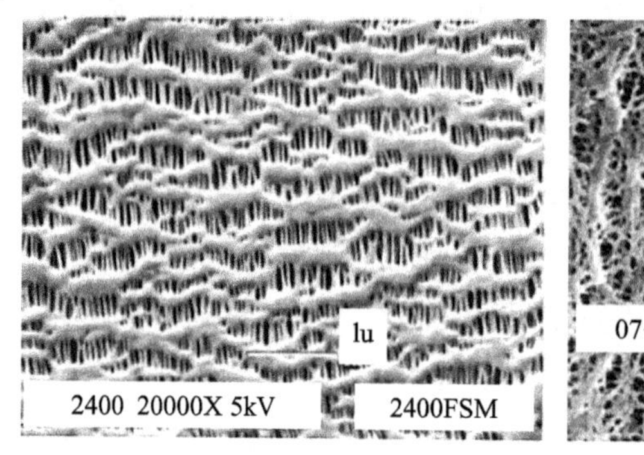

（a）干法

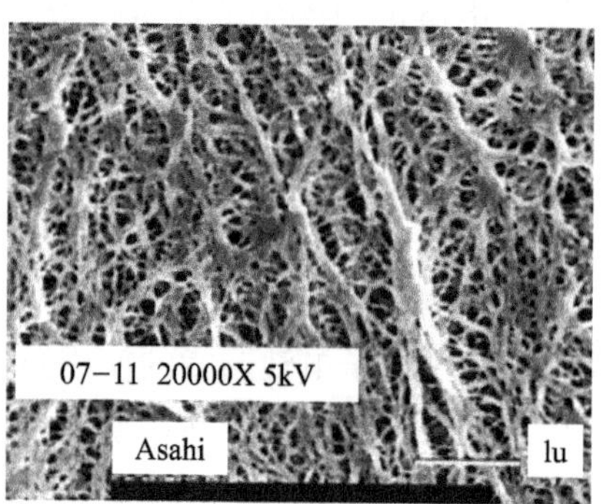

（b）湿法

图3-13　聚烯烃微孔膜

表3-7　锂离子电池隔膜的成形方法对比表

制备方法	优点	缺点	应用的聚合物种类
湿法（相分离法）	可以很好地控制孔径和孔隙率，通过调控工艺条件可以在一定程度上改变隔膜的性能和结构	生产过程使用溶剂，可能产生污染，成本较高	PE、PP
干法（拉伸致孔法）	生产工艺简单，无污染	孔径和孔隙率较难控制	PP、PE
Celgard法	机械性能好，安全性高，生产速率较高，生产过程中不需要溶剂	孔隙率较低，吸液量低，离子迁移率较低，不适合大电流放电，制备成本较高	PP、PE等聚烯烃材料
Bellcore法	离子导电率高，机械强度好	生产工艺比较复杂，生产成本高，不利于规模生产	PVDF及其共聚物
倒相法	孔隙率高，设备简单，可连续操作，生产效率高，自动化水平高	机械强度低，变形大	PVDF、PAN、PMMA等

干法也被称为熔融拉伸法，是将熔化的聚烯烃树脂挤出拉伸成薄膜，经退火处理以增加晶区数量。再经机械拉伸，使晶体之间分离形成狭缝状微孔结构。湿法又称热致相分离法，是将低分子量化合物与聚烯烃树脂混合，加热熔化后将熔体拉伸成薄片。再经进一步的单向或双轴向拉伸，最后再用萃取剂去除薄膜中的低分子量化合物，即成为微孔膜。

相对于干法工艺，湿法工艺所得隔膜的微孔分布均匀性好，孔径大小合适。特别是湿法双向拉伸微孔膜的强度高，耐刺穿性好，可以制成更薄的隔膜。另外，湿法聚烯烃微孔膜的曲折微孔结构能更好地抑制锂枝晶的生成，提高锂离子电池安全性，延长电池寿命。

随着国家对动力电池能量密度要求的不断提高，干法和湿法隔膜的特点和用途差别越发明显。目前，干法隔膜主要用于中低端电池，而湿法隔膜主要用于中高端消费类电子产品以及动力电池。但是，湿法工序较干法更为复杂，资金投入更大，生产周期也更长，技术壁垒相对较高。目前国产聚烯烃微孔膜基本都是采用干法生产工艺，而国外则多采用湿法生产工艺。

消费类锂离子电池注重能量密度，在安全性有保障的前提下，隔膜越薄越好。在现有技术水平下，干法隔膜的厚度是有极限的，而且一致性也较湿法隔膜差。在中高端锂离子电池市场，隔膜以湿法居多。以湿法隔膜技术领先的日本旭化成公司于2016年收购了全世界最大的干法隔膜生产企业——美国Celgard公司，全力生产湿法隔膜。

另外，聚烯烃微孔膜的耐热性能差，超过150℃后会发生明显变形。在电池使用过程中，如果正负极接触发生短路或者出现过充等导致热量难以控制时，电池内部温度会迅速升高。而聚烯烃隔膜在较高的温度下会发生明显的收缩，会使正负极材料发生大面积接触，导致电池发生爆炸，对电池的安全性构成威胁。

另外，聚烯烃隔膜的电解液亲和性差，影响充放电过程中锂离子的传输速率。商业聚烯烃微孔膜的孔径较小，一般在10～100nm之间。其孔隙率也较低，一般在40%左右。当大功率充放电时，只有一部分电池能量形成外部动力，其他能量则阻滞于电池内，或发热损耗，无法满足电动汽车加速和爬坡时的大功率放电需求。

为改善聚烯烃隔膜上述性能的不足，研究人员做了许多尝试，其中对聚烯烃隔膜进行涂层后整理是当前较有效的技术手段。通过将Al_2O_3、SiO_2等无机颗粒涂覆到聚烯烃微孔膜表面，在提高其高温尺寸稳定性的同时，还可以提高其对电解液的亲和性。随着涂覆技术的成熟，湿法聚烯烃涂层隔膜已经逐步进入动力电池等高端锂离子电池市场。

3.3.3.2　非织造基复合锂离子电池隔膜

在2014年中国国际电池技术交流会上，德国科德宝公司首次在我国展示了采用非织造复合材料（其产品截面照片如图3-14所示，彩图见插页）为电池隔膜的三元软包锂离子电池的过充、针刺和热箱实验数据，开始了非织造材料基锂离子电池隔膜的产业化应用。实验数据显示，采用传统聚烯烃的软包锂离子电池均发生了起火爆炸，而采用陶瓷涂覆聚酯非织造材料的复合隔膜锂离子电池则没有起火和冒烟。

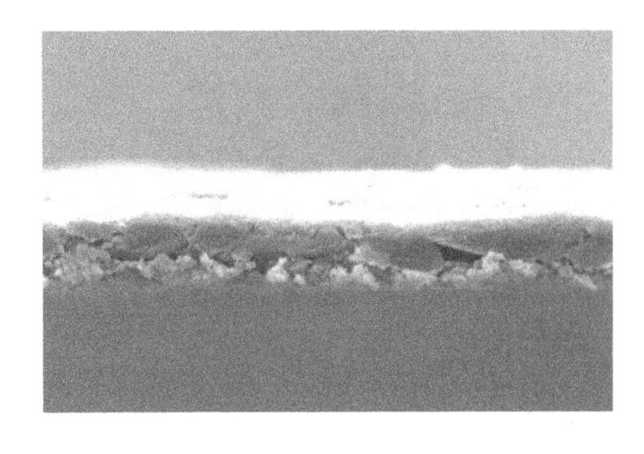

图3-14　科德宝公司的无机涂层非织造复合锂离子电池隔膜

随之，日本特种东海制纸公司宣称开发出了纤维素纤维锂离子电池隔膜材料，美国Dreamweaver公司开发出了基于纳米和微米纤维素混合的非织造材料锂离子电池隔膜。美国奥斯龙（Porous Power Technology）公司开发出了PVDF和Al_2O_3混合填充的涤纶非织造材料复合隔膜，其隔膜孔隙率高达60%～75%，厚度约25μm，平均孔径小于0.2μm，拉伸和耐刺穿性好。由其组装成的锂离子电池可高速充电，高低温稳定性好。其锂离子电池的循环充放电性能如图3-15所示。

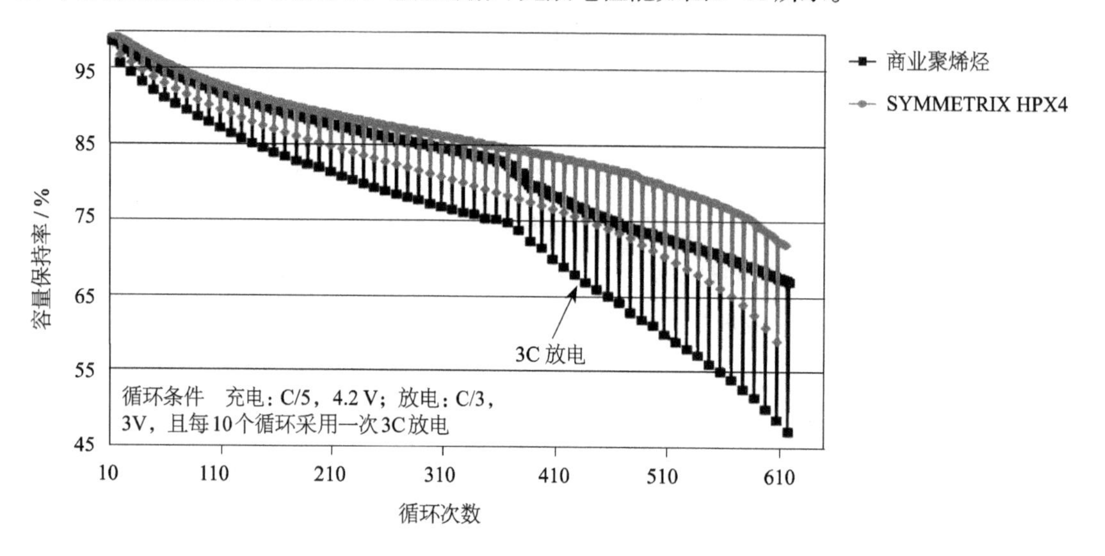

图3-15　奥斯龙公司的隔膜组装成的锂离子电池的循环充放电性能

非织造材料具有弯曲通道的孔径结构和更高的孔隙率，能有效抑制锂枝晶穿透，并且更容易进行无机颗粒涂覆处理，是理想的锂离子电池隔膜基材。另外，非织造材料可以采用聚酯、聚酰亚胺、芳香聚酰胺和无机纤维等耐高温材料，不存在聚烯烃隔膜的热收缩问题。在成形工艺技术方面，湿法、纺粘和熔喷非织造材料是复合锂离子电池隔膜近几年的研究热点。

（1）湿法非织造材料复合隔膜

湿法非织造材料以水为分散介质，将短纤维在水中均匀分散打浆后，在成形器网上脱水，纤维则沉积在成形器的网帘上，形成纤维网，再经物理或化学加固处理后制成非织造材料。湿法非织造材料具有良好的纤网均匀性、足够的强力以及纤维原料来源广等优点，得到最多关注。玻璃纤维、芳纶、聚酰亚胺纤维、涤纶以及纤维素纤维均被制成湿法非织造复合隔膜。

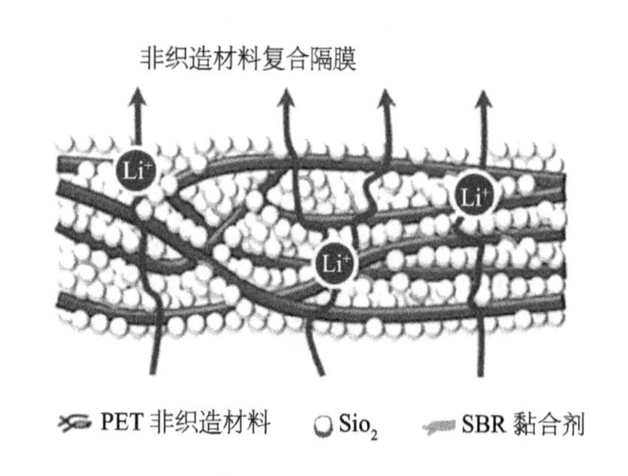

图3-16　无机颗粒涂层非织造材料结构示意图

但普通湿法非织造材料的平均孔径大（一般在5～10μm），不能满足锂离子电池隔膜的性能要求，因此大部分研究集中在如何通过复合来减小其孔径。其中，无机颗粒涂层是最好的解决方案，其结构示意图如图3-16所示。另外，日本王子制纸公司在湿法非织造基材表面涂覆 PU、PET 或 PTFE 树脂，通过助剂在树脂层形成具有比基材更小孔径的多孔结构，成为平均孔径在 200nm 左右的电池隔膜。

在实验室研究方面，为了满足锂离子电池隔膜的性能要求，许多方法被用来降低湿法非织造材料的孔径。有人分别将纤维素纤维与 SiO_2 颗粒混合打浆后制成湿法非织造材料，发现该隔膜的热稳定性高，具有比商业隔膜更好的倍率性能。有人在湿法非织造材料表面涂覆 SiO_2 和 PVDF，通过测试其电池性能，发现 SiO_2 和 PVDF 质量比为 9 : 1 时，可以获得比商业隔膜性能更好的非织造复合隔膜。有人在纤维素纤维成网过程中加入了阻燃剂和 SiO_2 颗粒，制成了一种耐热和防火的纤维素基复合锂离子电池隔膜。结果表明，与商业隔膜相比，该复合隔膜的吸液率、电导率以及界面稳定性都得到加强，由该隔膜组装的电池展现了更加优异的倍率性能与容量保持率。

另外，超细纤维（包括皮芯型纤维、海岛型纤维等）或者纤维原纤化也是降低纤维材料孔径的有效手段。如将原纤化芳纶与超细涤纶（<0.45dtex）混合后湿法成网，用作锂离子电池隔膜。有人将聚丙烯腈纳米纤维与丙纶混合后湿法成网，所得非织造材料的平均孔径只有 0.8μm，拉伸强力为 46N/5cm，断裂伸长为 10%。由其组装成的锂离子电池在充放电过程中无任何短路问题，比聚烯烃隔膜有更好的耐热尺寸稳定性。

（2）熔喷非织造材料锂离子电池隔膜

熔喷非织造材料纤维直径为 1~4μm，平均孔径小，孔隙率高（60%~80%），是优异的过滤阻隔材料。有人将单位面积质量为 154g/m²、厚度为 0.74mm、最大孔径为 8.9μm、最小孔径为 3.9μm 的聚对苯二甲酸丁二醇酯熔喷非织造材料直接用作锂离子电池隔膜，将其组装成锂离子电池并测试了电池的电化学性能，结果如图 3-17 所示。从图 3-17 可以看出，虽然由其组装成的锂离子电池的循环充放电性能不太稳定，但还是表现出用作锂离子电池隔膜的潜力，引起了行业内人士的关注。

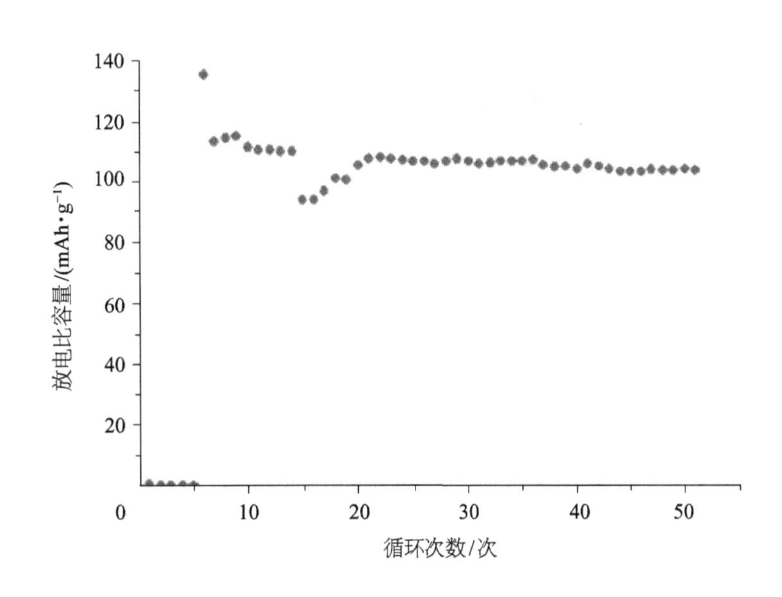

图 3-17　由熔喷非织造材料组装成的锂离子电池的循环充放电曲线

有人采用浸渍涂覆纳米 SiO_2 颗粒和 PVDF 的方法来降低熔喷非织造材料的孔径，并调控其孔隙率和吸液量等性能。涂覆前后，熔喷非织造材料的孔径变化如图 3-18 所示。为了进行对比，图中还给出了聚烯烃隔膜的孔径数据。从图中可以看出，涂覆后非织造材料的孔径明显变小，同时孔径分布更窄。

有人将熔喷非织造材料与两层PVDF微孔膜热压复合后用作锂离子电池隔膜，其复合工艺如图3-19所示。由其组装成的锂离子电池的循环充放电性能如图3-20所示，从图中可以看出，由该复合隔膜组装成的锂离子电池表现出了比商业聚烯烃隔膜更高的放电比容量。

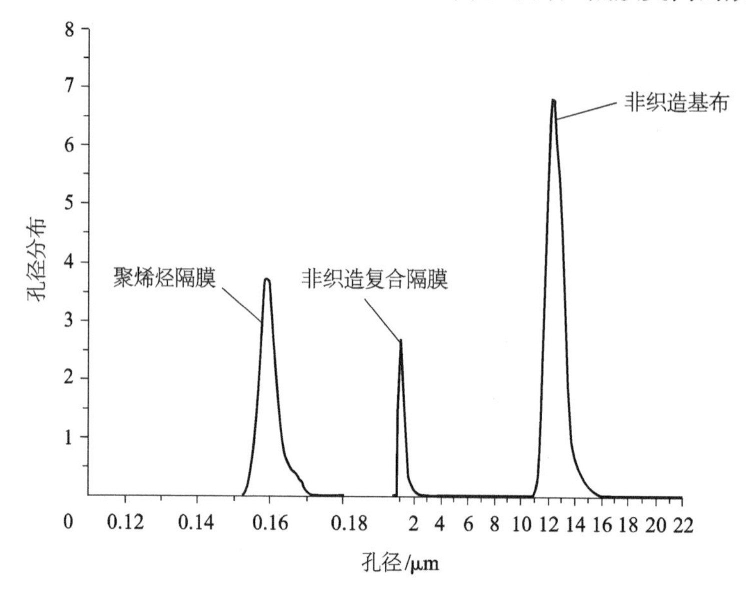

图3-18　熔喷非织造材料涂覆前后的孔径变化图

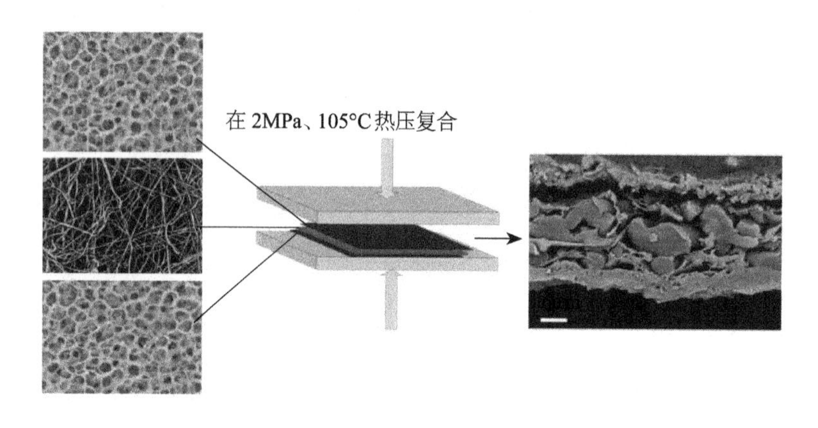

图3-19　复合工艺示意图

另外，熔喷非织造材料常被用作静电纺丝纳米纤维的接收基布。有人将PVDF静电纺纳米纤维膜复合在浸渍过PVDF的聚酯熔喷非织造材料两侧，得到一种三明治结构的PVDF/PET/PVDF复合锂离子电池隔膜。结果发现，该隔膜表现出良好的机械性能、较好的润湿性、高温尺寸稳定性以及优良的放电比容量。有人直接采用静电纺丝工艺将PVDF/SiO_2纳米纤维复合在PP熔喷非织造材料两侧。测试发现，该材料具有较高的锂离子电导率。

目前，非织造基锂离子电池隔膜尚存在内阻大、厚度偏大等问题。作为静电纺丝纳米纤

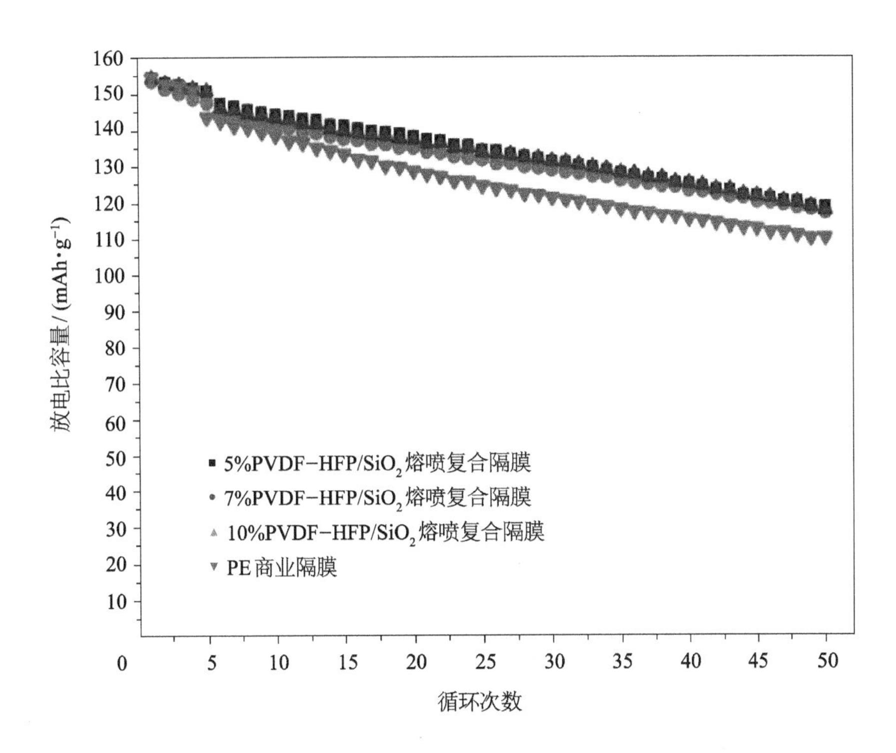

图3-20 由非织造复合隔膜组装成的锂离子电池的循环充放电性能

维的理想接受基布，随着静电纺丝工艺技术的产业化发展，熔喷非织造材料在锂离子电池隔膜领域将会有更好的产业化应用。

（3）静电纺丝纳米纤维隔膜

作为一种可采用多种高聚物制备高孔隙率纳米纤维膜的工艺技术，静电纺工艺技术在锂离子电池隔膜领域得到广泛关注。由于聚酰亚胺（PI）具有高温尺寸稳定性好等优点，许多人将其采用静电纺丝工艺技术制成纳米纤维电池隔膜。还有人采用复合静电纺工艺技术制备了具有三明治结构的PI/PVDF/PI复合隔膜，该隔膜在170℃以上具有热自闭功能，与商业PP微孔隔膜相比，此复合隔膜具有更好的循环充放电性能与倍率性能。

PAN、纤维素、PVDF-HFP以及PEI-PU等其他聚合物都被尝试制成静电纺纳米纤维膜，并研究了它们用作锂离子电池隔膜的可行性。有人采用同轴静电纺工艺技术制备了具有核壳结构的纤维素（核）/PVDF-HFP（壳）纳米纤维微孔膜，其拉伸强力较高（34.1MPa）。与商业隔膜相比，该隔膜具有更高的吸液率、锂离子电导率以及更小的界面阻抗，用该隔膜组装成的锂离子电池具有更优异的电化学性能。

然而，在纳米纤维微孔膜的力学性能、产业化生产以及成本等问题被解决之前，难以实现静电纺纳米纤维隔膜的产业化应用。

随着全球经济的不断发展，现代化工业社会中大量使用的煤炭、石油、天然气造成的二氧化碳排放量正急剧增加，温室效应造成的气候变暖等问题迫在眉睫。而使用锂离子电池等的电动车是绿色新能源，对环境污染少，是当前全球多个国家正在大力发展推广的革新技术。但新型动力电池必须满足高安全性、长使用寿命、大电池容量、绿色环保等特性。相信随着纳米纤维、相转化微孔膜以及无机颗粒涂覆工艺技术的发展，非织造材料在锂离子电池隔膜领域将会有更好的发展应用前景。

参考文献

[1] 马攀龙，张忠厚，韩琳，等.交联剂和无纺布增强聚丙烯腈凝胶聚合物电解质膜的研究[J].材料导报，2019，33（Z1）：457–461.

[2] 王洪，沙长泓，靳向煜. 亲水熔喷聚丙烯非织造镍氢电池隔膜[J]. 电池，2013，43（3）：166–169.

[3] 田玉翠，王洪，蒋超，等. 短纤维网 / 熔喷 / 短纤维网水刺复合隔膜的制备[J]. 电池，2015，45（1）：41–44.

[4] 曹识曹，王洪，靳向煜. 电池隔膜用 ES 复合纤维非织造材料的磺化改性研究[J]. 功能材料，2010 年论文集：368–370.

[5] TIAN Yucui，GAO Huipu，WANG Jincheng，et al. Preparation of hydroentangled CMC composite nonwoven fabrics as high performance separator for nickel metal hydride battery[J].Electrochimica Acta，2015(177)：321–326.

[6] 张尧，王洪，张建. 浸渍涂覆法制备熔喷非织造基隔膜[J]. 电池，2015，45（2）：78–81.

[7] WANG Hong，ZHANG Yao，GAO Huipu，et al. Composite melt-blown nonwoven fabrics with large pore size as Li-ion battery separator [J]. International Journal of Hydrogen Energy，2016（41）：324–330.

[8] WANG Hong，GAO.Huipu. A sandwich-like composite nonwoven separator for Li-ion batteries [J]. Electrochimica Acta，2016（215）：525–534.

[9] JIANG Linqi，ZHANG Xiongfei，CHEN Yangjie，et al. Modified polypropylene/cotton fiber composite nonwoven as lithium-ion battery separator [J]. Materials Chemistry and Physics，2018（219）：368–375.

[10] ZHANG Jingxi，ZHU Changqing，XU Jing et al. Enhanced mechanical behavior and electrochemical performance of composite separator by constructing crosslinked polymer electrolyte networks on polyphenylene sulfide nonwoven surface [J]. Journal of Membrane Science，2020（597）：117622–117628.

[11] 陈理，黄伟国，吴春江，等. 玻璃纤维隔板对 V R LA 电池的影响[J]. 电池，2019，49（6）：508–510.

[12] 秦颖，徐康丽，邓霁霞，等. 锂离子电池隔膜的研究进展[J]. 产业用纺织品，2019，37（4）：1–6.

[13] 封志芳，肖勇，温旭明，等. 锂离子电池隔膜技术研究进展[J]. 江西化工，2019（1）：10–15.

[14] 夏妍，金源，郭永斌，等. 锂硫电池用聚偏氟乙烯—六氟丙烯 / 聚碳酸丙烯酯基复合凝胶聚合物电解质[J]. 电池工业，2019，23（3）：119–125.

[15] 陈汉武，谢远锋. 铅酸蓄电池发展综述[J]. 中小企业管理与科技，2019（11）：138–139.

[16] WANG Meina，CHEN Xin，WANG Hong，et al. Improved performances of lithium-ion batteries with a separator based on inorganic fibers [J]. Journal of Materials Chemistry A，2017（5）：311–318.

[17] YEON D，LEE Y，RYOU M H，et al. New flame-retardant composite separators based on metal hydroxides for

lithium–ion batteries [J]. Electrochimica Acta, 2015 (157): 282–289.

[18] XU W, WANG Z, SHI L, et al. Layer–by–layer deposition of organic–inorganic hybrid multilayer on microporous polyethylene separator to enhance the electrochemical performance of lithium–ion battery [J]. ACS Applied Materials & Interfaces, 2015, 7 (37): 20678–20686.

[19] AGUBRA V A, GARZA D L, GALLEGOS L, et al. Force spinning of polyacrylonitrile for mass production of lithium–ion battery separators [J]. JAPS, 2015, 133 (1): 42847–42854.

[20] ZHAI Yunyun, XIAO Ke, YU Jianyong, et al. Fabrication of hierarchical structured SiO2/polyetherimide–polyurethane nano & fibrous separators with high performance for lithium ion batteries [J]. Electrochimica Acta, 2015 (154): 219–226.

[21] LIANG Xingxing, YANG Ying, JIN Xin, et al. The high performances of SiO_2/Al_2O_3–coated electrospun polyimide fibrous separator for lithium–ion battery [J]. Journal of Membrane Science, 2015 (493): 1–7.

[22] WU D, HUANG S, XU Z, et al. Polyethylene terephthalate/poly (vinylidene fluoride) composite separator for Li–ion battery [J]. Journal of Physics D Applied Physics, 2015, 48 (28).

[23] SHI C, ZHANG P, HUANG S, et al. Functional separator consisted of polyimide nonwoven fabrics and polyethylene coating layer for lithium–ion batteries [J]. Journal of Power Sources, 2015 (298): 158–165.

第4章　医疗卫生用非织造材料

4.1　前言

4.1.1　概述

非织造材料具有孔径和孔隙率可调、原料品种多、可进行多种功能后整理、容易与塑料薄膜复合等许多优点。非织造材料加工工艺较简单、成本低，适合生产医疗卫生用品等一次性“用即弃”产品。随着市场的不断升级及人们对美好生活品质的不断追求，非织造材料新工艺和新产品不断涌现，进一步促进了其在医疗卫生等领域的广泛应用。医疗卫生用纺织品是产业用纺织品占比最大的应用领域，中国是全球医疗卫生用品的主要贸易国，每年出口的一次性手术服等医用制品、卫生巾、纸尿裤等产品大约30亿美元。中国医疗用非织造材料的市场渗透率为10%，增长率为15%，而该产品在北美的市场渗透率已高达90%，增长率仅为2%。如果按照美国市场渗透率计算，中国医疗卫生用品市场的增长潜力巨大。医疗卫生用纺织品是目前产业用纺织品行业的重点投资方向之一，许多国际著名非织造企业和科研院所都在聚焦研究开发对人体更加友好的中高端医疗卫生用纺织材料。

4.1.2　医疗卫生用非织造材料的分类

医疗卫生用非织造材料包括医用和卫生用两大类，而医用非织造材料又可以分为两大类：一类与皮肤伤口直接接触，如伤口敷料、纱布、绷带等，主要起到覆盖保护伤口、防止伤口感染、促进伤口愈合的作用，同时还可以吸收血液，避免其渗出，该类非织造材料通常具有无菌无毒，不与伤口粘连，良好的血液吸收性，可药物处理，舒适性以及促进伤口愈合等性能；另一类是具有防水、透气、柔软、舒适、隔菌、过滤等性能的防护和过滤类材料，主要用于保护医生和患者的安全，保持环境清洁及控制感染等，主要产品包括手术帽、口罩、手术洞巾、手术巾、手术衣、病床床单、枕头、病服、防护服、遮蔽帷帘以及医用过滤布等。医用领域可以充分发挥非织造材料成本低、抗菌性好、手术感染率低、消毒灭菌方便、舒适卫生、易于与其他材料复合等特点，本章将分别以医用敷料和阻隔防护非织造材料为例，对两种医用非织造材料进行介绍。医用口罩也是重要的医用非织造材料，具体内容请见第二章相关部分。

卫生用非织造材料主要包括婴儿纸尿裤、妇女卫生巾、成人失禁纸尿裤、擦拭材料等。卫生巾被誉为“20世纪影响人类十大发明”之一，早已成为女性生活中不可缺少的“伴侣”。

本章将以婴儿纸尿裤和擦拭用非织造材料为例，对卫生用非织造材料进行介绍。

4.1.3 常见医疗卫生用非织造材料

在医疗卫生领域，应用最广泛的是纺粘/熔喷/纺粘复合非织造材料、水刺非织造材料和热风非织造材料。

（1）纺粘/熔喷/纺粘（SMS）复合非织造材料

SMS复合非织造材料既具有纺粘非织造材料长丝所赋予的强力，同时具有熔喷非织造材料的阻隔性，特别适合用作医疗卫生防护材料。

（2）热风非织造材料

热风非织造材料蓬松性好、手感柔软、舒适性好，近几年来广泛用作婴儿纸尿裤的面层和导流层等。

（3）水刺非织造材料

水刺非织造材料的生产过程不污染环境，产品具有洁净卫生、手感柔软、悬垂性好、吸水性好、强度高、不易落绒等优点，特别适合用于医疗、卫生、生活、保健等诸多领域，是纱布、绷带、棉球、干湿面巾、美容面膜、居家清洁用品等产品的优选材料。

4.1.4 医疗卫生用非织造材料的性能评价指标

像医用防护服和手术单等医疗卫生用非织造材料，有类似于YY/T 0506.2—2016《病人、医护人员和器用手术单、手术衣和洁净服 第2部分：性能要求和验方法》、GB 19082—2009《医用一次性防护服技术要求》等产品标准，规定了具体的性能指标值和测试方法。医疗卫生用非织造材料的阻隔防护、透湿、透气、柔软舒适等主要性能，都有专门的测试方法，如GB/T 18318.1—2009《纺织品 弯曲性能的测定 第1部分：斜面法》、GB/T 12704.2—2009《织物透湿性试验方法 蒸发法》、GB/T 24218.8—2010《纺织品 非织造布试验方法 第8部分 液体穿透时间的测定（模拟尿液）》、GB/T 24218.14—2010《纺织品 非织造布试验方法 第14部分：包覆材料返湿量的测定》、GB/T 4744—2013《纺织品 防水性能的检测和评价 静水压法》等，在进行产品研发和生产推广应用时，都需要针对具体的应用领域进行产品的性能指标检测。

4.2 敷料

4.2.1 概述

皮肤是覆盖于人体面积最大的器官，同外界直接相接触，对人体正常生理活动起到不可替代的作用，其结构如图4-1所示（彩图见插页）。日常生活中，皮肤如果受到热、机械、化学、电、辐射等外界因素创伤，就会形成各种类型的伤口。根据伤口愈合过程中渗液的多少，可以将伤口分为三类：① 潮湿型伤口，此类伤口产生的渗出液较多，多为急性的划伤、刺伤等形成的血液渗出液伤口，或因护理不当而感染产生的腐烂、流脓性渗出液伤口；② 微湿型伤口，此类伤口产生的渗出液较少，多为断断续续出血或流脓的伤口，常处于伤口愈合的中期；③ 干爽型伤口，此类伤口无渗出液，多为伤口表面覆盖一层伤痂或伤口长出新肉芽细胞、上皮组织已生长，接近伤口愈合的最后阶段。

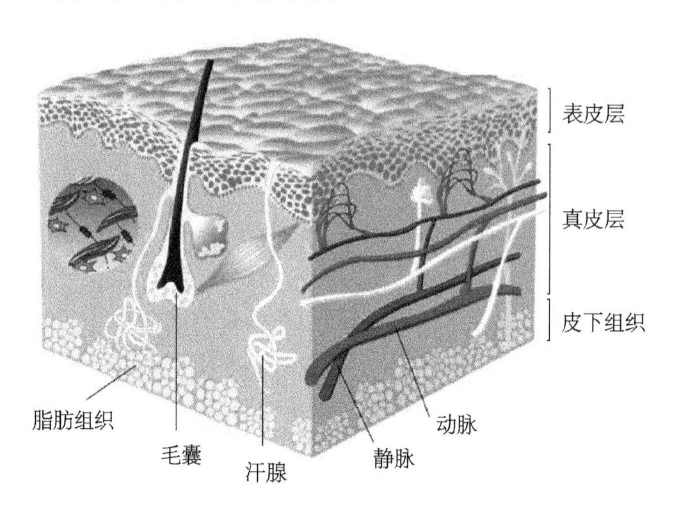

图4-1　皮肤结构示意图

敷料护理是一种有效的伤口护理手段，它直接与皮肤接触，可以替代受损皮肤起到暂时性屏障作用，抵御细菌及外界微生物的入侵，防止皮肤的二度感染和液体流失，并维持伤口的温湿度，提供有利于创面愈合的微环境。另外，功能性敷料不仅能覆盖伤口，还能主动清创，创造利于伤口愈合的良好环境，促进创面愈合。常见敷料如图4-2和图4-3所示（彩图见插页）。

据不完全统计，全世界范围内，每年有近370亿人次不同类型的伤口产生。由于医疗改革的推动与世界人口老龄化的加剧，医用敷料行业也迎来更高速的发展，医用敷料使用量以

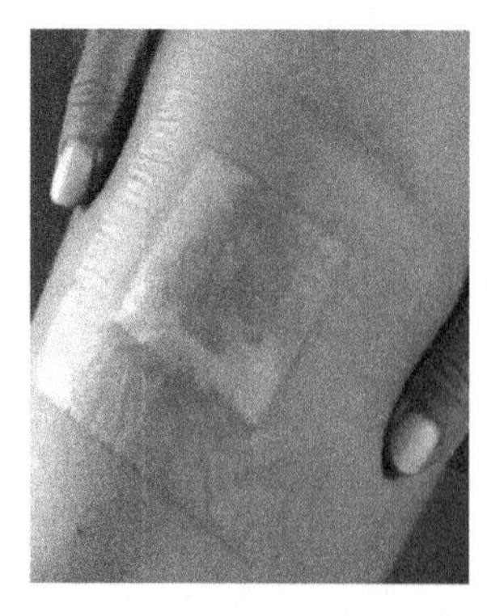

图4-2　透明伤口敷料

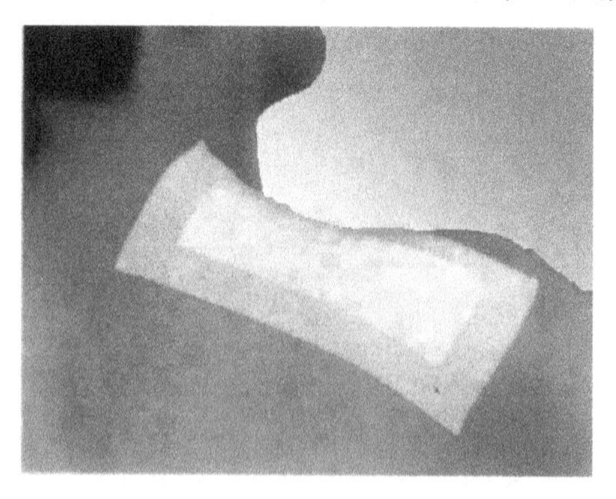

图4-3　伤口敷料

每年大概10%的速度增长。人口老龄化带来的褥疮、糖尿病溃疡等常见的疾病问题，对人们生活的影响越来越大，全球压疮患者每年以8%的速度增长，此类皮肤溃疡性伤口的医疗保健护理需要大量吸湿性创面用敷料。从20世纪60年代起，全球皮肤癌患者人数每年递增5%以上。在成年人当中，黑色素瘤患病率在增长。同时，由于人们的饮食精细化、工作压力大以及体育活动减少等引发的高血压、高血脂、高血糖类疾病的人数也随之增多，这都为创面敷料等医用非织造材料提供了巨大的市场发展空间。

4.2.2 基于“伤口湿性愈合理论”的新型敷料特性

20世纪60年代以前，人们普遍认为伤口保持在干燥暴露的环境中有利于愈合，敷料能够吸收、排除伤口渗出液和隔离伤口，使创面干燥，防止创面渗液积聚，采用的是纱布、棉垫、羊毛、松脂等敷料。但该类敷料易给伤口造成更加干燥的环境，并产生诸如渗出液易与干燥真皮组织形成痂皮阻碍上皮化进程、新生肉芽易与纱布粘连造成二次伤害等不良反应。

1962年，英国人Winter提出了“湿润环境愈合理论”，发现湿润环境能够促使细胞从正常皮肤向创面皮肤转移，从而加快伤口愈合。同时还可以缓解伤口与敷料粘连问题，有效解决了患者在换药时的痛苦。之后，“伤口湿性愈合理论”逐渐被人们所接受，成为各类新型敷料设计研发的理论基础。

伤口类型不同，其护理要求也不同，具体来说伤口类型有：① 对潮湿型伤口，敷料需要具有良好的清创能力，能快速从伤口区域吸收大量渗液，保证伤口不被浸泡在渗液中，伤口区无积液，使之维持在适宜的微环境湿度下，从而避免伤口因过度潮湿而引发溃烂、感染及发臭等恶化现象；② 对微湿性伤口，敷料首先需要在伤口产生渗液时迅速吸走渗液，防止渗液积聚，然后提供一个适合伤口愈合的微环境；③ 对干爽型伤口，敷料需提供一定的湿度，以促进上皮细胞的增殖化，防止湿气散失过快导致伤口区域过干而产生干性疼痛。

从不同类型伤口的护理要求可以看出，透湿量是敷料的重要性能指标，其要求如下：① 透湿量不宜过大，过大易引起水汽散失过快而造成伤口干燥，伤口愈合能力变差，且易粘连敷料；② 透湿量不宜过小，过小使湿气无法及时排出，从而造成气态物质在敷料近皮肤区凝结，增大伤口区域积液量，造成伤口恶化。

据研究报道，理想的伤口敷料水分蒸发速率是1400g/（m^2·24h），不黏附血块和粗糙表面，不具有毛细效应，能够吸收渗出血液或者体液，对伤口形成物理保护。应根据实际伤口特点，设计敷料的结构使其具有适宜的透湿量，构建适合于伤口愈合的润湿微环境。

目前，医用敷料主要有机织敷料、针织敷料、非织造敷料和复合敷料等，其中非织造敷料克服了机织和针织敷料在吸湿性、扩散性、透湿性等方面的缺陷，有望成为新型敷料。根据其结构组成，新型敷料可按照图4-4进行分类。

图4-4中的海藻酸纤维和织物敷料、羧甲基纤维素钠纤维和敷料，可以采用非织造成型工艺技术，将纤维成网后针刺或者水刺加固而成，后续将有应用案例介绍。

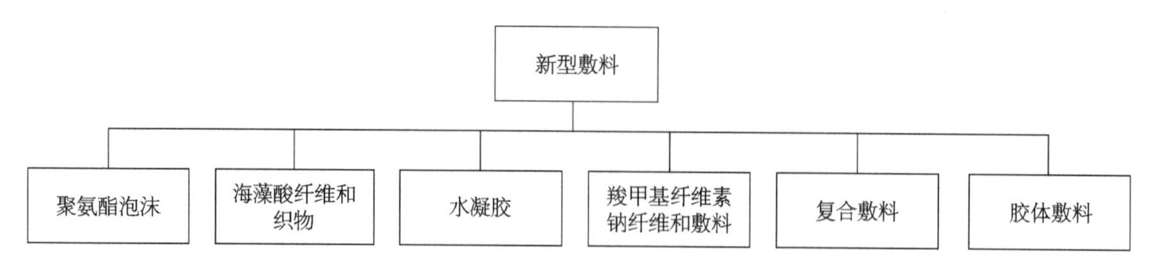

图4-4 新型敷料分类图

伤口创面的微环境物质包括液态的血液、脓状物质，气态的汗液蒸发湿气和伤口液状物质蒸发的湿气，以及氧气和二氧化碳等物质。这三类物质均与敷料直接作用，敷料的保液性和水汽透过性直接影响伤口所处的微环境，进而影响伤口愈合的效果。

对于非织造敷料来说，其保液性和水汽透过性由纤维自身的亲水性和非织造材料的结构所决定。另外，通过非织造材料的结构设计，还可以实现液体的非对称传输。据报道，现代医学希望敷料具有良好的液体非对称传输能力，也就是液体在敷料上下两侧的传导能力具有较大的差异性，可以使伤口微环境具有适当的湿度，还能将多余的体液排出，形成最佳的伤口愈合环境。

4.2.3 新型敷料

湿性愈合效果较好的海藻酸盐、壳聚糖和胶原蛋白等生物质材料凭借良好的生物相容性、吸湿保湿性、可降解性、光谱抗菌性等功能，越来越多地应用于伤口敷料。

4.2.3.1 海藻酸钙非织造敷料

1981年，英国Maersk Medical公司推出了一种称为Sorban型敷料，实际上是一种海藻酸盐纤维网叠加堆砌而成的非织造材料结构，具有高吸收性和生物降解性，对皮肤溃烂型伤口有明显疗效。英国Courtaulds公司将海藻酸盐纤维应用于渗出液和脓血较多的创面敷料上，发现海藻酸盐纤维接触到血液后，纤维中的Ca^{2+}能与人体体液中的Na^{+}进行离子交换，使海藻酸钙转化为可溶于水的海藻酸钠，从而使敷料的吸湿保湿性显著提升。敷料与伤口接触后，伤口渗出的脓液能迅速进入纤维内部，使敷料成为凝胶态，从而减轻敷料从伤口去除时与皮肤的粘连，减少患者痛苦。用作伤口填充物时，则需将该非织造材料进一步加工成毛条填充敷料，可以用于褥疮和腿部溃疡等类型的伤口护理。

目前，海藻酸钙纤维由于具有高吸湿成胶性、整体易去除性、高透氧性以及良好的生物相容性和生物降解性等，被广泛应用于敷料。通过针刺或水刺非织造加固方法，将海藻酸钙纤维加工成非织造材料，就可以用作医用敷料。与伤口渗出液接触时，海藻酸钙纤维非织造材料会变成柔软的凝胶体。因此，与传统医用敷料相比，海藻酸钙凝胶体敷料可以使伤口创面保持在一个温润的愈合环境中，促进细胞的迁移和繁殖，加速伤口愈合。而且，它能够防止新生的肉芽组织与敷料的粘连，很容易从伤口去除，防止去除时造成的“二次损伤”。目前该敷料在世界各地得到了广泛应用。

据了解，我国青岛明月海藻集团自主研发的“洁灵丝”海藻酸盐纤维和“艾吉康”海藻酸盐创可贴及医用敷料系列产品具有很高的吸湿性，与伤口渗出液接触后形成柔软的凝胶，能为伤口提供理想的湿润环境。临床研究证明，海藻酸盐敷料对褥疮、糖尿病足溃疡伤口、下肢静脉/动脉溃疡伤口、烧伤科烧伤供皮区创面及难愈性烧伤创面、肛肠科肛瘘术后创面渗血、渗液等皆有良好的疗效。

但是，海藻酸钙纤维非织造材料必须在含有Na^+的水溶液中才能形成凝胶体，这一特征限制了其在敷料领域的广泛应用。有人通过采用HCl水溶液和NaOH乙醇溶液对海藻酸钙纤维针刺非织造材料进行水凝胶化改性，制备出了遇水即可形成凝胶的海藻酸钙纤维非织造材料。

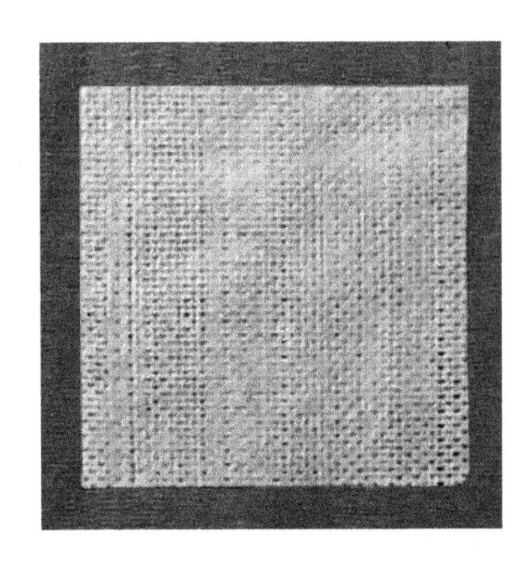

图4–5　海藻酸钙纤维非织造材料伤口敷料

另外，海藻酸纤维价格昂贵，通常不单独用来生产医用敷料。通过气流成网或者机械梳理成网的方法，将海藻酸纤维与其他纤维共混成网，再经水刺或者针刺非织造加固成形，成为海藻酸复合医用敷料，既可降低生产成本，还可以充分发挥海藻酸的优异性能。例如，有人将海藻酸钙纤维与黏胶纤维和涤纶共混后针刺和水刺加固成形，研究了纤维比例和纤网结构对材料的液体吸收性、扩散性和透气性的影响，结果发现，随着海藻酸钙纤维含量的增加，复合材料的吸液量、透湿量和透气性有所提高，防止液体扩散的性能也有所提高。海藻酸钙纤维水刺非织造材料伤口敷料如图4–5所示。

4.2.3.2　敷料用壳聚糖纤维非织造材料

近年来，壳聚糖凭借良好的生物相容性、吸湿保湿性、广谱抗菌性以及抗肿瘤、镇痛止血、抑制结疤等功能被广泛应用于伤口敷料的制备与研究。壳聚糖是至今发现的唯一天然碱性多糖，具有止血、防腐和促进伤口愈合等功能。它能够与带负电的红细胞和血小板细胞膜之间发生静电吸附作用，从而起到止血功能。

为了进一步提高壳聚糖的水溶性和抗菌性能，以达到更好的临床使用效果，许多学者采用羧甲基化、季铵化、琥珀酰胺化等方法对其进行接枝改性。在非织造成形方法方面，由水刺非织造加固方法制得的医用敷料既具有壳聚糖本身的优异性能，又具有柔软舒适、吸湿透气、与创面贴合性好等优点。

壳聚糖纤维经过羧甲基化改性后力学性能下降明显，并且纤维间容易黏结成块，无法采用非织造成网工艺得到均匀的产品。有人将壳聚糖纤维与ES纤维共混后水刺加固成形，再经羧甲基化改性处理。结果发现，ES纤维不会被改性试剂所腐蚀，保证了整个纤网在羧甲基化反应过程中的结构稳定性。同时，ES纤维还可以在后续烘燥过程中在纤维间形成熔融黏合点，赋予复合材料结构和尺寸稳定性。并且，该复合敷料与去离子水接触后，其中的壳聚糖纤维具有独特的成胶性能，使材料迅速形成以ES纤维为三维骨架的复合水凝胶体系，液体吸收能力得到了极大提升。

有人研究了壳聚糖纤维、涤纶和黏胶纤维三种纤维在水刺工艺下的形态分布，制备了14种不同纤维配比的复合功能医用敷料。结果发现，壳聚糖纤维的含量对复合型功能敷料的吸液性、透湿性和透气性具有较大影响。另外，纤维网的铺网角度对复合敷料的吸液性和透湿性也有一定影响。

4.3 阻隔防护非织造材料

4.3.1 概述

医用防护服的使用已经有100多年的历史，最早的防护服是为了防止将微生物带入无菌手术室，使病人和医护人员免受感染。随着新型冠状病毒、SARS、禽流感等新型病毒的出现以及艾滋病毒的肆虐等，医护人员和患者的防护已成为当前迫切需要解决的公共卫生问题。通过各类病原体引发的新型冠状病毒、SARS、禽流感等传染疾病的传播速度非常快，一旦发病，很难控制疫情。新型冠状病毒疫情的爆发，让国家意识到防护阻隔材料的重要性。国家将医用防护口罩和防护服作为重点医疗应急防控物资，由国务院应对新型冠状病毒感染肺炎疫情联防联控机制物资保障组实施统一管理、统一调拨。图4-6（彩图见插页）所示为抗击新型冠状病毒肺炎疫情防护现场。纺织行业作为国民经济的重要支柱产业，经过长时间的技术革新及产业转型，尤其是随着非织造技术的迅速发展，产业用纺织品的应用领域不断扩展，在抗击新型冠状病毒肺炎疫情攻坚战中发挥了重要作用。

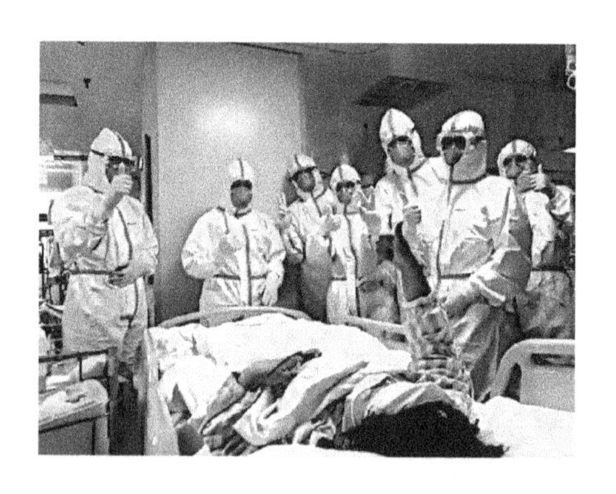

图4-6 抗击新冠肺炎疫情防护现场

到医院就医时，随处可见的各种非织造防护阻隔材料能起到防止细菌、病毒对医生和患者交叉感染的防护作用，保护了医护人员和患者的人身安全。

4.3.2 阻隔防护非织造材料的分类

阻隔防护非织造材料包括医用阻隔防护非织造材料和其他行业个体防护非织造材料。在工业消防和危化品救援等紧急救援情况下，消防、警察、特警、抢险救援人员需要穿着防护服进入现场。在特殊化学品生产、工业园区管理和生物化学实验操作时，现场工作人员也需要穿着防护服，以给暴露在恶劣和危险环境中的工人和专业人士提供健康和生命防护，这些防护服称为特殊作业防护服。这些环境下穿着的防护服，既要求具有防护性，还要求质轻、舒适且不影响工作。像消防、特警、抢险救援等可重复使用型防护服多以机织面料为主，本章不做介绍。另外，在化学生物实验室、牧场、屠宰场、地震灾区等具有潜在致病菌威胁的场所，专业操作人员往往也需要穿戴防护装备，保护使用者免受有害物质侵害。本章着重介绍医用阻隔防护非织造材料。

医护人员要直接或间接接触诸多传染病患者，如非典、艾滋病、禽流感和耐药结核病等，要安全有效地完成防护工作，就必须穿戴防护装备。目前，常用防护装备主要包括医用口罩、呼吸器、手套、手术衣、鞋套、防护服和护目镜等。医院和其他体检医疗场所使用的用于覆盖患者或者工作区域的阻隔防护材料，医用阻隔防护材料还包括手术洞巾、手术巾、手术包、病床床单、枕头、隔离衣、遮蔽帷帘、揩拭布以及医用过滤布等，可起到保护医生和患者的安全，保持环境清洁及控制感染等作用。

非织造材料具有成本低、抗菌性好、手术感染率低、消毒灭菌方便、舒适卫生、易于与其他材料复合等优点，通过功能整理、与其他材料复合后，可以更好地发挥其防水、透气、柔软、舒适、隔菌、过滤等性能，是重要的阻隔防护材料。图4-7（彩图见插页）是微孔膜/纺粘非织造复合材料阻隔防护机理示意图。

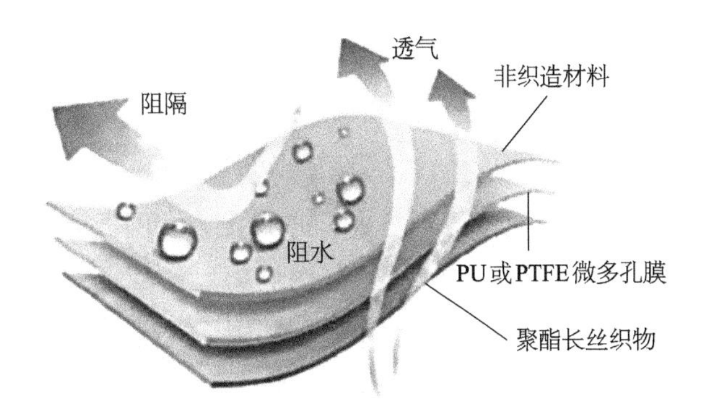

图4-7　微孔膜/非织造复合材料阻隔防护机理示意图

一般病毒大小为0.08μm，细菌为0.8μm，尘螨为2μm，常见过敏源为4～6μm，而水滴的大小为1mm。因此，中间层微孔膜的孔径小于0.02μm时，就具有拒水、阻隔细菌、病毒等功能。

下面以手术衣、防护服、手术铺单和手术洞巾等产品为例，分别介绍阻隔防护非织造材料的特性。

4.3.2.1　手术衣

手术衣是一种常用的医疗防护产品，如图4-8所示。手术衣在手术中起到双向防护的作用，医用手术衣常用的材料主要有聚丙烯SMS非织造材料和少量的木浆水刺复合非织造材料等。为保证手术衣的防护性能，需要通过后整理赋予

图4-8　手术衣

其“三拒一抗”（拒酒精、拒血液、拒体液和抗静电）功能。对于SMS非织造材料来说，其表层（纺粘层）决定了阻隔和耐磨性等，芯层（熔喷层）则决定了材料的屏蔽和阻隔性能，内层则赋予手术衣较好的穿着舒适性。

根据现行标准YY/T 0506.2—2016《病人、医护人员和器用手术单、手术衣和洁净服 第2部分：性能要求和验方法》，外科手术衣必须像屏障一样阻止液体、微生物及颗粒物的渗透与传播，将感染概率降到最低。因此，要求手术衣应具有良好的阻隔性，并且自身质量稳定。传统棉织物手术衣在使用过程中会受到摩擦，使表面毛羽脱落形成落絮，增大空气中的颗粒物浓度，从而增大感染概率。而非织造材料手术衣具有过滤性能优异、柔软光滑的特点，其表层材料所采用的纺粘非织造材料是长丝纤维，一般的摩擦不会使纤维脱落，所产生的尘埃颗粒数极少，能够有效防止医患交叉感染，并避免手术过程中造成切口感染。

4.3.2.2 防护服

医用防护服的作用是形成细菌阻隔层，防止细菌及病毒的入侵，减少交叉感染，使医护人员在工作过程中免受病菌和病毒的侵害。医用防护服按可使用次数分为用即弃型（一次性使用）、限次型和可重复使用型。按面料的组织结构可分为机织面料、非织造材料和复合材料等，目前使用的基本都是非织造及其复合材料。防护服由连帽上衣、裤子组成，可分为连身式结构和分身式结构，如图4-9所示。

图4-9 连身式和分身式防护服

生产医用防护服主要是利用平缝机、包缝机和压胶机等机器，将符合防护要求的非织造材料经过裁剪、缝合、上松紧、黏合压胶条等工艺，并经过消毒处理，成为各种规格的医用防护服，如图4-10所示（彩图见插页）。

图4-10 医用防护服

新型冠状病毒肺炎疫情突发，为了抗击疫情，纺织行业紧急调度转产，涌现出了许多防护服品牌。新闻报道中的医用防护服主要有：杜邦Tyvek®医用一次性防护服、3M®4565医用防护服、雷克兰®AMN428ETS医用防护服、MICROGARD®2000标准防护服、稳健®医用一次性防护服、飘安®医用一次性防护服、利郎®医用一次性防护服和红豆®医用一次性防护服。

据公开资料介绍，多次性生物防护服的防护性可以达到：非油性颗粒物过滤效率达到99.8%，抗合成血液穿透达到6级，有效阻隔病人血液、体液、细菌、病毒等有害物；抗渗水性大于1.67kPa；沾水等级3级，材料表层不沾水，防水透湿，在保证防护性能的前提下，人体汗湿可以持续通过材料排出体外；面料强度高，穿着后进行高强度作业不撕破；连体带帽式设计可提高防护等级；袖口、裤口双层设计，能有效配合其他防护产品使用；可重复洗消，使用20次以后，产品整体性能满足国家标准。

GB 19082—2009《医用一次性防护服技术要求》对防护服的各项性能指标有具体要求，对液体阻隔等防护性能做出了强制性要求。防护服不仅要排湿透气、穿着自如，还要让医护人员免受诊疗过程中病毒、细菌等各种污染物的感染，阻挡水液、酒精、油渍侵入，而且要有效抗静电（即俗称的“三拒一抗”），甚至防止灰尘进入。防护服的关键部位（左右前襟、左右臂及背部位置）具有抗渗水性，可耐静水压不低于1.67kPa；抗合成血液穿透性不低于2级，即合成血液以1.75kPa的压强作用于防护服上，5min后不得穿透；同时，防护服外侧面沾水等级不低于3级。此外，还要防止微颗粒物穿透，关键部位及接缝处对非油性颗粒物的过滤效率不低于70%。在服用性方面，防护服要有足够的强度和尺寸稳定性，进行拉伸试验时，断裂强力不低于45N，断裂伸长率不低于30%。在穿着舒适性方面，防护服材料具有透湿量要求。在安全卫生性方面，则要求自身无毒，无皮肤刺激性，抗霉菌滋生。

市面上常用的医用防护服主要采用PE/PP双组分纺粘非织造材料与透气微孔薄膜或熔喷非织造材料等复合防护材料、聚丙烯SMS复合非织造材料、水刺非织造材料/透气膜复合材料等。

4.3.2.3　手术铺单、手术洞巾等医用防护品

外科手术过程中，患者的体液（如血液、尿液、唾液等）可能含有病菌，尤其是可经血液、唾液等体液传播的病毒。手术铺单、手术洞巾和医护人员穿着的手术衣等能有效阻挡病人体液的外漏，以保护医护人员和患者免受感染。手术洞巾就是专门用于给患者特定部位做手术的手术单，在该手术单上带有为特定手术位置而开设的孔洞，外科医生可以在这个预设好的孔洞部位进行手术。手术铺单和手术洞巾如图4-11和图4-12所示（彩图见插页）。

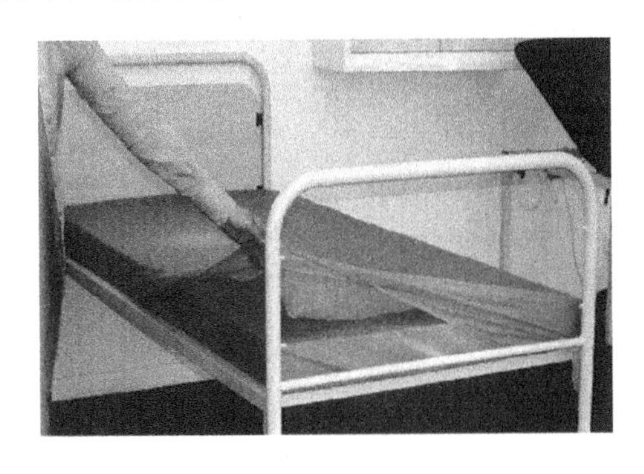

图4-11　手术铺单

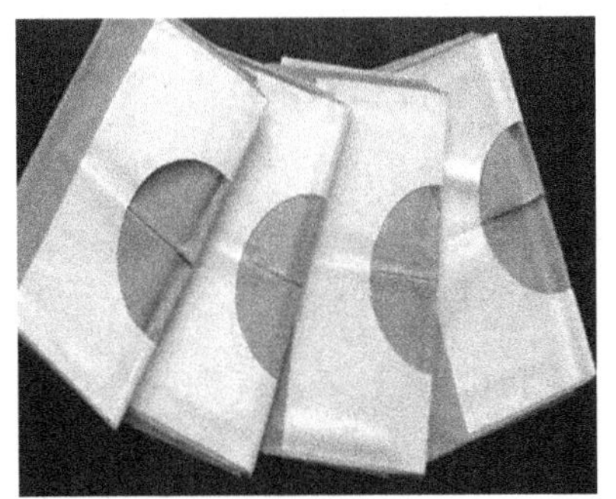

图4-12　手术洞巾

4.3.3　阻隔防护非织造材料的成形工艺技术

传统纺织材料由经纬纱织造而成，相对来说纱线较粗，导致产品的阻隔性能不佳。棉织

物表面脱落的绒毛漂浮到空气中，还会成为细菌粒子的传播载体。为了将棉织物重复使用，对其进行高温灭菌消毒的费用相对较高。此外，随着生活水平的提高，人们对这种重复使用的产品在心理上会产生一定的抵触情绪，对高温灭菌消毒的效果存在疑惑。因此，传统的棉纺织面料阻隔防护材料逐渐被一次性的非织造阻隔防护材料替代。

非织造材料被广泛用作阻隔防护材料，目前国内市场上销售的主要有纺粘非织造材料、杜邦Tyvek特卫强非织造材料、涤纶与木浆复合水刺非织造材料、聚丙烯SMS（或SMMS）复合非织造材料、非织造材料/聚乙烯透气膜复合材料、覆膜（淋膜）防护材料等。

4.3.3.1 纺粘非织造材料

纺粘非织造材料经抗菌、抗静电等处理后，具有抗菌、抗静电等性能。聚丙烯纺粘非织造材料价格较低，适合一次性使用，可以大大减少交叉感染率，一经推出即受到了市场欢迎。但是，纺粘非织造材料的抗静水压比较低，对病毒和细颗粒物的阻隔效率也比较差，只能用作无菌外科手术服、消毒包布等普通医用防护用品。近几年来，PE/PP双组分纺粘非织造材料因手感柔软、穿着舒适性好等优点，在许多高档阻隔防护材料领域替代了传统聚丙烯纺粘非织造材料。

4.3.3.2 杜邦Tyvek特卫强非织造材料

由杜邦公司开发的商标为Tyvek的闪蒸纺非织造材料，采用闪蒸法成形工艺技术制备而成，是一种聚乙烯长丝热轧非织造材料。其纤维最细可达0.5μm，材料的单位面积质量为41～73g /m²，对2μm细颗粒物的过滤率为100%，1μm细颗粒物的过滤率为99%。同时，Tyvek具有优异的抗撕裂强度和良好的透气性能，能有效防止灰尘、花粉和细菌等粒子，是高档医用防护材料。

4.3.3.3 涤纶与木浆复合水刺非织造材料

涤纶与木浆复合水刺非织造材料手感柔软，接近传统的纺织品，而且可以经“三拒一抗”和抗菌等后整理，可以用γ射线进行消毒处理，是一种比较好的阻隔防护材料。但其抗静水压较低，对病毒和细颗粒物的阻隔效率也比较差，因此一般需要与微孔膜复合制成阻隔防护材料。

4.3.3.4 聚丙烯SMS（或SMMS）复合非织造材料

熔喷非织造材料的特点是纤维直径小、比表面积大、蓬松、柔软、过滤效率高、抗静水压能力强，同时，其对病毒、细菌和PM2.5的阻隔效果是其他非织造材料所无法比拟的。但熔喷非织造材料的强力低、耐磨性差，在相当程度上限制了其应用发展。而纺粘非织造材料的纤维较粗，纤网又是由连续长丝组成，其断裂强力和伸长比熔喷非织造材料大得多，恰恰可以弥补熔喷非织造材料的不足。将纺粘（S）和熔喷（M）非织造材料在线（少数离线）复合为SMS（或SMMS）复合非织造材料，可以取长补短、优势互补。SMS复合非织造材料既有纺粘层固有的高强耐磨性，又有中间熔喷层较高的过滤效率、阻隔性能、抗静水压、屏蔽性以及外观均匀性。另外，还可以对其进行“三拒一抗”和抗菌等功能后整理，在阻隔防护领域广泛应用。

4.3.3.5　覆膜（淋膜）防护材料

将PE、EVA、PTFE等材质的微孔膜与非织造材料复合，可以在发挥微孔膜阻隔防护功能的同时，充分利用非织造材料的柔软舒适等性能。根据防护等级的不同要求，所用非织造材料与微孔膜也有不同。其中，PE微孔膜比较容易与非织造材料复合，应用最广。常见微孔膜复合非织造材料产品如图4–13所示（彩图见插页）。

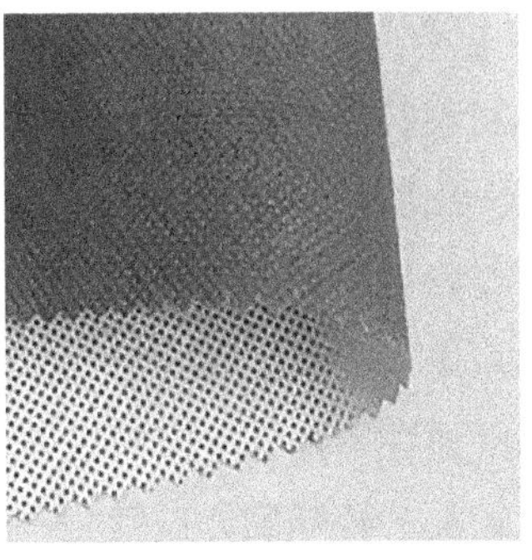

图4–13　微孔膜复合非织造材料

非织造材料/PE微孔膜复合材料对于阻隔细菌穿透和液体渗透有优良的效果，且手感可通过改变复合面料的柔软度来调整，其抗拉强力高、透气性好、舒适性大大提高，且能经受消毒处理，有良好的性价比。比如将水刺非织造材料与PE微孔膜复合后，产品具有良好的吸湿、阻隔、防渗等性能，可以用作医用垫巾、洞巾、手术衣、医用床单、检查单等。PTFE微孔膜在空气和烟尘过滤领域广泛应用，具有阻隔性能好、拒水等优点，是近几年阻隔防护领域较受青睐的微孔膜。

4.3.4　新型非织造阻隔防护材料

随着社会发展和医疗水平的提高，人们对医疗防护品的防护性能、力学强度、阻隔微生物渗透性以及舒适性等方面的要求越来越高。有些防护用品的舒适性较差，长时间穿着会汗流浃背。如果再佩戴口罩和护目镜，头晕憋闷在所难免，一天工作下来，内衣和外衣经常全部湿透。这一问题，还有待纺织人继续进行技术革新，实现防护服的升级换代。图4–14（彩图见插页）所示为医护人员长时间穿戴防护用品的照片。

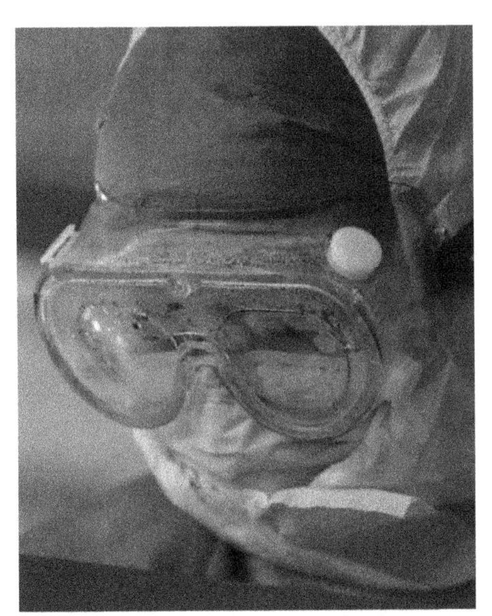

图4–14　穿戴防护用品的医护人员

防护用品的舒适性与所用材料的单位面积质量、厚度、透气透湿性、悬垂性、贴肤性等有关，但其中最重要的是材料的透气透湿性能。湿热如果不能及时排除，医护人员和患者长时间穿戴防护用品会感到烦躁，从而影响身体健康和工作效率。但是，透气透湿性能往往与防护性能是矛盾对立的。例如，采用覆膜材料虽然可以达到较好的防护效果，但是透湿透气性会明显下降，穿戴者会感到闷热烦躁。非织造材料受其原材料及加工工艺的限制，在保证良好阻隔性的同时，如何保持良好的舒适性一直是困扰非织造产业的问题。

目前在协调阻隔性和舒适性方面，效果较好的是由熔喷非织造材料与纺粘非织造材料复合而成的SMS复合非织造材料。该非织造材料既有熔喷非织造材料提供的良好阻隔性能，又有纺粘非织造材料提供的优异透气透湿性。但SMS复合非织造材料的阻隔防护等级有限，还是无法达到阻隔细菌和病毒等功能。

全球纤维材料领导者Ahlstrom Munksjö公司推出了新一代可透气的病毒屏障手术产品，商品名ViroSēl，旨在保护医疗专业人员的同时提高舒适性，其商业广告结构示意图如图4–15（彩图见插页）所示。产品的特殊配方设计为外科手术服的关键部位提供了创造坚固接缝密封的机会。ViroSēl是一种三层复合材料，具有不可渗透、透气和舒适的特点。其外层具有防水性和耐用性。中间阻挡层采用整体覆膜，使其不受液体、病毒和细菌的影响，同时可以允许水蒸气通过。其较暗的内层设计用于减少阴影、手感柔软、穿着舒适、可以长时间使用。

图4–15　ViroSēl可呼吸细菌阻隔材料

解决穿着舒适性问题的另一解决方案是采用弹性聚合物原料，如美国ExxonMobil（埃克森美孚）公司的弹性聚丙烯（PP）、科腾公司的弹性苯乙烯嵌段共聚物（SBC）等。由这些弹性聚合物制成的纺粘和熔喷非织造材料具有很高的弹性，使穿着者能感到很好的贴合性和舒适性，保持心情愉快，更有助于提高医护人员的工作效率、加速患者的康复过程。

近几年来，双组分纤维开纤制成的超细纤维非织造材料受到行业的广泛关注，在汽车座椅、服装、鞋类和过滤等领域得到广泛应用。当双组分纤维是由16瓣或者32瓣组成的橘瓣型纤维时，开纤后纤维直径非常细，且截面为楔形而非圆形，其结构如图4–16所示。经水刺开纤制成的非织造材料产品外观和柔软度与传统纺织品非常相似，阻隔性能却大有提升，可用作医疗防护材料。比如，土耳其非织造材料生产商Mogul公司推出了一款可用于手术衣的双组分纤维开纤非织造材料，开纤后纤维比发丝细100倍，能阻隔微生物，具有抗血液、抗酒精的特性，还具有良好的吸湿透气性，是医用阻隔防护服的理想材料。

在阻隔病毒方面，有人开发出一种抗病毒非织造手术衣，该手术衣分为三层，外层是聚丙烯非织造材料，中间层为聚四氟乙烯薄膜，内层为聚酯非织造材料。外层分布有平均粒径为9nm的TiO_2纳米颗粒，三层材料通过黏合剂熔融复合。试验发现，该手术衣具有良好的防水透气性能和优异的阻隔病毒功能。

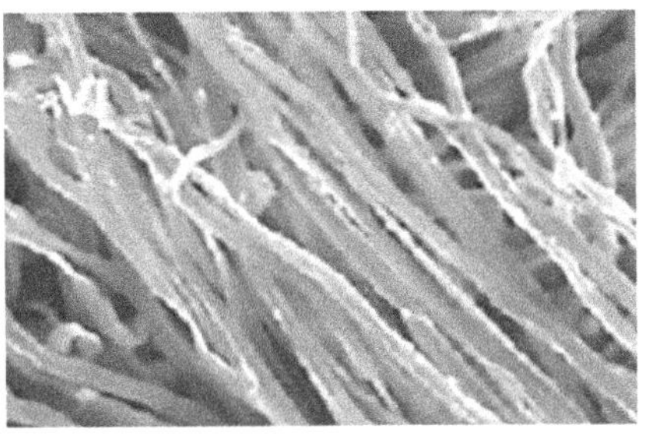

图4-16 双组分纺粘纤维截面及电镜照片

有人用含有碳氟化合物气体的等离子体对用作手术衣的非织造材料进行后处理，试验发现，等离子体处理后，非织造材料拥有更好的拒水、拒血液效果，并且对金黄色葡萄球菌具有明显的抑制作用。

总之，随着非织造材料工艺技术的发展，未来产品将向着智能化、有积极防护作用发展，可以对穿着者的身体状况及周围环境的改变做出反应并加以适应。

4.3.5 阻隔防护产品标准

医护人员和患者的皮肤是最重要的微生物源，平均每个皮屑所携带的需氧菌和厌氧菌约为5个，皮屑颗粒大小为5~60μm，孔隙大于80μm和传统织物几乎不能阻止皮屑传播。飘落在伤口上的皮屑会直接污染伤口，沉积于器械或其他物品上的皮屑则会经由这些器械间接感染伤口。而非织造材料通过多层结构复合，基本都能够满足这一阻隔性能要求。

自2003年“非典”以后，如何确保医务人员的安全，避免医院内的交叉感染成为人们的关注点。各国（地区）纷纷制定了专门针对医用防护材料的产品标准，例如，美国医疗器具开发协会（Association for the Advancement of Medical Instrumentation，AAMI）组织制定了适用于评价卫生用防护服装的阻隔性能的标准ANSI/AAMI PB70—2012《医疗保健设施中使用的防护服和防护布的液体阻挡层性能和分类》，美国国家防火协会（National Fire Protection Association，NFPA）制定并修正的NFPA 1999—2008《医疗急救防护服的标准》，欧洲标准委员会（Europe Committee for Standardization，ECS）制定并修正的标准EN 13795：2011+A1：2013《用作医疗器械的患者、医护人员和医疗器械用手术单、手术服和清洁空气套装；生产商、处理器和产品的一般要求、实验方法、性能要求和性能等级》、欧盟EN 14126—2003《防护服 抗感染防护服的性能要求和试验方法》等相关标准。除此之外，加拿大等国家和国际组织也相继发布了相关标准。

EN 14126—2003适用于可重复的和有限使用的防护服，要求防护服的接缝处应符合EN 14325中的强度要求。按照防护性能，将防护服分为6类，从type1到type6，数字越小防护等级越高。其中type4为医用推荐要求，带（B）的类型具有生物防护功能，因此一般优先选择带B类型防护服。

ANSI/AAMI PB70—2012将液态阻隔性能分成4级，其中第1级要求最低，第4级要求最严格。用于制作第1级隔离衣的SMS材料，其单位面积质量为25～35g/m²，对静水压没有要求；当产品的防护等级为第2级时，要求使用35～45g/m²的SMMS复合非织造材料；当防护等级为第3级时，要求使用45～55g/m²的SMMS或SMMMS结构的复合非织造材料；当防护等级为第4级或更高时，一般要使用SMS材料与透气膜材料复合的材料（SMS + F）才能满足要求。

我国也有阻隔防护用非织造材料相关的产品和性能测试方法标准，例如，GB/T 38014—2019《纺织品 手术防护用非织造布》适用于手术衣、洁净服及手术单所用的单层非织造布、复合非织造布、覆膜非织造布等；YY/T 1499—2016《医用防护服的液体阻隔性能和分级》将医疗防护服一共分为4级，等级越高，防护性能越好；WSB 58—2003《生物防护服通用规范》适用于卫生防疫、医疗救护及现场处置用生物防护服的科研、生产和验收，但不适用于有毒气体环境。GB/T 38014—2019将手术防护用非织造布分为A、B、C、D四个等级，这四个等级的要求见表4-1。

表4-1 四个等级手术防护用非织造布的质量要求

<table>
<tr><th rowspan="2">序号</th><th rowspan="2" colspan="2">考核项目</th><th colspan="6">性能指标</th></tr>
<tr><th>A级</th><th colspan="2">B级</th><th colspan="2">C级</th><th>D级</th></tr>
<tr><td>1</td><td colspan="2">单位面积质量偏差率 / %</td><td colspan="6">±6</td></tr>
<tr><td>2</td><td colspan="2">阻微生物穿透干态 / CFU</td><td>不要求</td><td colspan="2">不要求</td><td colspan="2">≤ 300[a]</td><td>≤ 300[a]</td></tr>
<tr><td>3</td><td colspan="2">落絮 / $\log_{10}$ 落絮计数</td><td colspan="6">≤ 4.0</td></tr>
<tr><td rowspan="2">4</td><td rowspan="2" colspan="2">静水压 /cmH_2O</td><td rowspan="2">≥ 100</td><td>手术衣用</td><td>≥ 30</td><td rowspan="2" colspan="2">≥ 10</td><td rowspan="2">不要求</td></tr>
<tr><td>手术单用</td><td>≥ 30</td></tr>
<tr><td rowspan="2">5</td><td rowspan="2">胀破强度 / kPa</td><td>干态</td><td colspan="6">≥ 50</td></tr>
<tr><td>湿态</td><td>≥ 50</td><td colspan="2">≥ 50</td><td>不要求</td><td></td><td>不要求</td></tr>
<tr><td rowspan="4">6</td><td rowspan="4">断裂强力 /N</td><td rowspan="2">干态</td><td rowspan="2">≥ 30</td><td>手术衣用</td><td>≥ 30</td><td>手术衣用</td><td>≥ 30</td><td></td></tr>
<tr><td>手术单用</td><td>≥ 20</td><td>手术单用</td><td>≥ 20[b]</td><td></td></tr>
<tr><td rowspan="2">湿态</td><td rowspan="2">≥ 30</td><td>手术衣用</td><td>≥ 30</td><td rowspan="2" colspan="2">不要求</td><td rowspan="2">不要求</td></tr>
<tr><td>手术单用</td><td>≥ 20</td></tr>
<tr><td>7</td><td colspan="2">抗酒精渗透性能 / 级</td><td>≥ 7</td><td colspan="2">≥ 7</td><td>不要求</td><td></td><td>不要求</td></tr>
<tr><td>8</td><td colspan="2">透湿量 / [$g \cdot (m^2 \cdot 24h)^{-1}$]</td><td colspan="6">手术衣用 ≥ 4000</td></tr>
</table>

a 试验条件：挑战菌浓度为108cfu/g滑石粉，振动时间为30min。

b 产品用于高性能的非关键区域的手术单时，该项指标为≥ 30N。

参考标准：GB/T 38014—2019

另外，我国质量监督检验检疫总局制定了强制性国家标准GB 19082—2009《医用一次性防护服技术要求》，适用于为医务人员在工作时接触具有潜在感染性的患者血液、体液、分泌物、空气中的颗粒物等提供阻隔、防护作用的医用一次性防护服。该标准中不仅对防护服的外观做了规定，还对防护服的液体阻隔功能、过滤性能、微生物指标、环氧乙烷残留量、服用性能和舒适性能等做了强制性指标规定。要求防护服关键部位静水压应不低于1.67kPa（17cmH_2O），透湿量应不小于2500g/（m^2.d），并按照抗合成血液穿透性将产品分为6个等级。

阻隔防护非织造产品根据用途、应用部位、防护等级要求等，对所用材料有不同的性能要求，规格繁多。企业在开发生产相关产品时，首先需要对产品标准有全面了解。

4.4 纸尿裤

4.4.1 概述

随着中国经济的快速发展、二胎政策的开放、人们健康意识的提高，以及新一代年轻父母消费观念的转变，以妇女卫生巾和婴儿纸尿裤为代表的一次性卫生用品市场一直保持快速增长的趋势，中国庞大的人口基数更是促进了一次性卫生用品市场的持续发展，纸尿裤和女性卫生用品等产品是一次性非织造材料最大的消费市场。图4-17是婴儿纸尿裤。

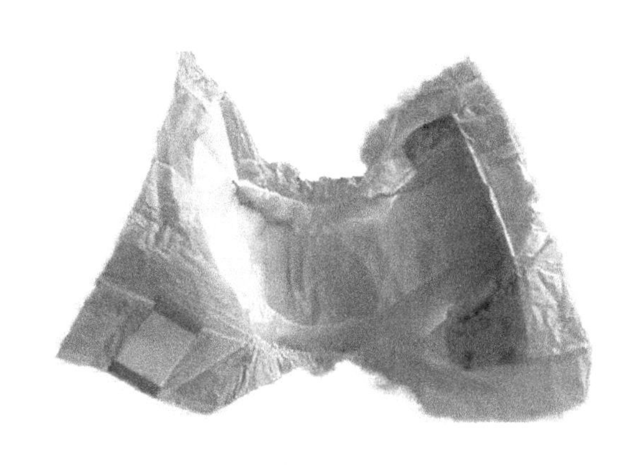

图4-17 婴儿纸尿裤

如今，失禁是一种常见病症，全球有数百万的成年人因各种原因（如怀孕、分娩、糖尿病、前列腺问题、老龄化等）而患失禁病症。成人失禁裤/垫作为成人失禁用品中的一种，受到失禁病人的青睐，为他们的正常社交生活带来了极大的便利。另外，当前许多国家面临持续增加的人口老龄化问题，中国就有超过2亿的老人。随着经济条件的改善和消费观念的改变，我国成人失禁纸尿裤市场潜力巨大。在日本，成人纸尿裤需求量持续增加。

影响一个国家/地区婴儿纸尿裤市场发展的重要因素包括适龄儿童数量和人均GDP水平。根据北美非织造布协会的测算标准，当人均GDP达到3500美元以上时，就具有开始使用婴儿纸尿裤的经济基础。而当人均GDP达到23500美元，则是婴儿纸尿裤市场渗透率达到100%的条件。预计2018~2023年，全球婴儿纸尿裤销售量将增长23%，总销售量超过2200亿片。其中，亚太地区是拉动全球销量增长的主要动力。随着经济发展和人口增多，预计非洲市场也会有强劲的需求增长。而在发达国家和地区，由于新增人口减少，预计婴儿纸尿裤销量会维持在相对稳定的水平。

纸尿裤自从20世纪90年代进入中国市场以后就备受青睐，到目前一直处于性能不断优化和市场持续渗透的状态。中国也成为日本纸尿裤产品的主要消费市场，日本婴儿纸尿裤约占中国进口纸尿裤总量的80%。在婴儿纸尿裤市场，帮宝适和好奇是使用最多的品牌，占据了全球42%的市场份额。

非织造材料具有工艺流程短、生产速度高、原料来源广、产品品种多等特点，其应用领域非常广泛，尤其在女性卫生用品、婴儿纸尿裤和成人失禁用品等一次性卫生材料领域发挥了不可替代的作用。下面详细介绍纸尿裤的结构性能。

4.4.2 纸尿裤结构性能及新型工艺技术

纸尿裤是一种可以吸收人们排泄物的一次性卫生用品，有成人纸尿裤和婴儿纸尿裤两种。它是一个多层结构材料的组合体，主要由面层、导流层、吸收层及防漏底层、防侧漏和弹性腰围等组成。其结构示意图如图4-18所示。

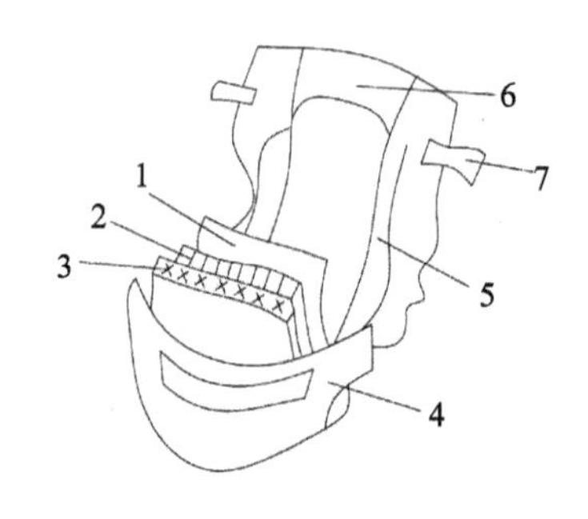

图4-18 纸尿裤结构示意图

1—面层 2—导流层
3—吸收芯层 4—防漏底层
5—腿口防侧漏隔边
6—弹性腰围 7—魔术贴

纸尿裤一般可以吸收其自身重量10～13倍的人工尿液，经多次渗透后，希望其仍然保持吸收量大、反渗量小、吸收速度快、扩散佳等性能。而防止渗漏和侧漏、吸收能力、舒适性、保持皮肤干爽等性能，则是消费者在购买纸尿裤时首先考虑的因素。纸尿裤的性能是各层材料的综合表现。换句话说，纸尿裤的部位不同，所要求的性能指标不同，所用非织造材料也就不一样。纸尿裤的面层、防漏底层、腰围材料及吸水芯体包裹材料等，一般都使用单位面积质量为8～23 g/m^2的SS、SSS、SSSS型聚丙烯纺粘非织造材料。近几年来，热风非织造材料在面层和导流层等部位得到了很好应用。这些材料具有触感好、对皮肤无刺激、摩擦系数小等优点。下面分别介绍各层材料的特性和研究现状。

4.4.2.1 面层

纸尿裤面层直接接触婴儿皮肤，要求触感柔软、细腻、光滑。同时，面层与皮肤之间形成的微气候温湿度决定了人体感觉的舒适性。纸尿裤面层主要作用是快速吸收液体并有效阻止回渗，透气、透湿，维持纸尿裤面层的干爽舒适。评价面层材料性能的指标主要有尿液穿透时间、回渗量、透气率、透湿率等。

最早的纸尿裤面层多为丙纶短纤维热风非织造材料和聚丙烯纺粘非织造材料。热风非织造材料具有手感柔软蓬松、富有弹性等特点，但缺点是强度低，易变形。同时，由短纤维梳理成网的非织造材料，其表面毛羽对皮肤有一定的刺激。薄型纺粘非织造材料生产流程短，生产成本低，其纤维是长丝，成品具有不掉屑、表面无毛羽等优点，但是纯聚丙烯纺粘非织造材料的手感较硬。短纤维热风、短纤维热轧和纺粘非织造材料在纸尿裤面层的应用对比见

表4–2。

表4–2　三种非织造材料在纸尿裤面层的应用性能对比

项目	短纤维热风	短纤维热轧	纺粘
通液性	优	较差	较差
柔软度	优	一般	一般
蓬松度	优	一般	较差
起毛率	平网优	优	优
液体滑渗	优	一般	一般
透气性	优	一般	一般
含液量	优	较差	一般
多次亲水	优	优	较差
做薄	一般	一般	优

随着非织造材料成形工艺技术的发展，以聚乙烯为皮层的皮芯型双组分纤维非织造材料，包括PE/PP（或PET）双组分短纤热风非织造材料和PP/PE双组分纺粘非织造材料两种，由于具有手感柔软、表面无毛羽等优点，在纸尿裤面层得到了广泛应用。其中，双组分短纤维热风非织造材料在热风加固时，低熔点的纤维皮层先熔化，在纤维之间的接触点和交叉点相互黏合。而芯层组分熔点较高，不发生熔融，起到骨架作用，从而赋予热风非织造材料一定的强力和更好的柔软蓬松性。双组分纤维克服了传统热风非织造材料出现的表面毛羽问题，赋予材料表面爽滑的特性。其蓬松结构可以缩短尿液穿透时间，有利于快速渗透，赋予面层更好的干爽舒适性。目前，纸尿裤面层大多采用低熔点双组分纤维热风非织造材料，单位面积质量为18～30g/m^2，厚度大多不超过0.5mm。表4–3是不同纸尿裤面层材料的种类及特性。

表4–3　纸尿裤面层材料和种类及特性

材料	聚合物	结构	优点	缺点
打孔膜	PE	微孔膜	抗反渗性好	液体穿透时间较长、柔软性差
纺粘非织造材料	PP	纤网	抗反渗性好、液体穿透时间短	易发生侧漏现象，柔软性较差
水刺非织造材料	PLA / 棉	纤网	亲肤性好、可降解	抗反渗性较差
热轧非织造材料	PE / PP PE / PEST	纤网	抗反渗性好	柔软性较差，液体穿透时间较长
热风非织造材料	PE / PP PE / PET	纤网	柔软性 / 透气性好，液体穿透时间短	抗反渗性较差

如果纸尿裤面层的干爽性不够，容易引起婴儿皮肤发红甚至出现过敏现象，即“红屁

股”，严重影响婴儿健康。使非织造材料表面形成花纹结构，减少面层材料与皮肤接触的面积，在接收尿液时可以缩短其下渗时间，是一种透气性能良好且更加舒适的纸尿裤面层材料。因此，目前纸尿裤面层材料基本上是凹凸立体花纹结构，代表性的珍珠纹立体结构如图4-19所示。

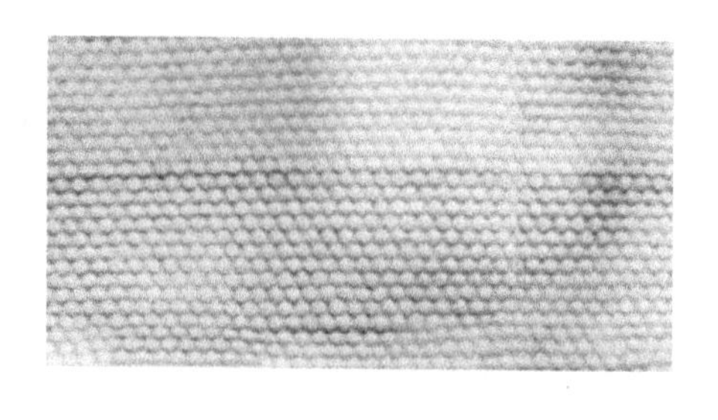

图4-19　珍珠纹立体结构纸尿裤面层

日本尤妮佳公司研发出一种由ES纤维网与PP长丝组成的凹凸面层材料，将PP长丝沿机器输出方向紧密平行排列在热黏合非织造材料上，再经过有凹凸花纹的热压装置，从而在面层材料的表面形成三维波浪花纹，该花纹能够减少面层材料与皮肤之间的接触面积，提高面层的舒适性，平行排列的单丝引导液体方向性流动，将液体扩散。表面的凹点能够将液体快速渗透到下一层结构中，并能够阻碍液体反渗。

有人从市面上收集了六种品牌的纸尿裤，通过电镜扫描，其面层结构如图4-20和表4-4所示。

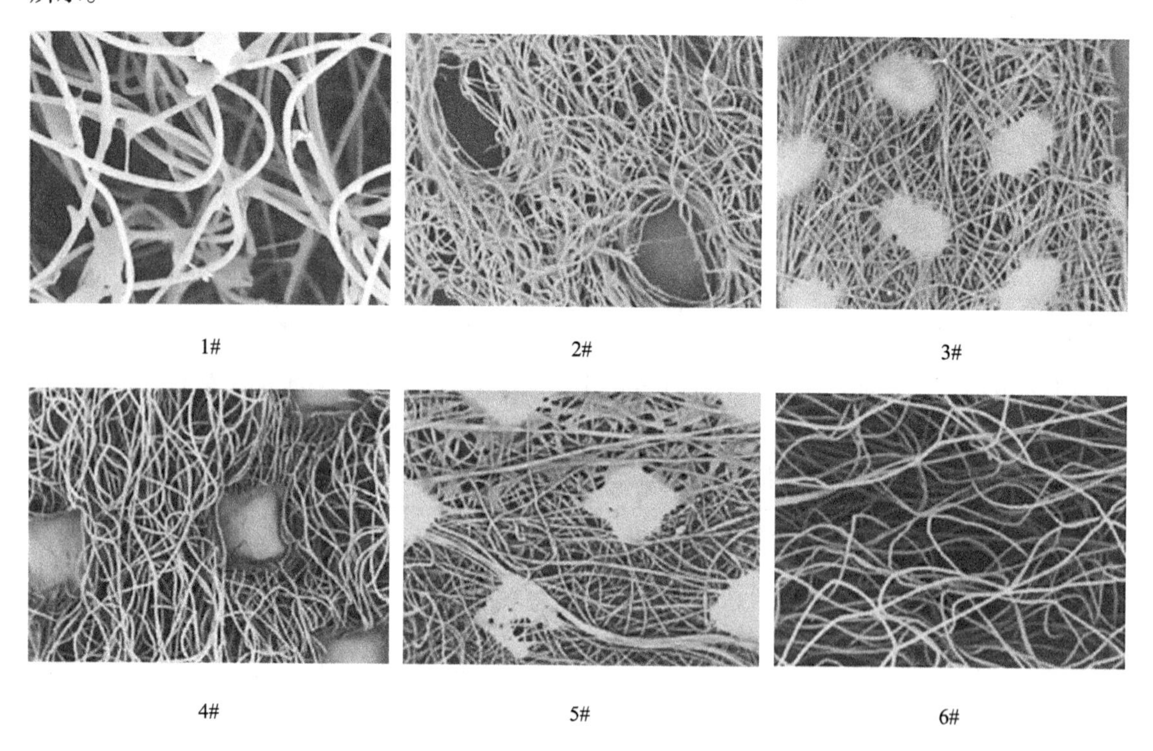

图4-20　六种纸尿裤面层扫描电镜图

表4-4　常见纸尿裤面层结构

样品编号	加固方式	纤维种类	外观结构
1#	热风	PE / PET	平滑有细微毛羽
2#	热风	PE / PET	打孔

续表

样品编号	加固方式	纤维种类	外观结构
3#	热轧	PE / PP	凹凸条纹
4#	上层：热风 + 部分轧点　下层：热风	PE / PET	双层：凹凸点 + 打孔
5#	热轧	PP	光滑
6#	热风	PP / PET	凹凸条纹

随着一次性卫生用品市场的快速发展，消费者对一次性卫生用品面层材料的要求越来越高。为了提升自身的市场竞争力，企业需要不断研发，使面层材料更加功能多样、舒适。

最近两年，偏芯或并列型结构双组分纤维成为行业重点关注的技术，它可以形成永久性三维卷曲形态，在保证产品蓬松度和弹性良好的前提下，使生产成本更低，触感和亲肤性也更好，在纸尿裤领域的应用前景良好。另外，将棉纤维水刺非织造材料进行疏水整理后，采用激光打孔方式制备的大网孔超疏水全棉水刺非织造材料，在保证表面干爽性的同时，还具有绿色可降解等优点，在纸尿裤面层领域的应用前景良好。

4.4.2.2　导流层

导流层位于纸尿裤面层和吸收芯层之间，其主要功能是快速捕获纸尿裤面层渗透的尿液，引导尿液沿着纸尿裤长度方向快速扩散，提高有效吸收面积，并迅速将尿液扩散导入吸收芯层，以提高吸收芯层的利用率。导流层不仅需要在短时间内俘获大量尿液，而且需要在俘获尿液的同时引导尿液纵向扩散，增大吸收芯层的吸收面积，达到减轻尿液回渗的效果，从而保持纸尿裤面层干爽舒适。导流层的扩散效果如图4-21所示（彩图见插页），从图中可见，右面材料具有更好的导流效果。

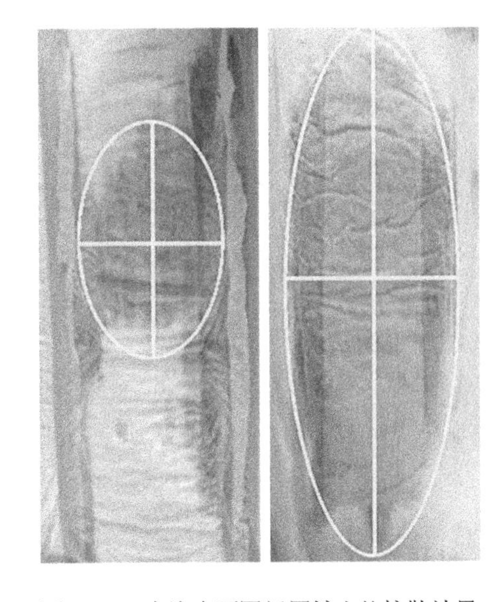

图4-21　水流在不同纸尿裤上的扩散效果

导流层需要具备临时储液能力，为液体在导流层内的扩散提供条件。而储液能力依赖于材料的蓬松性。热风非织造材料具有蓬松多孔结构，有利于液体在其中的扩散和渗透，容纳液体能力强，能吸收大于自身重量10倍以上的液体，是导流层常用材料。在纤维铺网过程中进一步使纤维沿着导流层长度方向取向排列，能实现更好的定向导液功能。

有人从市面上购买了六种纸尿裤，其导流层结构性能见表4-5。从表4-5可见，导流层的单位面积质量大多为30～45g/m^2，宽度为7～9cm，长度为16～24cm，厚度为0.5～1mm。大多采用双组分纤维（纤维直径26～31μm，大约4旦），经热风加固成形，还有少数采用化学黏合加固。

表4–5　常见纸尿裤导流层结构

样品编号	加固方式	纤维种类	单位面积质量 /g · m^{-2}
1#	热风	PE / PP	42.16
2#	热风	PE / PET	35.54
3#	热风	PE / PP	41.96
4#	热风	PET	43.31
5#	化学黏合	PE / PP	30.56
6#	热风	PE / PP	30.69

导流层一般位于纸尿裤中部偏前位置，以单层局部结构为主。研究发现，双层结构导流层有助于缩短液体下渗时间，赋予纸尿裤更好的干爽舒适性。上层为粗旦纤维高取向高速梳理成网，定向导流速度快。下层为细旦纤维杂乱+凝聚成网的阻尼扩散层，防止尿液在局部大量渗透。尿液在上层扩散后再通过下层渗透，从而实现快速导流和反渗透扩散。据研究，该材料的纵向导流效果是普通材料的3.5倍。其成形工艺如图4–22所示。

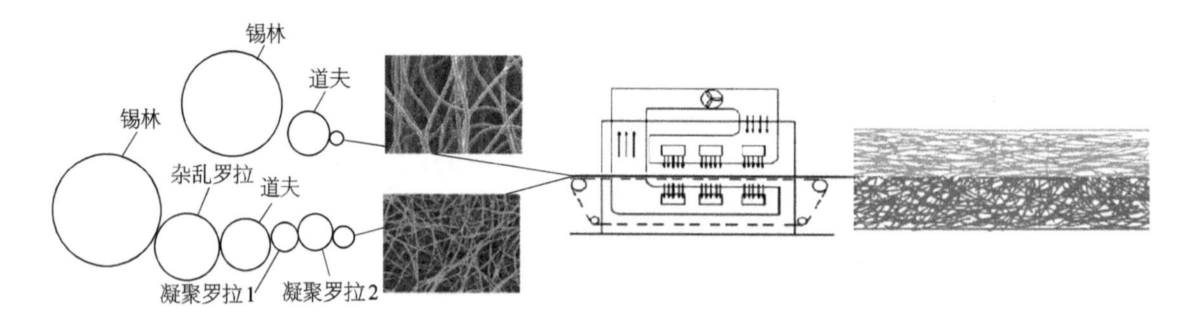

图4–22　双层结构导流层成形工艺示意图

另外，该双层结构导流层可以通过平网热风穿透方式复合加固，以消除成网过程中因圆网曲率造成的结构缺陷。导流层纤网电镜照片如图4–23所示。

图4–23　导流层纤网电镜图

为增强液体扩散差异性，有人制备了梯度结构的涤纶/黏胶纤维热风非织造材料，将细度差异显著的黏胶纤维、双组分纤维和涤纶短纤维采用预针刺和热风复合的加固方法，形成上层（蓬松舒适层）疏松多孔、下层（致密分流层）致密的双层梯度结构。进一步研究发现，随着致密导流层中黏胶纤维含量从50%增加到80%，其上下两面对水的扩散面积比值从1.39增大到1.93，说明可以通过调控梯度结构来控制上下层的液体扩散面积，进而扩大液体的非对称传输特性，实现导流功能，提高纸尿裤的表面干爽性。

需要注意的是，纸尿裤的反渗量、吸收和扩散速度等性能是其多层结构综合作用的效果，面层和导流层等搭配合理，才可以达到较好的综合效果。

4.4.2.3　吸收芯层

吸收芯层可以快速吸收导流层渗透的尿液并将其存储，从而防止尿液外漏污染衣物。吸收芯层的主要成分是高分子吸水树脂（简称SAP）、绒毛浆和吸水纸等，外面再包裹一层非织造包覆材料。吸收芯层中的绒毛浆具有较好的扩散尿液吸收功能，同时可以增强吸收芯层的强力。如果吸收芯层中缺少绒毛浆，当SAP树脂吸收尿液后会立即发生膨胀，形成紧密相连的凝胶结构，纸尿裤会产生起驼现象，堵塞尿液下渗，导致芯体对尿液吸收扩散不良，有漏尿风险。而由热风非织造材料、SAP和热熔胶组成的复合吸收芯体，则具有结构薄、吸收后不起驼、不断层的优点，逐渐取代绒毛浆混合SAP的传统吸收芯体结构。

复合吸收芯层包裹材料要求具有多次（持久的）亲水、透液功能，要求材料的湿强较高，纤维较细，有良好的遮蔽性，并能有效防止SAP树脂颗粒外渗，常用SS、SSS等结构的纺粘非织造材料，其单位面积质量为8～13g/m²。

有人研究了市面上六种纸尿裤吸收芯层的结构组成，结果见表4–6。从表4–6可见，吸收芯层多为卫生纸包裹绒毛浆和SAP的混合体组成，其重量为13～19g，SAP含量多在20%左右。

总之，采用立体结构面层、引导液体在纵向扩散和厚度方向的渗透达到高度平衡的导流层和吸收能力优良的吸收芯层制成的纸尿裤，可获得较佳的吸收性能，经多次尿液渗透后，依然保持吸收量大、反渗量小、吸收速度快等优点。

表 4–6　常见纸尿裤吸收芯层结构

样品编号	包裹材料	重量 /g	SAP 含量 / %
1#	卫生纸	13	21
2#	非织造材料	19	18
3#	卫生纸	18	18
4#	非织造材料	17	46
5#	卫生纸	17	18
6#	卫生纸	17	32

4.4.2.4　防漏底膜

防漏底膜的作用是防止尿液渗漏流出，主要是一些防水透气的聚乙烯塑料薄膜。为了提高其触感和舒适性，常常将其与非织造材料复合。表4–7是市面上收集的六种纸尿裤的防漏底膜孔径大小。

表4-7　常见纸尿裤防漏底膜孔径大小

样品编号	最大孔径 /μm	平均孔径 /μm
1#	2.9	0.8
2#	3.2	0.8
3#	2.1	0.7
4#	1.9	0.6
5#	2.2	0.8
6#	1.9	0.6

从表4-7中可以看出，六种品牌纸尿裤底膜的最大孔径均小于4μm，小于水滴的最小直径20μm，故均具有防水透气的功能。纸尿裤复合底层要求耐摩擦、不易起毛起球，一般采用SS、SSS和SSSS聚丙烯纺粘非织造材料与防水透气膜复合，其单位面积质量通常为11～18g /m^2。

目前，消费者除了关心纸尿裤的安全性外，选择纸尿裤时更多会考虑其舒适性，更担心婴儿因使用不合适纸尿裤而产生湿疹或“红屁股”等症状。许多专家认为，引起纸尿裤红疹的原因是纸尿裤与人体形成的狭小空间缺少新鲜空气，加上潮湿和排泄物的刺激。如果纸尿裤有合适的透气性，面层保持干爽，就不容易出现上述症状。而纸尿裤的透气性是各层综合作用的结果，其中防漏底膜的影响很大。因此，防漏底膜在防止尿液渗漏的同时，要尽量提高其透气透湿性。

4.4.2.5　弹性腰围和防侧漏隔边

纸尿裤的防侧漏隔边和腰围材料要求拒水、有良好的触感、对皮肤无刺激、耐摩擦、不易起毛起球。腰围材料常用SS、SSS和SSSS纺粘非织造材料，单位面积质量为11～18g /m^2。防侧漏隔边要有更好的拒水性，静水压不低于150mmH_2O，优选SMS、SMMS、SSMMS和SSMMMS纺熔复合非织造材料，其单位面积质量一般为13～18 g /m^2。

近几年来，弹性腰围纸尿裤受到消费者的青睐。有公司推出了双向弹性非织造材料，具有柔软亲肤、轻薄、弹性好等特性，能更好地保护婴幼儿的肌肤，适用于纸尿裤、经期裤和拉拉裤的弹性腰围。

4.4.3　产品标准

目前国家已经制定并出台了GB/T 33280—2016《纸尿裤规格与尺寸》、GB/T 28004—2011《纸尿裤（片、垫）》、GB/T 8939—2018《卫生巾（护垫）》等相关产品标准，其中GB/T 8939—2018是在GB/T 8939—2008的基础上修订而成的，增加了甲醛含量、可迁移性荧光物质两项安全指标，采用吸收速度代替渗入量指标，增加了吸收速度测定方法，调整了背胶剥离强度测定方法。GB/T 22875—2018《纸尿裤和卫生巾用高吸收性树脂》是对GB/

T 22875—2008《卫生巾高吸收性树脂》和GB/T 22905—2008《纸尿裤高吸收性树脂》的整合修订，主要提高了残留单体（丙烯酸）安全指标要求，调整了吸收速度指标要求和挥发物含量的测定方法，增加了返黄值、可萃取物含量指标及相应的测定方法。另外，随着消费者对卫生安全性要求的提高，在纸尿裤的生产过程中，还需要参照标准GB/T 34448—2017生活用纸及纸制品 甲醛含量的测定》、GB/T 35613—2017《绿色产品评价纸和纸制品》、GB/T 36420—2018《生活用纸及纸制品 化学品及原料安全评价管理体系》等标准体系进行生产。

总之，随着纸尿裤产品市场渗透率的不断提高，消费者对产品质量提出了更高的要求。随着中产阶级的增加，市场对高端、高性能、高附加值产品的要求和需求越来越高。需要不断推出新产品以提高市场竞争力。例如，市场品牌排名第一的金佰利公司推出了一款升级版好奇纸尿裤，采用5D芯体技术，产品超薄且柔软吸水。纸尿裤作为发展最为迅速的产业用纺织品之一,一直在引领技术创新，产品品质将不断提升。

4.5 非织造擦拭材料

4.5.1 概述

非织造擦拭材料是指通过针刺、水刺、化学黏合、热黏合和熔喷等非织造加工工艺制备的非织造材料，再经过抗菌、上浆、印花等一系列后整理制成的具有擦拭功能的材料（抹布），即为非织造擦拭材料。其中，水刺非织造擦拭材料因手感柔软、吸水率高而深受消费者欢迎。常见水刺非织造擦拭材料如图4-24所示。与传统纺织擦拭材料相比，非织造擦拭材料具有特殊的纤维缠结结构，在具有一定机械强度的同时，材料较蓬松，纤维间有较大的孔隙，厚度范围大，能满足不同应用领域的性能需求。

非织造擦拭材料包括干擦拭材料和湿擦拭材料，即干巾和湿巾。干巾由于其质量轻，无添加，而且使用场景更灵活，逐渐从传统湿巾应用中分离出来，成为擦拭产品中增长较快的品类。经折叠、加湿、包装制成的一次性清洁卫生用湿巾，因其具有清洁、保湿的多种功能以及便于携带等特点，成为人们日常生活中必不可少的清洁日用品。湿巾的应用领域不断拓展，从个人清洁到家居清洁，再到医疗清洁消毒、病患护理、餐饮服务和工作场所清洁擦拭等特种清洁，全面延伸发展。

图4-24 水刺非织造擦拭材料

20世纪90年代中期是我国湿巾的起步阶段，当时国内引进了几台湿纸巾设备。有档次的饭店餐桌上普遍使用湿巾，也逐渐成为消费者外出旅行的清洁用品。但当时湿巾的用途只限于清洁皮肤、擦手、擦脸，品种结构单一。

21世纪初是我国湿巾的发展阶段，此时我国城市居民迈入小康，尤其是2003年的SARS疫情和2004年的禽流感疫情，使人们意识到个人卫生的重要性，促使湿巾的使用范围扩大。学生、白领人士、婴幼儿使用湿巾成为时尚，催生了湿巾的强劲需求。

近年来由于生活水平提高、卫生习惯改善、国际交流频繁和经常爆发的传染病如新型冠状病毒肺炎、禽流感、手足口病和埃博拉疫情等，增强了人们的防疫和健康意识，湿巾的产量增长较快。目前国内市场上有上百个品牌的湿巾产品，年消费量500~600t，全国比较正规的生产企业有50多家。中高档产品出口较多，国外品牌在我国定点加工的数量不断增长，湿巾进入了成熟时期。

随着新中产的崛起、消费升级以及生活节奏的加快，一次性用品越来越受到消费者青睐。非织造擦拭材料与传统抹布相比，吸液率高、吸污性强、柔软性好。婴幼儿护理、个人日常清洁等湿巾消费均实现了稳定增长。2018~2023年，全球婴儿湿巾销售量将增长19%左右，总销售量超过2000亿片。其中亚太地区增长率达到45%，增速最快。婴儿湿巾品牌中，帮宝适、好奇和强生是全球很受欢迎的品牌，国产品牌需要加大培育力度。预计未来中国湿巾市场规模增速继续处于全球前列，湿巾市场规模占全球比重也将逐年提升。

与此同时，人们逐渐意识到使用传统化学纤维引起的环境污染问题，更加注重绿色纤维的使用。而湿巾直接丢入马桶内还存在堵塞下水道等隐患，可冲散性湿巾是近几年的市场热点产品。可冲散性湿巾符合环境友好产品范畴，无须焚烧处理。据调查，个人护理用湿巾市场40%以上属于“绝对需要可冲散性”的范畴。

4.5.2 非织造擦拭材料的分类及性能要求

根据擦拭材料的用途，国际市场上的擦拭材料包括个人护理用、家用、商业用和产业用等，还可以根据加工方法和厚薄等进行分类，具体如图4-25所示。与传统擦拭材料相比，非织造材料具有更高的吸水性、多功能性和均匀性。

湿巾必须符合GB 15979—2002《一次性使用卫生用品卫生标准》要求，但不同应用领域对湿巾等擦拭材料的性能要求不同，其中吸水性、耐磨性、柔软性和抗菌性是主要的性能要求。

（1）较高的吸水性

在生活和工作环境中，大多数污垢呈湿态或液态，因此需要擦拭材料具有较高的吸水性。除此之外，干态污渍不易拭去，可以通过加水擦拭，使其更易去除。一般来说，擦拭材料的吸水性越好，吸污能力越强。

（2）较强的耐磨性

为了提高擦拭材料的使用寿命，使其经过多次洗涤后仍能反复使用，对擦拭材料的物理机械强度有一定的要求，同时材料的自发尘程度与耐磨性也相关，耐磨性较差会引起纤维脱

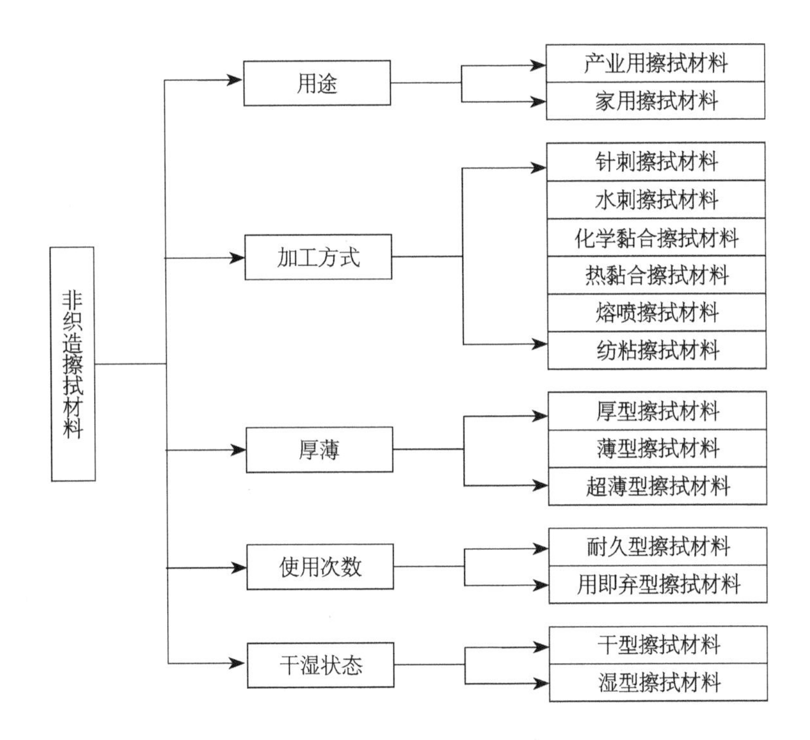

图4-25　非织造擦拭材料分类

落，产生掉屑，相当于二次污染。

（3）良好的柔软性

擦拭材料常用于某些高精度仪器和电子产品中，要求在擦拭过程中表面不能留有划痕，以免对仪器造成损伤，影响其使用，故要求擦拭材料具有良好的柔软性。

（4）一定的抗菌性

擦拭材料是细菌和微生物繁殖的优良载体。在人们的日常生活中存在着无数的细菌，公共场合接触的细菌更多，一旦人们使用带有细菌的擦拭材料，就相当于人为传播细菌。而细菌中含有的大量致病菌容易引起疾病和交叉感染，因此对擦拭材料的抗菌性能有特殊要求。希望其对有害细菌具有高效广谱的抗菌性，多次洗涤后仍具有抗菌作用，且对使用者无毒，并且不杀死皮肤常在菌。

4.5.3　常见擦拭材料

4.5.3.1　湿巾

湿巾已经逐步从婴儿湿巾扩展到更多的应用领域，包括厨房用、卸妆用、日常擦拭用等。保持湿润、去污、不掉屑、抑菌、安全、易携带等是消费者关注的重要品质。除功能外，擦拭巾的手感和舒适体验也是非常重要的因素，可以让消费者直观地感受产品的品质。我国卫生和计划生育委员会发布了WS/T 575—2017《卫生湿巾卫生要求》，对卫生湿巾的生产、销售和使用提出要求，其中许多指标属于强制性要求。

金佰利公司推出的Kleenex湿巾，扩大了Kleenex品牌的产品范围，并已在湿巾市场上占有部分市场份额。Kleenex湿巾有三个系列：温和清洁系列，不留任何黏性残留物；去菌系列，临床证明可以擦去皮肤上99%的细菌，不含刺激性化学物质；专为敏感肌肤设计的Kleenex湿巾，无香味配方，含有99%的纯净水及少量的芦荟和维生素E，适用于娇嫩的皮肤。

消毒湿巾具有携带及使用方便等特点，可用于人们出行时双手的清洁以及公共场所扶手座椅擦拭等。消毒湿巾一般以水刺非织造材料为基布，适当添加消毒剂等原料制成具有清洁和消毒作用的产品，具有良好的亲肤效果和消毒作用。图4-26所示为一种商业消毒湿巾产品。

图4-26　消毒湿巾

医用湿巾由于具有卫生、清洁、抗菌、安全、方便、舒适等性能而被广泛应用于医疗领域，且多为一次性使用产品。类似地，医用消毒酒精片的基材也多为水刺非织造材料，在液体中添加酒精成分后，具有医用卫生材料所需的清洁、抗菌、吸液速率快、保液能力强、机械强力高等特点，可用于注射前、急救外科的消毒，也可用于家庭用品、玩具等的清洁和消毒。

4.5.3.2　干巾（擦拭布）

干巾是水刺加固烘燥后直接包装、不再添加水分的非织造材料，因而减少了亲水涤纶或亲水剂的添加。去污是擦拭巾的主要功能，消费者对产品健康性能和无添加的追求，也对擦拭巾自身的清洁功能和吸水性能提出了更高的要求。

纤维素纤维独有的表面沟槽结构，更容易对液体产生导流，并提供容水空间，在擦拭过程中，比合成纤维制成的非织造材料更容易去除污垢和油渍。国内通常使用木浆纸与黏胶纤维混合纤维网水刺加固复合，即把木浆纸均匀铺在纤维网上，再进行水刺加固。实验证明，这种结构的干巾掉绒屑率很低，吸湿性强。也有采用“三明治”结构的水刺复合产品，即两层梳理成网水刺非织造材料中夹一层气流成网的木浆纤维。这种产品用作干巾，既保持了较好的吸水率和柔软性，又增加了产品的耐磨性，防止使用中掉屑或在被擦物上留下划痕。图4-27是上下两层为黏胶纤维/涤纶短纤维网、中间为木浆纤维的干巾电镜照片。

有人研究了亚麻纤维水刺非织造材料在家用擦拭材料中的应用，采用三种纤维制成涤纶/黏胶纤维和亚麻/黏胶纤维共混水刺非织造擦拭材料，对比模拟其在使用条件下的力学性能、耐久性和液体吸收性。结果表明，亚麻纤维具有较高的拉伸强度、良好的吸收性和令人满意的耐久性，可以替代涤纶用于开发家用擦拭材料，且亚麻纤维具有生物可降解性，更加绿色环保。

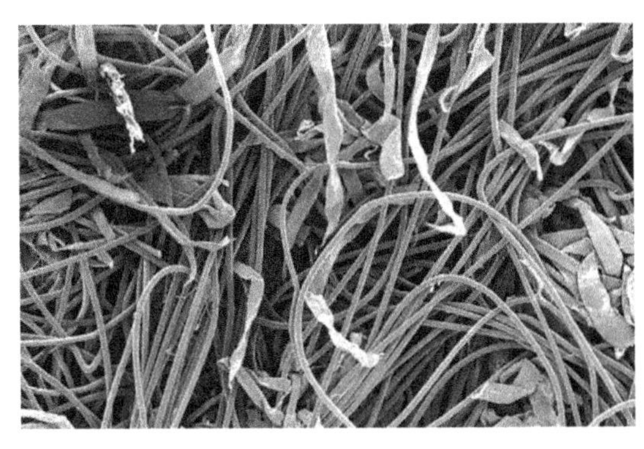

图4-27　黏胶纤维/涤纶混合水刺非织造材料电镜照片

4.5.3.3　可冲散湿巾

用水刺非织造工艺技术制备的便捷湿纸巾等擦拭材料越来越受到消费者青睐，全球约有72%的水刺非织造材料被用于一次性擦拭材料。然而当前使用的湿巾掺入了大量不可降解化学纤维，丢弃掩埋易造成环境污染，扔入抽水马桶又不易冲散，易引起城市管道堵塞和影响污水处理运行等系列环保问题。据北美非织造布协会的一项调查表明，在冲入下水道的一次性卫生用品中，47%为不可冲散纸巾，18%为不可冲散婴儿湿巾，13%为不可冲散女性卫生用品，14%为不可冲散家用湿巾。随着可降解、可冲散绿色环保非织造材料的兴起，业内希望通过排水系统来解决一次性非织造卫生用品废弃材料的处置问题。

国外可冲散材料的研究始于20世纪80年代，目前可冲散材料的市场主要集中于欧美和日本等国家。21世纪初，国内也开始相关研究，目前处于开拓市场推广应用阶段。根据2018年北美非织造布协会和欧洲非织造布协会发布的《一次性非织造产品可冲散性评估指南（第四版）》中的定义，材料的可冲散性是指通过水流作用可以将材料排出抽水马桶，并顺利通过马桶、排水管道及污水传输系统，能够充分溶解或分散在水中、且不会引起其后续废水处理、回用和废弃系统阻滞、堵塞或其他问题。由于可冲散材料使用后便于处理，降低了对环境的污染，因此可降解可冲散的新型一次性卫生材料是当前的研究和应用热点。

有人对涤纶/木浆纸和黏胶纤维/木浆纸水刺复合非织造材料的力学性能、吸水性、柔软性和可冲散性进行了对比测试，发现涤纶/木浆纸水刺复合非织造材料具有较好的力学性能和柔软性，而其吸水性和分散性较差。黏胶纤维/木浆纸水刺复合非织造材料则具有较好的吸水性和可分散性，但其力学性能和柔软性较差。结果认为，黏胶纤维/木浆纸水刺复合非织造材料更适宜作为可冲散湿巾的基材。图4-28是黏胶纤维/木浆纸水刺复合非织造材料的电镜照片。

有人以木浆纤维和黏胶纤维为原料，并混合ES纤维或聚乳酸纤维作为热熔黏合纤维，采用湿法成网非织造工艺，制备出可冲散非织造材料。结果表明，为获得可冲散性能最佳的非织造材料，当添加ES纤维时，木浆纤维和黏胶纤维质量比控制在5∶5∶4为宜。当添加聚乳酸纤维时，木浆纤维和黏胶纤维的质量比控制在5∶4为宜。

（a）黏胶纤维面

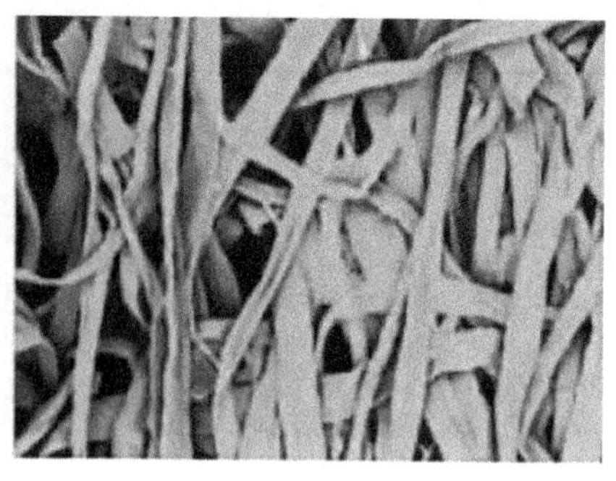
（b）木浆纤维面

图4-28　黏胶/木浆纸水刺复合非织造材料电镜照片

有人以木浆纤维和黏胶纤维为原料、以环保可降解的聚乙二醇为黏合剂，采用湿法成网—化学黏合加固工艺制备可冲散非织造材料。结果表明，纤维自身特性及各组分含量对材料的性能有明显影响，当木浆纤维质量分数在40%~60%时，材料的性能基本满足实际使用要求和可冲散性要求。当木浆纤维与黏胶纤维质量比为1∶1时，可获得性能最佳的可冲散非织造材料。

湿法成网发展于造纸技术，生产速度快且可加入特种纤维。通过水力缠结使纤维集合体物理加固，从而替代黏合剂固结。采用湿法成网和水刺加固工艺技术开发的新型纯纤维素纤维湿纸巾，在使用时有一定强度，可在抽水马桶下水道中快速分散，不引起城市管道堵塞。同时，无须倾倒或焚烧，可完全降解，减少了对环境的污染。该工艺技术制备的湿纸巾已成为可冲散湿纸巾的发展方向。湿法成网水刺加固非织造材料的结构如图4-29所示。

湿法成网水刺加固非织造材料具有凹凸条状水刺纹结构，纤维大都以“U”形缠绕抱合。材料为短纤维（短切再生纤维素纤维和木浆）缠绕抱合集合体，以木浆为主。

图4-29　湿法成网水刺加固非织造材料SEM图

4.6　面膜

4.6.1　概述

现代都市人越来越重视皮肤保养，在日常使用的护肤品中，面膜产品高居前列，使面膜从最初的特殊护理产品成为现在的快消产品，面膜市场目前已成为我国日化行业增长最快的细分市场之一。淘宝平台的数据显示，“90后”男生变得越来越精致，双12期间，有超过2万名男生在淘宝的“洋淘秀”上推荐了面膜，还发表了各种非常专业的评论。图4-30是常见面膜。

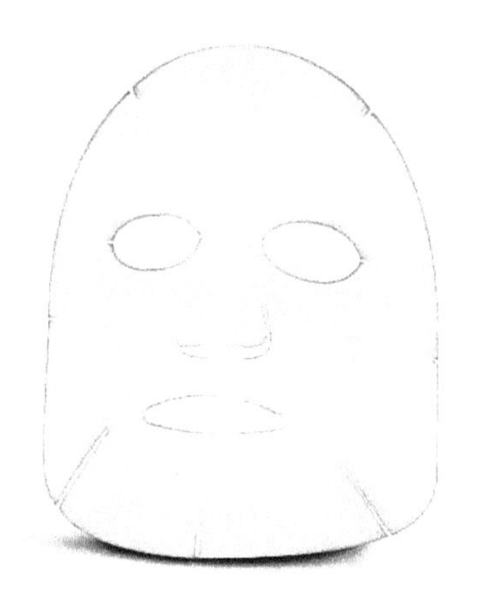

图4-30　常见面膜外观

实际上，面膜的发展历史并不长。1998年，SK-II经典面膜产品进入中国市场，国内面膜行业开始起步。2003年，美即面膜面市，开创了单片销售模式。随后，膜法世家、御泥坊等本土品牌迅速跟进，整个行业处于消费培养阶段。2014~2018年，电子商务迅速发展，百雀羚、自然堂等国产品牌企业开始转型升级，加大在面膜产品中的投入，面膜行业进入消费成熟阶段。2017年，我国面膜市场规模已经突破200亿元大关，其增速还继续保持上升的趋势。面膜作为一种日用消费品，已经被越来越多的消费者所接受。

目前，我国消费者最喜欢的面膜为有基布的贴片式面膜，由于这种面膜符合亚洲人护肤习惯，所以亚洲也是全球贴片面膜消费最多的地区。据前瞻经济学人统计报道，我国在贴片式面膜市场的占比为47.6%，是面膜市场规模最大的国家，部分国家和地区面膜消费能力如图4-31所示。图4-32是2013~2018年我国面膜行业市场的规模增长情况。

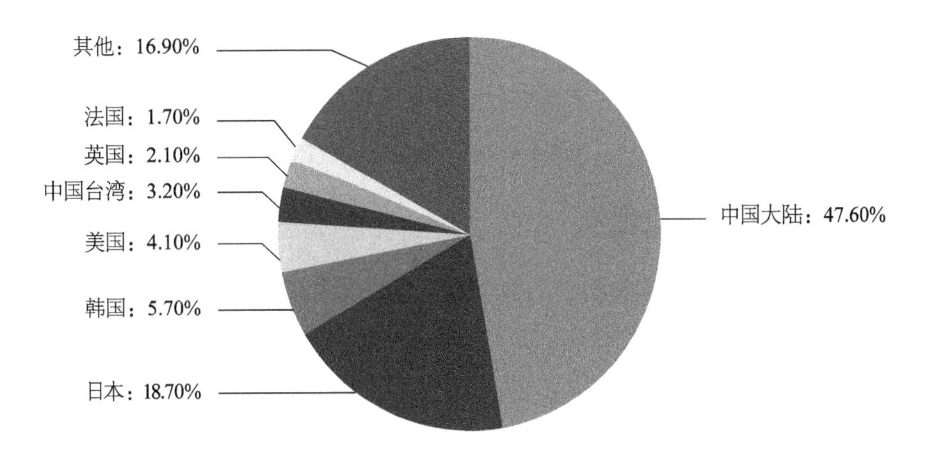

图4-31　部分国家和地区面膜消费能力占比图

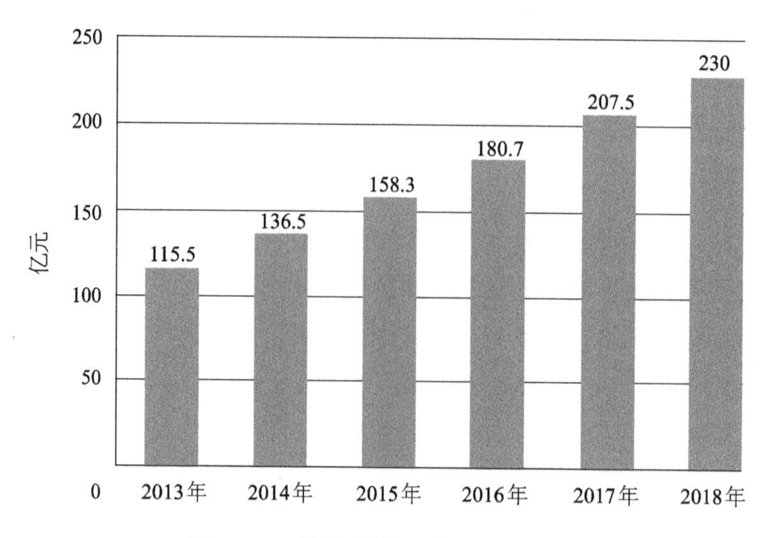

图4-32　中国面膜行业市场规模增长情况

4.6.2　面膜分类和基布性能要求

面膜的分类方法很多，按照产品形态可分为贴式面膜、啫喱面膜、粉末类面膜、膏状面膜四类。其中贴式面膜产品携带方便、使用简单快捷、可长期保存，是最受消费者欢迎的面膜种类，也是市面上最常见的面膜。贴式面膜由面膜基布和精华液组成，精华液含有大量功效性成分，达到对皮肤补水保湿、美白祛斑等效果。面膜基布作为载体，需要具有吸附精华液、能固定在脸部特定位置、促进皮肤对精华液的吸收等功能。

市场上的面膜基布大多数是水刺非织造材料，其特点是贴肤性好、可选用纤维品种多，结构性能多样化，符合“一次性使用、实用方便、安全卫生、低成本”的面膜使用要求。常见的贴式面膜基布材质主要以天然纤维素纤维（如棉纤维）和再生纤维素纤维（如黏胶纤维）为主，近几年市面上出现了铜氨纤维等面膜专用纤维。

面膜基布的性能主要包括吸液、保液、透气、拉伸强力、贴肤性等，一般要求面膜基布的吸液量为其自身重量的10倍以上。消费者最希望通过使用面膜达到补水保湿的效果，其次为排毒、控油、抗衰老等。在面膜基布方面，大部分消费者认为面膜基布是否贴合面部肌肤、尺寸是否合适最重要，也有消费者认为面膜的透气性也很重要。

4.6.3　面膜基布研究开发现状

面膜基布是决定面膜使用效果和消费者购买欲望的主要因素。现今面膜市场上使用的面膜基布大多数为非织造材料。如何制备出一款性能优良、满足消费者需求的面膜基布至关重要。但实际上，有关这方面的文献报道并不多，现从纤维原料和成形工艺技术两方面进行介绍。

4.6.3.1　新型纤维

棉纤维是一种天然纤维素纤维，由100%纯棉纤维经交叉铺网后水刺加固制成的非织造材料，具有吸水后不易变形、纵向和横向拉神强力大、洁白柔软、贴肤性好等优点。黏胶纤维是一种再生纤维素纤维，具有成网加固工艺适应性好、吸湿透气性好、强度高等优点。国际著名的黏胶纤维企业——兰精公司开发了系列面膜专用黏胶纤维。蚕丝是一种动物蛋白质纤维，富含十八种人体必需的氨基酸，其结构与人体肌肤极为相似，被称为人体“第二皮肤”。蚕丝美容在中国已有悠久的历史，据说其所含氨基酸还能有效抑制皮肤生成黑色素。蚕丝面膜基布轻、滑爽，隐形效果佳。但蚕丝纤维价格高，纤网成形过程中容易带静电，纤网均匀性较差，故使用受到一定限制。

近几年来，由铜氨纤维制成的透明隐形面膜非常受消费者欢迎。它轻柔薄透，就像第二层肌肤，完全隐形透明，贴肤性极佳，使肌肤可充分吸收精华素，改善肌肤各种问题。铜氨纤维是一种再生纤维素纤维，它是将棉短绒等天然纤维素原料溶解在氢氧化铜或碱性铜盐的浓氨溶液中成为纺丝液，纺丝后进入凝固浴，再还原成水合纤维素，拉伸定形而制成的纤维。通过水刺非织造加固工艺将其制成面膜基布，贴敷时具有柔软、轻薄等优点，湿态下接近透明，满足了人们对面膜既实用又美观的双重需求。

海藻酸钙（钠）纤维是一种以海洋生物质海藻为原料的人造新型纤维，具有优异的吸湿性、可生物降解性、生物相容性和金属离子吸附性等一系列优良性能。它吸湿后呈凝胶状，具有很好的贴肤性。据说，海藻纤维还具有海藻的各种护肤功效，非常适合用于制作高档面膜基布。有人通过两步法对海藻/铜氨混纺水刺面膜基布进行凝胶化改性，得到了遇水立即成为凝胶的面膜基布，是一款理想的新型功能性面膜。

壳聚糖纤维具有良好的抗菌性，将其成形为非织造材料后，具有吸湿性好等优点，是高档面膜基布。但由于壳聚糖纤维价格较高，纤维本身的机械性能较差，梳理成网过程中落纤严重，常常需要与黏胶纤维等共混后制成面膜基布。

为了提高面膜基布的吸湿性，有人将新型超吸水聚酯纤维与黏胶纤维共混成网后水刺加固，制备出不同混纺比的水刺面膜基布，发现该共混面膜基布的拉伸强力大，柔软性好，透气和透湿性明显优于普通黏胶纤维和涤纶混纺水刺非织造布。另外，还有细菌纤维素、新型维生素和金载纳米纤维等新型纤维面膜基布方面的研究报道。

4.6.3.2 新型面膜基布

面膜基布基本都采用水刺非织造加固工艺技术。但随着市场需求的多元化发展，也有其他工艺技术方面的研究。有人将聚丙烯纺粘长丝纤维网与黏胶纤维网复合水刺，使短纤维与长丝相互缠结，从而实现两种不同成网方式的优势互补，产品尺寸稳定性好。该双层结构纤维网用作面膜基布时，营养液大部分被黏胶纤维层所吸附，与人体皮肤紧密接触，可以使美容液得到充分利用。有学者采用原位添加透明质酸静态发酵培养技术，制得透明质酸—细菌纤维素生物复合面膜，该面膜呈现“上致密、下疏松”的双层结构，具有非常好的贴肤性。

近年来，微胶囊技术非常活跃，有人采用喷雾干燥法与纳米喷雾相结合，将复合微球均匀喷洒于黏胶纤维非织造材料上，成为含有胶原蛋白/壳聚糖微球的保湿面膜，具有较好的保湿、透湿以及生物相容性。也有将微胶囊直接添加到面膜精华液中的方法，结合性能优良的面膜基布，达到控制释放面膜中有效成分的效果。

为了占领高端市场，许多国际化妆品企业都在推出新型结构与功能面膜，如采用纳米纤维、穴位定点等。日本Flowfushi公司的Saisei“穴位面膜”，主打保湿和改善面部皱纹功效，在面膜穴位印花处还加入富含大量负离子的矿物质成分，面膜基布电镜照片如图4-33所示。

从图4-33可以看出，该面膜基布由三种不同细度的纤维组成，一种是沟槽状纤维，直径最大，约为15μm，其余两种纤维表面光滑，直径分别为0.8μm和5μm。根据纤维间的缠结结构和面膜基布外观，推测是由水刺非织造工艺加固而成。进一步通过红外光谱分析检测，推测该面膜基布中含有涤纶和黏胶纤维。

有的面膜企业采用喷墨印花技术，将纳米银浆和石墨烯混合液涂覆于面膜基布表面，形成导电纹路层，可连接肌肤检测器检测脸部肌肤状态。进一步搭配“面膜小精灵”和智能APP，可以实时监测敷面膜过程中的皮肤状态以及对面膜精华的吸收程度。图4-34是一款具有检测皮肤吸湿功能的面膜。

总之，随着消费水平的不断提高，消费者对于中高端面膜的需求会越来越多。从面膜基布来看，绿色可降解将是未来研究方向。另外，贴肤性越好、精华液携带量越多、越薄的面膜基布，将越受消费者欢迎。企业应充分利用铜氨纤维、蚕丝纤维、壳聚糖等生物质纤维，开发可满足绿色化要求的基布。或者通过采用超细纤维来改善基布结构，优化加工工艺，获得更加轻薄、贴肤性更好的面膜基布。

图4-33 Saisei“穴位面膜”基布电镜照片

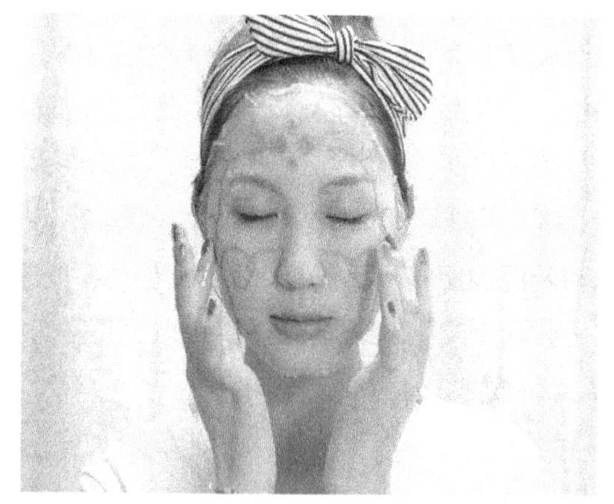

图4-34 具有检测皮肤吸湿功能的面膜

参考文献

[1] 冯昕. 一次性擦拭巾主要原料趋势分析[J]. 生活用纸，2019（6）：53-56.

[2] 崔景强，张洪亮，王富利，等. 具有梯度结构的壳聚糖纤维敷料的制备及其导保液特性[J]. 产业用纺织品，2019，37（8）：22-27，42.

[3] JANET O' Regan. 全球婴儿护理用品市场的现状与展望[J]. 生活用纸，2019（8）：64-67.

[4] 郭盛，徐金霞. 纸尿裤透气性能的测试[J]. 生活用纸，2019（1）：72-74.

[5] 刘亚，吴汉泽，程博闻，等. 非织造医用防护材料技术进展及发展趋势[J]. 纺织导报，2017（S1）：78-82.

[6] 司徒元舜. 医疗卫生非织造材料的加工：原料、工艺及装备[J]. 纺织导报，2017（6）：83-86，88-89.

[7] 张恒，吕宏斌，车福生，等. 梯度结构的聚酯/黏胶热风非织造材料及液体非对称传输特性[J]. 丝绸，2019，56（7）：46-51.

[8] 雷明月，颜超，崔莉，等. 海藻酸钙纤维非织造布的水凝胶化改性及机理[J]. 化工学报，2018，69（4）：1765-1773.

[9] 杨兆薇，张淑洁，伏立松，等. 医用非织造材料的研究进展[J]. 产业用纺织品，2019，37（7）：1-5.

[10] 姜濛. 基于纺织品的个人卫生防护品研发新趋势[J]. 中国纤检，2019（8）：110-112.

[11] 顾鹏斐，李素英，戴家木. 非织造材料基新型医用敷料的研究进展[J]. 高分子通报，2018（12）：17-21.

[12] GYEUNG MI SEON，MI HEE LEE，BYEONG-JU KWON，et al. Recombinant batroxobin-coated nonwoven chitosan as hemostatic dressing for initial hemorrhage control [J]. International Journal of Biological Macromolecules，2018：113.

[13] YAN Dong，HU Shihao，ZHOU Zhongzheng，et al. Different chemical groups modification on the surface of chitosan nonwoven dressing and the hemostatic properties [J]. International Journal of Biological Macromolecules，2018（Pt A）：107.

[14] J.D. BUMGARDNERL，V.P. MURALIL，H. SUL，et al. 4-Characterization of chitosan matters [M]. London：Elsevier Ltd，2017.

[15] 娄辉清，曹先仲，刘东海，等. 湿法成网—化学黏合可冲散非织造材料的制备及性能[J]. 丝绸，2019，56（11）：6-13.

[16] 房乾，王荣武，吴海波. 海藻纤维针刺复合医用敷料吸湿透气性能的研究[J]. 产业用纺织品，2015，33（2）：24-28.

[17] 陈晶晶，吴海波. 蚕丝/ES 非织造布的亲水整理[J]. 东华大学学报：自然科学版，2015，41（5）：615-619.

[18] 郑蕾，徐熊耀，吴海波. 热风穿透黏合多层复合导流层的制备及其性能测试[J]. 东华大学学报：自然科学版，2019，45（1）：34-38，66.

[19] 胡杰，徐熊耀，吴海波. 成人失禁裤/垫芯的制备与性能研究[J]. 产业用纺织品，2019，37（3）：17-23.

[20] 位华瑞，王洪，孙冈剑. PP 纺黏非织造布的亲水整理[J]. 产业用纺织品，2018，36（9）：36-39.

[21] 王洪，张希成，阮梦瑶. 吸色布吸色效果和吸色机理研究[J]. 纺织科学与工程学报，2019，36（4）：29-32，49.

[22] 唐瑶，靳向煜，孙严琼. 两种用木浆纸水刺复合的可冲散非织造材料的性能对比[J]. 产业用纺织品，2013，31（3）：28–32.
[23] 王洁，殷保璞，靳向煜. SMS 手术衣材料的“三拒一抗 / 单向导湿”双面泡沫整理[J]. 东华大学学报：自然科学版，2014，40（4）：476–480.
[24] 吴杰，吴海波，靳向煜. 壳聚糖 / 黏胶 / 涤纶水刺复合医用敷料的制备及其吸湿性能的研究[J]. 产业用纺织品，2014，32（3）：18–21.
[25] 王丹，王玉晓，靳向煜. 生物基纤维在非织造材料中的开发与应用[J]. 纺织导报，2016（8）：71–74.
[26] 王伟，黄晨，靳向煜. 单向导湿织物的研究现状及进展[J]. 纺织学报，2016，37（5）：167–172.
[27] 王玉晓，李晶，王丹，等. 医用非织造产品的研究与应用进展[J]. 纺织导报，2017（12）：69–72.
[28] 邓惠文，高颖俊，靳向煜. 羧甲基壳聚糖 /ES 纤维水刺医用敷料的制备和性能[J]. 东华大学学报：自然科学版，2017，43（6）：834–840.
[29] 张寅江，王荣武，靳向煜. 湿法水刺可分散材料的结构与性能及其发展趋势[J]. 纺织学报，2018，39（6）：167–174.
[30] 王丹，阮梦瑶，赵保军，等. 超疏水纯棉大网孔水刺材料的制备及性能[J]. 东华大学学报：自然科学版，2019，45（2）：181–188.
[31] 齐国瑞，柯勤飞，李祖安，等. 纯棉水刺非织造材料的单向导水无氟整理[J]. 纺织学报，2019，40(7)：119–127.
[32] 李娜，钱晓明. 医用非织造材料的发展与应用[J]. 纺织导报，2017（3）：67–70.
[33] 王一帆，钱晓明. 功能性成人失禁裤的研究进展[J]. 纺织科技进展，2017（1）：56–58.
[34] 王雨，钱晓明. 婴儿纸尿裤各层结构的研究现状及市场发展[J]. 纺织导报，2016（12）：66–69.
[35] GB/T 38014—2019. 纺织品手术防护用非织造布[S].
[36] 邓晓明. 基于水刺工艺的非织造敷料的湿传递性能研究[D]. 上海：东华大学纺织学院，2018.
[37] 齐晶晶. 仿 3S 柔滑爽卫生用热风非织造材料的研发[D]. 天津：天津工业大学纺织学院，2019.
[38] 李悦. 婴儿尿裤结构与吸收性能关系的研究[D]. 上海：东华大学纺织学院，2015.
[39] 杨煦，张月，左文静，王洪，等. 我国面膜市场调研及发展现状研究[J]. 纺织导报，2019（6）：100–103.
[40] 陈冉冉，黄晨，王荣武. 超吸水聚酯纤维面膜基布的制备与性能研究[J]. 产业用纺织品，2019，37(6)：38–44.

第5章　其他产业用非织造材料

5.1　前言

非织造材料除了大量用于医疗卫生和过滤等领域外，还广泛用于土工、建筑、农业、汽车等领域。虽然土工非织造材料的市场规模不小，但其结构和成形工艺相对较单一，将在本章第五小节进行介绍。汽车用非织造材料已有相关书籍，本书也仅作简单介绍。近年来，超纤合成革、防刺非织造材料非常热门，另外一些小众应用，如吸水、吸油、微孔膜支撑材料、重金属吸附材料等，对非织造材料的结构及其性能有特殊要求，本章将分别进行介绍。

5.2　农用麻纤维非织造材料

5.2.1　麻纤维性能

麻纤维是一种天然纤维素纤维，是一年或多年生草本双子叶植物皮层的韧皮纤维和单子叶植物的叶纤维，是各种韧皮和叶纤维的总称。在当前绿色环保生态可持续发展的社会需求下，充分开发和利用麻纤维，将其开发利用为农用非织造材料，实现美化环境、增产增收效果后再回归大地，意义重要。

麻纤维是由单纤维细胞通过果胶等物质相互粘连在一起形成的，需经过脱胶工艺处理，才可以用作纺织纤维原料。在合适的脱胶工艺下，苎麻和亚麻可分离成单纤维。而黄麻单纤维细胞长度仅为1.5～5mm，只能分离成适当大小的纤维束进行纺纱，俗称工艺纤维。工艺纤维的细度分布在60～250μm之间，模量较高、纤维间抱合力小。

即使是苎麻和亚麻，其纤维还是非常粗硬的，这是因为苎麻和亚麻纤维胞壁中的纤维素大分子取向度比棉纤维高，其纤维强度比棉纤维高，可达6.73cN/dtex。但其伸长率仅为3.5%，只有棉纤维的一半。麻纤维比棉纤维脆，在后续纺织加工过程中容易断裂，纺纱成形性差。常规苎麻纤维纺纱线密度为20.83～27.78tex（36～48公支），而亚麻纱线一般为27.78～41.67tex（24～36公支）。同时，在传统麻纤维纺纱过程中会产生大量的落麻，其纤维长度小于20mm。我国麻资源较丰富，麻纤维纺织品产量也逐渐增多。如果能够回收再利用这些下脚料，可以降低企业生产成本，提高麻纺企业的盈利能力。

虽然麻纤维难以采用传统纺织成形工艺进行后续加工，但麻纤维本身具有优良的吸湿、透气和抑菌等性能，如何利用非织造成形工艺技术将其成形为农用非织造材料，是近几年的研究热点。下面介绍几种麻纤维非织造材料在农业领域的应用实例。

5.2.2 农用非织造材料

在农用麻纤维材料中，麻袋作为传统的粮食包装材料，是通过机织工艺制成的具有一定经纬密度的纺织品，具有透气、结实、容易码垛等优点。但由于其价格较贵，重量体积较大，已经逐渐被塑料薄膜和编织袋类包装材料所替代。近几年来，随着农业种植技术的发展，出现了许多新型农用材料，如地膜、温室遮阳布、杂草防护布、植物防寒覆盖被、幼苗培育膜、水果套袋、育秧膜、无土栽培机质、植保袋等，其中许多材料是采用非织造成形工艺技术的。本书作者结合自己多年来在该领域的研究，分别介绍如何利用非织造成型工艺技术，将麻纤维用作农用地膜、育秧膜、无土栽培基质、育苗器和新型粮食包装袋等农用非织造材料。

5.2.2.1 农用地膜

农用地膜覆盖栽培是现代农业中促进作物高产的有效方法，农用地膜的覆盖可以促进农作物早熟5～20天，产量增加30%～50%。农用地膜具有提高地温，保持土壤水分，调节土壤养分转化，促进微生物活动，抑制盐碱上升等功能。覆盖地膜后，有利于农作物生长发育，而杂草生长则被抑制，因而作物产量得以增加。农用地膜铺设如图5-1所示。

图5-1 农用地膜铺设

我国最早从日本引进农用地膜覆盖技术，发展到今天已经大量使用，农用地膜在中国的农业体系中起到了非常重要的作用。但是，传统塑料地膜难以回收，在土地中难以降解，其大量使用造成了“白色污染”。

近年来，为了解决传统塑料地膜对土壤及环境的污染，开发出了许多可降的地膜，如淀粉添加型生物降解地膜、光降解地膜、光/生物双降解地膜和植物纤维地膜等。淀粉添加型生物降解地膜是将淀粉与普通聚合物树脂共混或共聚成膜，只有淀粉可降解，其他部分难以完全降解，不能彻底解决对环境的污染问题。光降解地膜只有在光照下才能降解，埋在土壤里的地膜因为见不到阳光而不能分解。另外，光/生物降解地膜虽然能把地膜降解成小颗粒，短期内对作物生长不会有明显的负面影响。但是，随着地膜的长期使用，土壤中的塑料颗粒会逐渐积累，可能会带来更严重的污染，不利于农业的可持续发展。

日本等国家已经在使用可完全降解的纸地膜，但纸地膜强度低，抗风雨能力差，铺网时容易被扯破，难以大面积推广使用。前几年，我国农业科学院麻类研究所开发了一种麻纤维地膜，它是将麻纤维通过罗拉梳理和气流成网后，再用聚合物树脂黏合剂黏合加固而成的地膜。因其所含黏合剂不易降解，故掩盖了麻纤维的绿色环保性。

为了充分利用黄麻纤维的绿色可降解性，并使所得黄麻地膜具有较好的力学性能，有人将黄麻纤维与低熔点纤维混合后经气流成网为薄型纤维网，然后通过热轧加固的方式将纤网加固为复合地膜材料。结果发现，当低熔点纤维和黄麻纤维以 30 ∶ 70 的比例混合后，在模压温度为 115℃、模压压力为 5MPa 和模压时间为 30s 的条件下，可以得到力学性能较好的复合地膜。图 5-2 是单位面积质量为 40g /m² 的复合麻地膜。当采用聚乳酸纤维为热熔纤维时，所制成的复合地膜可以完全降解。

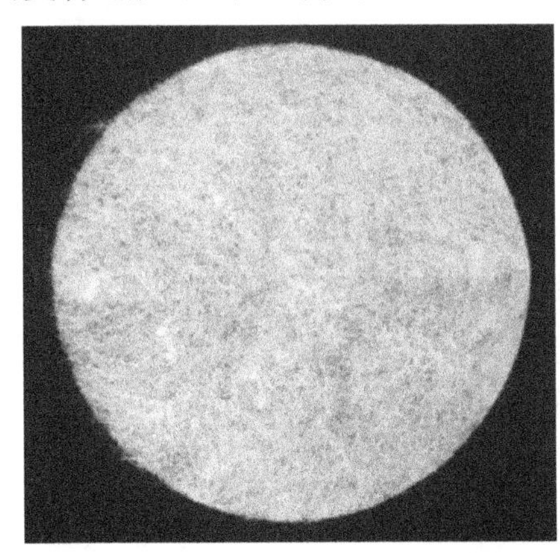

图 5-2　低熔点纤维/黄麻纤维复合地膜

许多人研究了麻地膜的应用效果，发现它不但具备传统塑料地膜所具有的保温、保水、抑制杂草生长和促进微生物环境的特点，还可以自然降解，具备大规模产业化应用前景。

5.2.2.2　育秧膜

近年来随着农业现代化的推进，水稻等农作物开始采用机械插秧，将培育好的水稻秧苗通过机械插秧种植。普通育秧盘育成的水稻秧苗秧毯在运输和机插时极易碎裂，严重影响栽插效率，并造成很大浪费。近几年，一种称为育秧膜的麻纤维非织造材料得到了推广应用。育秧时在现有水稻育秧塑料盘底部铺上一层育秧膜，育秧完成时可以非常容易将整个秧毯整体取出，在运输和机器插秧时，秧毯中的秧苗不容易散乱，大大提高了插秧效率。图 5-3（彩图见插页）是采用麻纤维非织造材料育秧膜培育的

图 5-3　由麻纤维非织造材料育秧膜培育的水稻秧苗

水稻秧苗秧毯。

进一步研究发现，使用育秧膜育秧后，水稻产量有所增加。这是由于使用育秧膜后水稻秧苗的盘根更发达，大大提高了插秧后的植株成活率。这种麻纤维育秧膜全部由麻纤维组成，可以完全降解，保证了农田在长期使用麻纤维非织造材料后土质不受影响。我国具有丰富的麻纤维资源，种植面积和产量均居世界首位，在众多的麻品种中，采用红麻与大麻纤维混合制备育秧膜，可降低成本，减少环境污染。图5-4（彩图见插页）为机械插秧作业图。

图5-4　机械插秧作业图

有人较详细地研究了麻纤维育秧膜的制备方法，先配置一定浓度的纤维素类胶黏剂水溶液，采用气流成网将纯麻纤维成网后，再将胶黏剂水溶液喷洒到麻纤维网表面，最后经热风烘燥，得到具有一定力学性能和尺寸稳定性的纯麻纤维网，其结构如图5-5所示。结果表明，通过调节不同细度麻纤维的配比、黏合剂种类及黏合剂浓度，可制备出性能良好的红麻/大麻育秧膜。

图5-5　育秧膜表面电镜图

麻纤维育秧膜是一种完全可降解的非织造材料，适于机械化作业，可自然降解，具有一定的增产增收效果，在我国正处于大规模产业化应用阶段。

5.2.2.3　无土栽培基质

我国无土栽培的历史悠久，养水仙、生豆芽等都是原始的无土栽培。无土栽培主要有水培、雾培和基质培育等方式，其中，基质是一种具有一定结构的生长介质，它能够为植物的生长提供稳定协调的气、水、养分环境。换句话说，就是除了能够支撑并固定植物以外，还是水分、气体和肥料的载体，养分和水分能够在基质中进行中转和转移，使植物能够有选择性地吸收自己所需要的营养物质。合理选择基质是无土栽培的重要环节，直接关系到植物能否正常生长。无土栽培广泛应用于草坪、水果、蔬菜和花卉种植上。

非织造材料具有透气、保湿、保形性好、成本低等优点，在无土栽培基质领域的应用受到诸多商业人士和学者的青睐。相比于传统的土壤，非织造材料可以通过人工调节其中的肥料成分。非织造材料具有良好的透气性好、孔隙率大、保水性好，对于植物根茎的生长十分有利。非织造材料还具有较高的伸长率，在卷装和转移过程中不容易损坏，卷装草坪如图5–6所示。

有人采用针刺和热熔复合非织造成网加固工艺技术，将麻纤维与低熔点纤维共混成网后进行简单的预针刺，然后再送入热风烘箱中热熔加固，得到了蓬松性优良的麻纤维无土基质材料，如图5–7所示（彩图见插页）。进一步选取绿化草本植物中最常见的三角草进行种植实验，发现三天后三角草发芽，五天见绿，可以进行卷装转移种植，如图5–8所示（彩图见插页）。

我国城市屋顶绿化，街道景观垂直绿化以及废旧矿山绿化等需求，刺激了无土栽培基质材料的市场需求。

图5–6　卷装草坪照片

图5–7　红麻/低熔点纤维热风加固非织造材料

图5–8　红麻/低熔点纤维热风加固非织造材料无土栽培种植试验图

5.2.2.4　育苗器（植保袋）

种苗的培育是林木业生产的起点，是整个林木业生产中的关键环节。20世纪50年代，国外育苗器开始成形。到21世纪，容器育苗技术走向成熟。容器育苗就是将配比好的培养基装入育苗器后进行树种育苗的一种林木种植作业。育苗容器可以分为塑料容器、泥容器、非织造材料容器和新型容器等，其规格主要取决于树种、培育时间等因素。容器育苗有不损伤根系、成活率高等优点，是林木业最科学合理的育苗技术之一。法国研制成功的非织造材料育苗容器是当前世界上最科学先进的育苗技术。表5–1是主要育苗容器的规格参数。

表5–1　主要育苗容器的参数

容器种类	材质	规格 /cm	苗龄 / 年
塑料薄膜	聚乙烯	(3～4)×(12～15)	0～0.5
		(4～5)×(12～15)	0～1.0
		(6～7)×(15～17)	0～1.5
		(5～6)×(15～17)	0.5～1.0

续表

容器种类	材质	规格 /cm	苗龄 / 年
硬塑料杯	酚醛塑料	(3～4)×(12～14)	0～1.0
营养钵	聚乙烯、泥炭癣、聚合纤维	5×5×7	0～0.5
纸容器	纸浆和合成纤维	4×8	0.5～1.0
		(3.6～5.5)×(8～10)	0～1.0
非织造材料容器	聚丙烯纤维	(5.5～8)×(10～12)	0～2.0
		(8～10)×(10～12)	0～3.0

传统的育苗容器选用聚乙烯塑料无底袋或有底打孔袋，存在根系难以穿透塑料薄膜、根系卷曲难以舒展、造林后苗木生长缓慢等弊端。使用非织造材料作为育苗容器，可以解决其他材质容器在栽培中发生的多种问题，能有效提高种植速度和质量，杜绝缠根问题。同时，其成形高效便捷，在协助林业的有效种植、绿化用林方面起到了积极作用。图5-9所示为非织造材料育苗袋。

图5-9　非织造材料育苗袋

自2013年以来，济源市林业局采取非织造材料育苗袋和移植育苗技术相结合，在砂页岩山区和石质山地累计种植800万株侧柏，广泛用于荒山造林，成活率在90%以上。种植实验结果认为，非织造材料植保袋有以下几个优点：① 苗木木质化程度高，能够耐受在运输环节的损伤，防止苗木脱水；② 苗木根系发达，与营养钵籽播苗相比，经过移植，侧根主根都重新萌发，侧根数量远远超过籽播苗的数量，并且都穿透非织造植保袋；③ 无须脱去容器直接用于造林，避免在脱去容器过程中的土球散落；④ 由于非织造材料的网状微孔结构，有利于造林后根系的发育和苗木的快速生长，造林后萌生的新根容易穿透非织造植保袋，该植保袋通气透水，有利于水分、养分在基质与土壤间循环。

近几年我国非常重视“三农”问题，开发新型可降解的麻纤维非织造材料植保袋，在发挥现有非织造材料类植保袋优点的基础上，无须脱去容器直接用于造林，麻纤维可在土壤中自行降解。但相对于普通非织造材料，麻纤维非织造材料成本要高出许多，需要从产品技术标准等角度规范市场，推动我国林业建设工程、速生丰产林工程的发展。

图5-10　黑色容器套罩韭黄种植方法

5.2.2.5　韭黄种植覆盖材料

韭黄是韭菜通过培土、遮光覆盖等措施，在不见光的环境下生长出来的黄化韭菜。韭黄不但营养丰富，还具有一定的食疗保健作用，为人们所喜爱。传统的容器套罩、土培种植方法人力成本高，无法与农业现代化相适应。图5-10是黑色容器套罩种植方法。采用覆盖黑色塑料薄膜遮光种植方式，具有密植、遮光、增产、品质高等优点。但是，塑料薄膜透气性差，容易造成韭黄叶片糜烂问题。近几年来，非织造材料成为新型韭黄种植覆盖材料。采用两层或者多层非织造材料缝制成的覆盖材料，具有透气、但不透光的特点，可以解决韭黄叶片糜烂问题。

当然，非织造材料也可以用于其他蔬菜、水果种植，具有透气性好，果蔬口味佳等优点。总之，麻纤维作为一种可生物降解、具有悠久发展历史的天然纤维素纤维，可以采用非织造成型工艺技术，进一步与其他纤维或者材料复合，制成多种农用非织造材料。相信随着农业现代化和非织造工艺技术的发展，麻纤维将在农业和林业得到更广泛应用。

5.3　车用非织造材料

5.3.1　概述

随着人们生活水平的不断提高，汽车已经成为日常生活的必需用品。而随着汽车人均保有量的增加，人们对汽车品质的要求越来越高。以前人们在买车时，更多关注的是车内空间以及动力配置。如今，消费者对车辆的舒适性提出了越来越高的要求。在影响汽车舒适性的因素中，噪声是一个重要方面。各大整车制造企业把近20%的研发经费用在解决车辆的噪声、振动与声振粗糙度（Noise，Vibration，Harshness，简称NVH）问题上。

以非织造材料为主的纺织品具有质轻、吸声隔声、比强度大、耐冲击、成型性好、耐磨、性价比高等优点，大量用在汽车上。除了可以解决上述噪声问题外，还具有过滤、隔热、加固及保护、装饰等功能。一辆汽车上有40种以上纺织品，如图5-11所示（彩图见插页）。

汽车用纺织品主要包括座椅、门内饰板、车厢地毯、车顶、仪表板、行李舱盖板以及吸声、隔热和隔振材料，其中，非织造材料主要用作吸声隔声、隔振衬垫，地毯，行李箱内饰、发动机罩衬垫，空气和燃油过滤等，下面重点以吸声、隔声、空气和燃油过滤等为例介绍汽车用非织造材料。

图5-11 汽车用纺织品位置（黑点处）示意图

5.3.2 车用吸声隔声非织造材料

5.3.2.1 噪声污染和吸声隔声机理

轿车在行驶过程中，由于发动机和轮胎与地面的摩擦，会产生严重的噪声。一般情况下，小于40dB的声强环境是人们所能接受的。如果长期生活在80dB以上的环境里，造成耳聋的可能性很大。除此之外，噪声还会造成听力受损等生理疾病。汽车噪声不但增加驾驶员和乘车人员的疲劳，而且影响汽车的行驶安全。随着现代工业以及交通的发展，噪声已成为影响全人类健康和环境的众多因素之一。如何减少噪声损害已成为全世界关注的问题。

有多种方法可以减少噪声污染造成的不利影响，最有效和最经典的解决方案是消除噪声源，但这并非总是可行的。采用吸声隔声材料来隔离和吸收噪声是目前最常见的降噪方法。

声波是一种机械能，它的传播必须依靠介质来实现。当声波达到材料表面时，局部被反射，局部进入材料内并继续向前传播。对于非织造吸声材料来说，其内部存在大量与外部相互联通的微孔，当声波进入其中传播时，会引起孔隙间的空气振动而耗散部分机械能，还会通过摩擦（振动空气和纤维孔壁内侧）和孔隙中的空气热交换而损耗部分机械能，从而使该材料起到吸声隔声作用。声波入射到多孔结构吸声材料时的声能分布如图5-12所示。吸声包括共振吸声和多孔吸声。

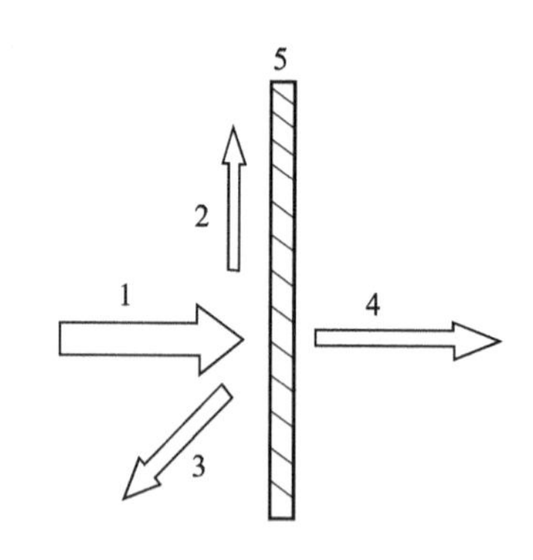

图5-12 声波入射到多孔结构吸声材料时的声能分布图

1—入射声能 2—转移为机械能
3—反射声能 4—透射声能
5—转化为热能

① 共振吸声。当声波入射到材料表面时，一部分声波被材料反射回去，另一部分则进入材料内部继续传播。当进入材料内的声波频率接近材料的固有频率时，材料内的空气会发生强烈振动，增大了材料与空气之间的摩擦，同时也增加了材料自身的摩擦，由此增加了声能的损耗，从而达到更好的吸声效果。当进入到材料内部的声波频率与材料固有频率差别较大时，材料内的空气振动较弱，材料的吸声效果不明显。

② 多孔吸声。非织造吸声材料内部有许多彼此连通的微孔，当声波入射到材料表面时，一部分被反射回去，另一部分则进入材料内部向前传播。声波在材料内部传播时，引起微孔中空气的振动，产生能量消耗。振动的空气又与形成微孔的纤维发生摩擦，由于黏滞性和热传导效应，将相当一部分声能转变为热能而耗散掉。此外，声波被材料内部的纤维表面反射后，一部分会透射到空气中，另一部分又反射回到吸声材料内部。声波通过这种反复传播，使能量不断转换耗散，从而使声能衰减，达到吸声效果。

声波在不同材料中的传播速度与损耗不同，如果声波通过某种材料时发生能量转换，振幅减小，则该材料具有吸声效果。通常平均吸声系数大于0.2的材料被称为吸声材料，可分为多孔结构吸声材料和共振结构吸声材料。

隔声材料定义为能够阻隔噪声的材料，它主要是通过对外部噪声的反射和吸收来降低声音向前传播的能量。但声波的反射会造成小环境的二次噪声污染，纺织材料主要是以吸收为主。

通过使用吸声和隔声材料降低轿车内的噪声，是高档轿车的主要性能指标之一。目前轿车上使用的吸声隔声材料主要位于车门和后备箱内衬垫等。

5.3.2.2　吸声隔声材料

非织造吸声隔声材料在轿车中广泛应用。中低档国产汽车主要采用废纺毡、玻璃纤维毡和聚氨酯发泡多孔材料为吸声隔声材料，但废纺毡厚重，防腐和防潮性差，吸声隔声效果有限。玻纤毡吸声性佳、阻燃及防腐性好。但因玻纤性脆，在制造和施工中容易形成纤维粉尘，影响操作工人身体健康并污染环境。聚氨酯泡沫塑料极易燃烧，在燃烧时还会释放有毒气体，危害环境与人体健康。而非织造材料具有柔软、孔隙率高、质轻和成本低等优点，是理想的吸声隔声降噪材料。

（1）非织造吸声隔声材料

日本尼桑公司在普通纤维中混入线密度小于0.55tex的异形截面纤维，制备出一种性能优良的汽车内饰用吸声材料。德国Worke公司将丙纶和亚麻纤维共混，针刺后模压成板，制成一种价格低廉的吸声材料，适用于坐垫和车身衬板垫。瑞士EMS-Chemie公司以及美国通用汽车公司都研发生产了用于汽车顶棚的吸声针刺非织造材料。英国Pritex公司将非织造材料与絮状薄型轻质材料复合，制成的复合材料吸声效果好，并可以将材料重量降低为普通棉毡的20%～50%。

（2）短纤维 / 熔喷非织造复合吸声材料

熔喷非织造材料的纤维直径一般为1～4μm，纤维比表面积较大，非织造材料的孔径小、孔隙率大，声波在材料内部被反射的概率增加，在汽车降噪领域具有良好的表现。但是，熔喷非织造材料的抗压缩回弹较差，使用一段时间后，蓬松性会下降，吸声效果变差。

为了克服这一缺点，美国3M公司开发了一种商品名为新雪丽（Thinsulate）的吸声材料，具有质轻、吸声性能优越等优点。随着非织造行业的技术发展，其成形方法和产品结构已被公开报道。它是一种短纤维/熔喷非织造复合材料，通过在熔喷非织造成形过程中吹入涤纶短纤维，使其与尚未冷却固化的熔喷超细纤维一起凝聚于成网装置上而成形。涤纶短纤维改变了熔喷非织造材料的弹性回复性以及孔隙结构，能更长久地保持优良的吸声性能，主要用于汽车门板、顶棚、行李箱等。其成形原理如图5-13所示。

该复合材料中的短纤维主要起骨架支撑作用，特别是采用粗旦高卷曲中空涤纶短纤维时，在同样的单位面积质量下，产品的压缩回弹性大大提高，且结构变得更加蓬松，具有长效吸声效果，同时也是一种优良的隔热和过滤材料。短纤维/熔喷复合非织造材料作为一种特殊工艺成型的材料，正逐渐取代普通非织造吸声材料用于高档轿车降噪。

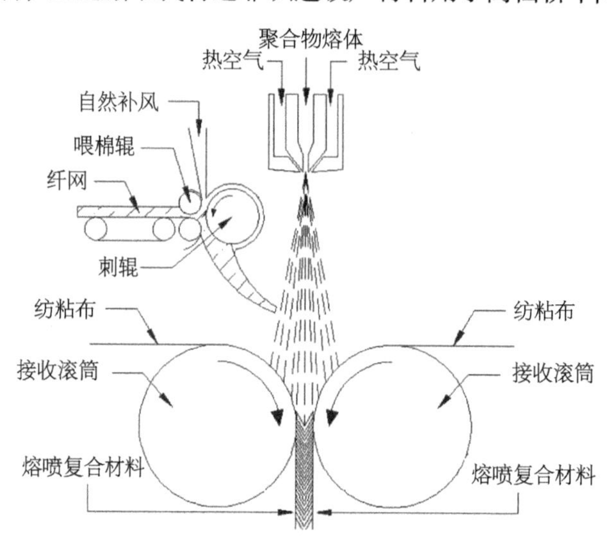

图5-13　短纤维/熔喷非织造复合材料成形原理图

5.3.2.3　影响非织造材料吸声性能的因素

非织造材料的原料来源丰富，成网与加固方法多样，非织造材料的结构差异很大，因而其吸声降噪性能也会不同，所用纤维细度和截面形状、材料的孔隙率等对其吸声隔声效果影响很大。

（1）纤维细度和截面形状

一般来说，纤维越细，由其制成的非织造材料的吸声效果越佳。因为在声波的作用下，直径较小的纤维容易移动和发生振动。同时，纤维越细，单位体积内的非织造材料含有的纤维根数越多，材料的孔隙结构更复杂曲折，更容易通过多孔吸声机理发挥每根纤维的吸声效果，因此其吸声效果就更好。另外，当纤维细度相同时，由异型截面纤维制成的非织造材料比圆形截面纤维表现出更好的吸声隔声效果。这是因为异形截面纤维的比表面积大，声波进入后与纤维表面摩擦增多，因而吸声效果更好。天津泰达公司制备了PET/PBT双组分吸声非织造材料，据称该材料吸声效果显著，在1000~5000Hz频率段中，该产品的吸声系数高达0.52~0.98。

研究发现，对热黏合非织造材料而言，通过增加材料中超细纤维的含量，其在低频区的吸声效果变好。但当超细纤维含量小于50%时，其对高频区声波的吸声效果变化不大。

有人将三维卷曲涤纶短纤维经气流输送至熔喷非织造成形机上，进一步在熔喷牵伸热空气作用下与熔喷超细纤维一起聚集在接收滚筒上，制得PET/PP分散复合熔喷吸声材料，其基本性能见表5–2。表5–2中的3号和5号为自制样品，3037号是3M公司的新雪丽样品。经测试，三种样品的纤维细度与吸声性能如图5–14所示。

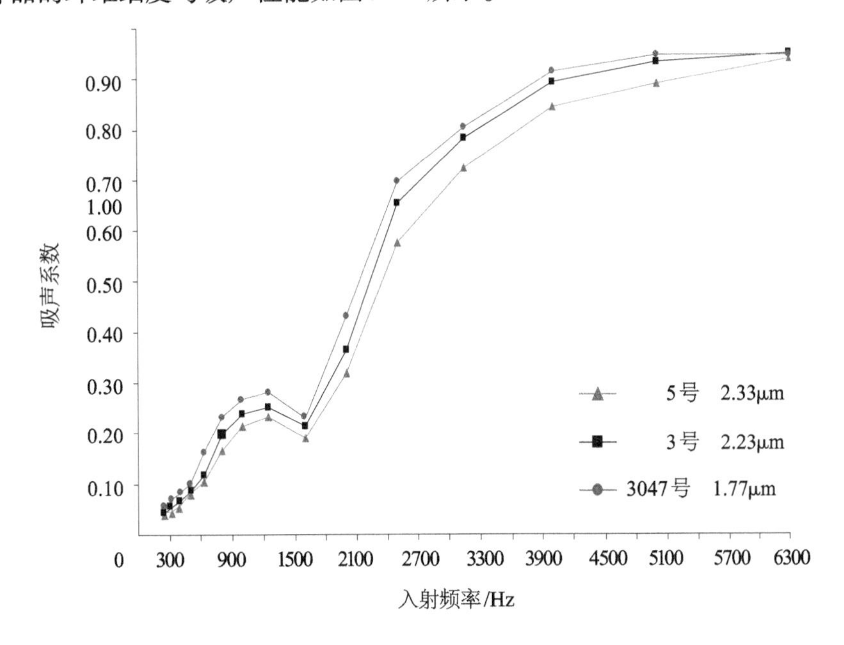

图5–14　不同熔喷非织造材料的纤维细度对吸声系数的影响

结果发现，熔喷纤维平均直径在1.7～2.4μm内变化时，其对吸声系数无显著影响。另外还可以看出，该自制材料的吸声性能接近3M公司的产品，优于传统车用废纺毡吸声材料。

表5–2　三种样品基本性能

样品类别	3号	5号	3047号
厚度 / mm	8	8	7
单位面积质量 / (g·m^{-2})	350	360	332
熔喷纤维平均直径 /μm	2.23	2.33	1.77

（2）材料厚度和孔隙率等结构因素

非织造吸声材料的吸声性能与其厚度有着密切的关系，一般情况下吸声系数随着非织造材料厚度的增加而增大，当厚度增大到一定程度后，吸声性能趋于稳定，其关系如图5–15所示。这本质是因为噪声的入射波长不同引起的，当入射波长较小时（中低频声波），材料越厚，吸声效果越好。而当入射波波长大于吸声材料的厚度时，吸声性能不受厚度的影响。研究发现，在1000～3000Hz范围内，增加材料厚度，吸声效果提升，而在其他频率段，厚度的改变对吸声效果的提升不显著。

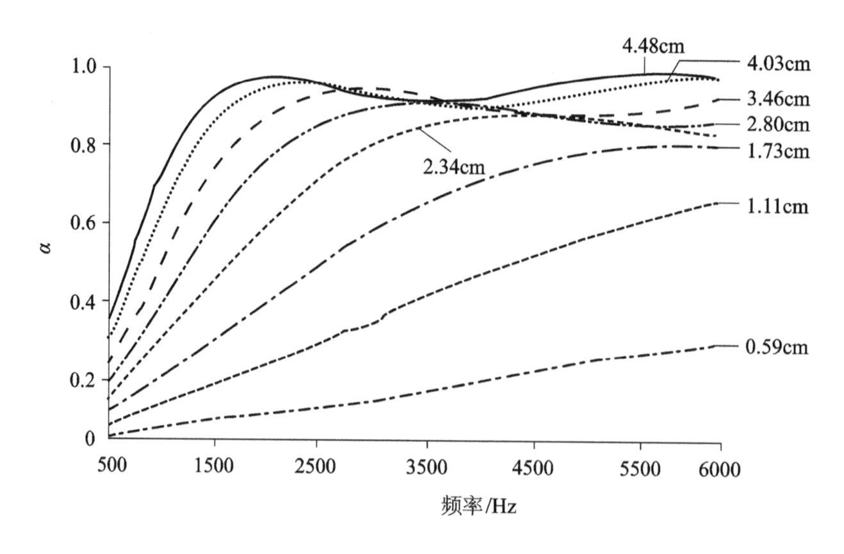

图5-15　厚度与吸声系数（α）的关系图

多孔吸声材料的密度和孔隙率也是影响其吸声效果的重要因素，因为厚度不变时，孔隙率随材料密度的增加而变小，比流阻随材料密度的增大而升高，材料中低频的吸声系数增大。因此，在厚度相同时，随着材料密度的增加，其吸声性能在高频段好，而在中低频段较差。

有人将梳理成网的涤纶针刺非织造材料与气流成网的涤纶针刺非织造材料进行对比，发现气流成网所得材料的吸声效果明显好于梳理成网。分析认为，气流成网所制样品中的纤维随机排列，更能在多孔吸声机理下发挥每根纤维的作用，增强了材料的吸声性能。

另外，有研究发现，复合材料的多层界面会对入射声波产生多次反射作用，尤其是软硬结合的复合材料能够消耗更多声能，对噪声的控制能够起到较好的作用。因此，将纺粘非织造材料复合在针刺、热风或者熔喷非织造材料表面，在提高产品表面耐磨性的同时，还具有更好的吸声效果。

总之，吸声降噪材料的研制与应用是汽车噪声控制领域的热点，而随着电动汽车的规模化生产，针对电动车的噪声控制（其噪声频率与动力车不同）更是近几年电动车需要攻克的难题。

5.3.3　车用非织造过滤材料（空调过滤器、发动机滤清器）

内燃机作为动力汽车的主要部件，通常需要在高转速、高机械和热负荷下运行，其工作状况直接关系到汽车功率的发挥和经济性能的好坏。在无保护情况下，空气中的沙尘颗粒一旦被内燃机吸入进气道，就会对压气机叶轮造成直接损伤，严重时会磨损活塞环与缸套，即通常说的“拉缸”。而空气过滤是目前解决内燃机安全进气的第一选择。

汽车用空气滤清器是汽车进气系统的核心部件，其结构如图5-16（彩图见插页）所示。

空气滤清器的作用是阻拦或滤除进气中的灰尘和杂质，将洁净空气供给内燃机燃烧使用，减少气缸套、活塞环、活塞及气门等主要零部件的磨损和故障，从而延长发动机的使用寿命，是保证汽车发动机经济指标、动力指标、可靠性和排放指标正常发挥的重要部件。

空气滤清器的容积大小不仅与进气量大小有关，还会影响进气噪声是否达标。空气滤清器内部的滤芯是一种易损件，需要定期进行清理维护或更换，以避免滤芯堵塞，导致发动机动力性下降。目前该滤芯多采用折叠工艺加工而成，常见结构如图5-17所示（彩图见插页）。空气滤清器的过滤效果除了与所用过滤材料性能有关外，还与折叠间隙、折叠宽度及折叠高度等参数有关。湿法非织造材料是汽车滤清器的主要原材料之一，电镜照片如图5-18所示。

图5-16　空气滤清器结构示意图

图5-17　空气滤清器用滤芯

图5-18　滤清器用湿法非织造材料电镜照片

空气滤清器的进气阻力对发动机的动力性有直接影响，进气阻力过高，发动机动力性下降。有研究发现，进气阻力每增加1kPa，发动机功率下降1%，因而进气系统的设计必须满足发动机对进气阻力的要求。一般清洁进气系统的进气阻力小于3.5kPa。

一些重载荷车辆的运行工况非常恶劣，空气中沙尘含量高，缩短了空气过滤器滤芯的使用寿命。由此，具有自清洁功能的滤清器应运而生，该滤清器内部滤芯表面不易黏附灰尘，可以通过反吹保养，使表面灰尘掉落，从而有效延长滤清器使用寿命。

除了内燃机空气滤清器，在汽车上还有用于提供车内舒适乘坐空间的空气过滤器。当汽车开启外循环模式时，大气中的细颗粒物会通过汽车进风口进入车内箱体空间。而汽车进风口的空气过滤器可以有效滤除空气中的细颗粒物，净化空气，确保车内小气候的安全舒适。该部分内容不展开介绍，可以参照第二章中空气过滤部分的内容。

5.3.4　其他车用非织造材料

除了上述吸声隔声和过滤材料，汽车其他部位也大量使用非织造材料，如衬垫材料、加固材料、装饰和保护材料等。

5.3.4.1　衬垫材料

衬垫材料包括车门衬垫、车顶衬垫、行李箱衬垫、遮阳板软衬垫等。衬垫材料起减震、隔声、隔热、密封、填隙等作用，可以提高轿车的乘坐舒适性。传统汽车内饰件是通过火焰热熔黏合法，将面层织物、聚氨酯泡沫、背面织物三层材料黏合而成。由于泡沫材料内含增塑剂和阻燃剂，在使用过程中容易产生雾化现象，影响人身健康及驾驶安全，目前汽车内饰材料多由高蓬松的涤纶和丙纶短纤维非织造材料所取代。德国非织造材料制造商Christian Heinrich Sandler公司生产的“Sawaloom6334”高蓬松针刺非织造衬垫能与车顶整体模压复合，且比传统材料轻约30%。

5.3.4.2 覆盖材料

车用非织造覆盖材料包括车顶针刺毡、车内地毯、行李箱地毯等。要求材料有较高的强力和耐磨性、抗起球、耐老化且染色性好。

汽车地毯是汽车上普遍采用的铺地材料和行李箱材料。要求舒适、抗污、吸声隔声、防潮、减震、抗污、阻燃等，常见的有簇绒地毯和针刺地毯两种。

顶棚是汽车内饰的重要组成部分，具有装饰、吸声隔声、隔热等作用，可以提高驾乘人员的舒适感与安全性。随着人们消费水平的提高，主机厂在顶棚的设计及用材上不断提升，材料种类变得更加复杂化。目前的顶棚材料主要由聚氨酯泡沫板、骨架胶、玻纤毡、非织造材料、面料胶、针织复合面料、包边胶七类材料组成。图5-19是汽车顶棚复合板的结构组成图。

图5-19 汽车顶棚复合板的结构组成

内外饰结构设计与成型是汽车生产中不可忽视的重要因素，由非织造材料模压复合而成的车用汽车顶棚材料，可以协同发挥多层材料的优点，具有容易模压成型、耐磨性好、抗冲击性、吸声隔声等特性，还可以通过印花等后处理技术，赋予产品极佳的外观装饰效果和附加功能。

5.3.4.3 加固材料

加固材料包括靠背和座椅的加筋材料，簇绒地毯底布、涂层底布及车内某些组合件的加强筋。常与衬垫材料、覆盖材料及塑料和金属材料复合模压成型。纺粘非织造材料具有抗撕裂强力高、复合成型性好、价格适中等优点，广泛用作车用加固材料。例如，通过热压模塑，将其复合在泡沫塑料的正面和反面，用作车顶衬里，可以同时提高复合材料的拉伸和抗弯曲等力学性能。

麻纤维具有天然的植物空腔和多尺度结构，与合成纤维相比，具有优异的吸声隔声性能。将其与聚合物树脂共混后制成的车身模压板，与玻纤增强塑料模压板相比，密度更小，且受损时不会产生锐利碎片，也不像玻纤那样会引起皮肤及呼吸道过敏反应，因而更加安全。德国奔驰公司等已将麻纤维新材料应用于汽车制造领域。经处理的麻纤维还具有极佳的

图5-20　麻纤维非织造板材

强度，在飞机、高铁、汽车等领域应用前景广阔。图5-20是麻纤维非织造板材。

5.3.4.4　汽车罩

篷盖材料是近年来发展极为迅速的新型材料，是纺织工业新的经济增长点。随着我国汽车保有量的增加和洗车成本的提升，越来越多的汽车在停放时都被罩上了罩子，如图5-21所示。但大部分汽车是停放在户外的，因此汽车罩除具有较好的拉伸性能和耐磨性外，还要求具有较好的防水、透气、耐户外老化等性能。目前汽车罩多为两层纺粘非织造材料中间复合一层微孔膜的三层结构，也有中间层采用杜邦Tyvek的高档非织造材料。

图5-21　汽车罩

5.3.4.5　汽车车身底板和发动机罩板

发动机是轿车噪声的主要来源之一。为了提高轿车的驾乘舒适性，解决发动机产生的噪声，一些高档轿车上都配置了发动机舱罩板，在发挥其吸声隔声效果的同时，还具有保护发动机不受损伤的功能。另外，为了防止汽车在行驶途中底盘受到石头等物体的撞击，也可以在车底固定车身底板，在保护车身不受损伤的同时，还可以起到吸声隔声功能。

汽车车身底板和发动机罩板多是通过将多层纤维网交叉铺网后送入针刺机加固，再进一步热压加固而成的纤维板材。汽车发动机工作时温度较高，因此对发动机罩用非织造材料的耐热性有一定要求，目前基本都是采用丙纶和玻纤共混的方法。

5.4　建筑用非织造材料

5.4.1　概述

国家统计局于2019年7月31日发布了中华人民共和国成立70周年经济社会发展成果系列报告，报告显示，我国建设规模工业总产值已超过20万亿元，建筑业支柱产业的地位已逐步确立。1952年，全国建筑业完成总产值57亿元。2018年，全国建筑业完成总产值23.5万亿元，是1952年的4124倍，年均增长13.4%。建筑业完成了一系列与国民经济和民生有关的重大基础设施项目，大大改善了人们的住房、旅游、通信、教育和医疗等条件。2018年，城镇居民人均住房建筑面积39m²，比1978年增加了32.3m²。我国是发展中国家，人口的持续扩张、经济的飞速发展和城市化进程的迅速推进，为建筑及建材市场的发展提供了广阔空间。

据《国家新型城镇化规划（2014–2020年）》提出的目标，到2020年，我国常住人口城镇化率将达到60%左右。持续的城镇化发展使建筑物的需求量不断增加，推动了建材市场的蓬勃发展。建筑领域用纺织品是建筑材料的重要门类。其中针刺、纺粘和水刺非织造材料具有生产工艺简单、自动化程度高、结构性能多样等优点，是建筑用纺织品中发展最迅速的产品类别，已逐渐成为建筑领域中必不可少的新型材料。资料显示，除床上用品外，家居及其他室内装饰用非织造材料约占家用非织造材料总量的30%，而美国90%以上家居用布为非织造材料。

下面以墙纸、建筑保温和吸声、屋顶防水卷材为例，介绍建筑用非织造材料的结构、性能及应用。

5.4.2 墙纸（壁纸）

墙纸主要以纯纸、无纺纸（非织造材料）等为基材，通过胶黏剂贴于墙面或天花板上，具有色彩多样、图案丰富、保养容易、施工方便、易于更换等优点。据我国壁纸行业协会统计，我国壁纸生产企业集中分布于浙江、江苏、广东等地，2016年我国墙纸供应总量约为3.283亿卷。

非织造材料似纸非纸，相对厚度小，但比纸张坚韧，有纸张的可印刷性。其综合力学性能好、尺寸稳定性好、表面光滑、手感柔软、耐折耐磨、透气性能好、不易虫蛀霉变。它还比塑料薄膜透气、比传统纺织品挺括，是近几年发展起来的新型墙纸材料。墙纸如图5–22所示（彩图见插页）。

图5–22 墙纸

根据GB/T 34844—2017《壁纸》国家标准规定，按材质不同，壁纸可以分为纯纸壁纸、纯无纺壁纸、纸基壁纸、无纺纸基壁纸和布基壁纸等类型，并规定了褪色性、湿摩擦色牢度、遮蔽性、防霉性能、伸缩性、湿抗张强度等主要性能指标值及其测试方法。另外，有关墙纸的标准还有两项行业标准，即JG/T 509—2016《建筑装饰用无纺墙纸》和JG/T 510—2016《纺织面墙纸（布）》。在这些标准的基础上，中国建筑装饰装修材料协会牵头制定了团体标准T/CADBM 6—2018《墙纸》，将墙纸分为纯纸墙纸、纯无纺纸墙纸、纸基PVC墙纸和无纺纸基PVC墙纸四大类。针对无纺纸基墙纸，增加了伸缩性和湿态拉伸负荷两项检测指标及其测试方法，推进了墙纸产品的规范有序发展。

非织造墙纸方面的研究报道不是很多。有人将湿法非织造材料与针刺非织造材料通过超声波黏合法复合在一起，制成复合墙纸，测试了复合材料的拉伸强力、透气性、抗菌性和快干性等性能，结果发现，该复合非织造墙纸的强力明显优于一般纯纸墙纸和PVC墙纸，具有透气、抗菌、抗污和快干等性能，吸声效果好。为了改善玻璃纤维湿法非织造墙纸基材的强力和耐磨性，有人以水性聚氨酯为涂层剂，采用湿法涂层工艺对玻璃纤维非织造材料进行涂层处理。结果表明，涂层后玻璃纤维湿法非织造墙纸的拉伸强力、耐磨性、染色性显著提高，避免了玻璃纤维粉尘的掉落，平滑度和阻燃性都达到了墙纸标准。涂层前后玻璃纤维湿法非织造材料的电镜照片如图5-23所示。

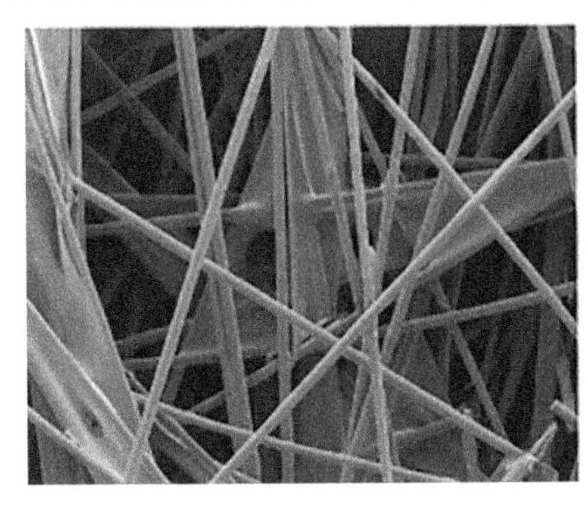

（a）涂层前

（b）涂层后

图5-23　涂层前后玻璃纤维湿法非织造材料的电镜照片

在非织造生产设备方面，近几年国内许多企业上马了交叉铺网水刺非织造生产线和湿法成网非织造生产线，为高档墙纸提供了基布原料保障。墙纸的主要功能是装饰，近几年有关非织造材料数码印花方面的研究报道不少。阻燃也是墙纸需要考虑的性能，德国SIHL公司推出了耐划和阻燃非织造墙纸，可使用溶剂、乳胶和UV墨水印刷。现场施工时，将墙纸背面打湿，就可以直接粘贴到墙面上。

相对于国外来说，墙纸在我国并不是主流室内装饰材料。随着新型非织造材料的不断出现和数码印花等技术的发展，以及人们生活水平的提高和装修观念的改变，非织造材料墙纸在我国的市场规模会更大。

5.4.3　保温和吸声建筑材料

我国建筑能耗的总量逐年上升，建筑节能势在必行。建筑保温材料具有节能降耗的双重作用，是解决建筑能耗问题的重要手段。建筑保温材料可以分为无机保温材料、有机保温材料和金属保温材料。建筑保温材料不仅要考虑保温性，还要考虑阻燃、吸声、环保和成本。无机保温材料阻燃性好，但导热系数高，保温效果相对较差。以泡沫塑料为代表的有机保温材料导热系数低，保温效果好，但其阻燃效果差，容易引发火灾。随着各种新型阻燃纤维的开发成功，进一步采用非织造成网加固工艺技术，将其成形为多孔保温材料，可以解决现有建筑保温材料的不足。

5.4.3.1 非织造材料的保温机理

对于非织造保温材料来说，热量主要通过热传导、对流和辐射三种方式散失。

（1）热传导

非织造材料的热传导是指热量通过非织造材料中的纤维和其中滞留的空气进行传递。热量从相对高温一面传向相对低温一面，材料的传热系数可以用来表征其散失热量的速度。传热系数是热阻的倒数，因此如果想减小非织造材料的传热系数，就要增加其热阻。非织造保温材料的传热系数主要与纤维和空气的传热系数有关。由于空气的传热系数比纤维小很多，所以增加非织造材料中停滞的空气量、提高材料的蓬松性以及选用传热系数小的纤维，是减小材料的传热系数、提高保温性的主要手段。非织造材料的纤维杂乱排列结构使其含有更多的停滞空气，可以降低通过热传递产生的热量散失。

（2）热对流

对于非织造保温材料来说，空气在材料温度高的一面的运动速度快于在温度低的一面，因此会携带热量通过保温材料进入温度低的一面，进而导致低温一面的空气回流，从而发生热量传递。

为了降低热对流产生的热量损失，就要降低空气的对流速度。细纤维的比表面积更大，能在表面附着更多的停滞空气，还能将非织造材料内的停滞空气分割成若干间隔孔隙，增加了空气的对流阻力。因此，纤维直径越细，由其制成的非织造材料的热对流损失就越少，保温性就越好。

（3）热辐射

当保温材料两侧出现温差时，热量就会以电磁波的方式向材料外层辐射。热辐射的主要影响因素是纤维细度，因为纤维越细，热量在保温材料内部的反射次数越多，热量越不容易损失。

纤网结构是影响非织造材料保温性能的主要因素。非织造材料的传热率随其蓬松性的增加而提高。蓬松性提高，纤网中空气流动加快，对流热损失也相应加大。纤维越细，非织造材料的热阻越大。超细纤维配合一定的纤网密度，容易形成贴附于纤维表面的静止空气层，从而削弱对流热损失，保温效果好。因此，可以通过选用不同细度的纤维，制成厚度、孔径和孔隙率不同的非织造材料，还可以进一步采用针刺、热轧和化学黏合等多种加固工艺复合，在满足不同保温性需求的同时，赋予材料表面更好的耐磨、印刷等性能。

5.4.3.2 噪声污染与吸声建筑材料

噪声污染与水污染、大气污染和固体废弃物统称为四大环境污染，而噪声污染包括由家用小工具、大型卡车、道路上的车辆和摩托车、城市上空盘旋的飞机以及扬声器产生的声音等。噪声是一种无形的污染，影响人们的正常生活、工作和身体健康，还会加速建筑物的老化。家用窗帘的里层大多为厚实柔软的织物，具有吸声隔声、遮光、保温等效果。上面提到的墙纸和室内地毯等材料，也可以降低6~20dB的噪声。但在影院、高铁、礼堂、会议室和视听间等场所，则需要专门安装吸声隔声材料，以满足环境音响效果要求。图5-24（彩图见插页）所示为安装了吸声材料的电影院。

图5-24 安装了吸声材料的电影院

德国科德宝公司研制出一种新型非织造吸声材料SoundTex，是将非织造吸声材料黏附在铝合金穿孔板上复合而成，拥有较宽的吸声频率，广泛用于在机场、地铁、商厦、影厅等场所。

5.4.3.3 新型保温吸声材料

结合本章第三节车用吸声材料知识，可以发现，保温和吸声功能对材料结构组成要求有一定的相似性，具有吸声功能的材料，一般也具有较好的保温性能。因此，在建筑应用上，常常统称保温吸声材料或吸声保温材料。非织造材料具有原料适应性广、产品结构多样、成形工艺多等优点，是重要的建筑保温吸声材料。

涤纶是我国生产规模最大的化学纤维，广泛用于服装和家居用品等领域。然而，随着涤纶用量的不断增加，因其不可降解而产生的污染问题越来越受到人们的重视，废弃涤纶回收再利用是近几年的研究热点。有企业将再生涤纶针刺后再模压，成为具有各种外观花纹的吸声板材。还可以设计不同的表面花纹，赋予成品不同的装饰风格。墙面吸声板材在使用过程中，如沾污了饮品、蚊虫尸体、笔墨等，都会影响美观，长期不清理还会滋生细菌。因此，一般吸声板材要进行表面防污后处理。再生涤纶保温吸声板可广泛应用于电影院、礼堂、会议室、体育馆、视听间等场所。再生涤纶保温吸声板如图5-25所示。

随着环境友好型、资源节约型社会的发展，物料和能源消耗少、废弃物少、对环境污染小的工程方案越来越受到重视。图5-26（彩图见插页）是直接由废旧纤维制成的保温吸声材

图5-25 再生涤纶保温吸声板

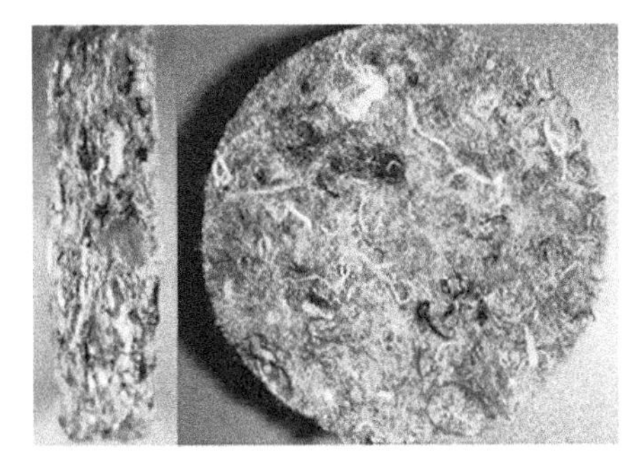

图5-26 废旧纤维吸声材料

料，在国外早已推广应用。在我国，由于废旧纺织品回收利用法规不健全，其应用受限，造成了很大的资源浪费和环境污染。

5.4.3 屋顶防水卷材胎基布

建筑屋顶防水是房屋建筑工程中十分重要的一项工程，防水工程质量的好坏直接关系到建筑物的使用寿命，更直接影响着居民的正常生活。为避免雨水对建筑屋顶保温材料的腐蚀，通常采取的措施是在保温层之上铺设一层防水材料作为防水层。我国最早用于建筑屋顶的防水材料多为纸胎或玻纤胎油毡等材料。20世纪80年代初，聚酯非织造材料改性沥青防水卷材得到了大力推广，逐渐取代了传统防水材料。

国内市场常见的改性沥青防水卷材胎基布基本上都是聚酯长丝和聚酯短纤维非织造材料。其中，聚酯长丝非织造材料为胎基布的防水卷材能更好地抵抗外界负荷，抗变形能力强，并具有均匀的抗热缩性能及较长的防水持久性，使用寿命远高于以短纤维非织造材料为胎基布的防水卷材。

国内首条一步法连续聚酯纺粘针刺防水卷材胎基布生产线于2014年在山东天鼎丰非织造布有限公司建设投产。它是以聚酯切片为原料，直接熔融纺丝铺网，经针刺加固定型后，继续送入浸胶工序上胶，烘干定型后成为聚酯纺粘针刺防水卷材胎基布，其产品如图5-27所示。一步法从原料到成品中间无须中断，产品更加均匀，品质更加稳定。目前，以聚酯长丝油毡胎基布为胎体的防水卷材已大面积应用在房屋建设、高速铁路、高速公路、机场、港口码头、水利设施等领域。

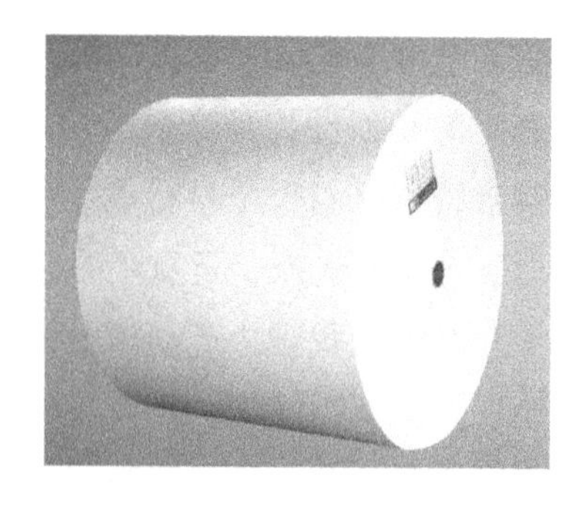

图5-27 屋顶防水卷材胎基布用聚酯纺粘针刺非织造材料

随着社会经济的发展，人们对居住舒适性的要求越来越高，建筑防水也由原来简单的屋面、地下室部位设防，逐渐向室内、外墙全域有水部位设防扩展，防水工程也由原来的5～8年保修期、向15～25年甚至要求与结构同寿命的设计使用年限转变。同时，随着屋顶绿化种植和屋顶太阳能技术的发展，对屋顶防水材料的性能也提出了更高的要求。但相对而言，防水卷材行业集中度较高，比如，作为行业龙头企业的北京东方雨虹防水技术有限公司，其产值已超过百亿。

5.5 土工合成材料

5.5.1 概述

土工合成材料[geosynthetics = geo（土地的）+ synthetics（合成物）]是相对于传统木材、钢筋、水泥的第四种建筑材料，于1994年在新加坡召开的第5届国际土工合成材料学术讨论会议上正式确立名称。美国材料试验协会（ASTM）将土工布（geotextile）定义为一切和地基、土壤、岩石、泥土以及其他土建材料一起使用、并作为工程结构组成部分的纺织品。GB/T 13759—2009《土工合成材料 术语和定义》将土工合成材料定义为："在岩土工程和土工工程中与土壤和（或）与其他材料相接触使用的一种产品的总称，其至少由一种合成或天然聚合物组成，可以是片状、条状或三维结构。"

在产业用纺织品的众多品类中，土工与建筑用纺织品是铁路、公路、机场、水利水电、体育场馆等基础设施和民生工程建设中不可或缺的基础性材料。尤其是近年来随着全球多个地区在基础设施方面的投资升级，这一行业迎来巨大的发展机遇。近年来，世界各国均已意识到基础设施在经济中的支柱作用，积极出台相关产业发展政策和鼓励措施，加大基础设施投资。据统计，2016~2040年，全球基础设施建设投资需求增至94万亿美元，年均增长3.7万亿美元。其中，我国作为世界最大的经济体之一，基础设施投资约占全球总投资的30%。在推进基础设施建设中，岩土工程发挥着关键作用。

图5-28 铺设土工非织造材料作业图

在抗击新冠病毒肺炎疫情期间，我国多家土工合成材料生产企业驰援武汉，仅用8天时间就建成火神山医院，让全世界为之惊叹。图5-28（彩图见插页）是工人铺设土工非织造材料的作业图。

5.5.2 土工合成材料的作用

在岩土工程中，土工合成材料主要起到加筋、防护、排水、过滤（反渗）、隔离、防渗六大作用。

5.5.2.1 加筋

土壤层的抗压缩强度、抗剪切强度以及拉伸强度均较低，长时间受力容易产生变形、坍塌等。土工合成材料具有优异的抗拉强度，将其按照一定方式铺设到土壤中，其优异的机械强度能够有效地重新分布土体应力，可以增加土体强度、限制土体变形，进而提高土工结构物的稳定性以及地基的承载力。土工合成材料的加筋作用主要应用在修建公路、铁路路基，堤岸、斜坡等护坡加固，增加软地基、潮湿地的强度等。加筋土工石坝结构示意图如图5-29所示。

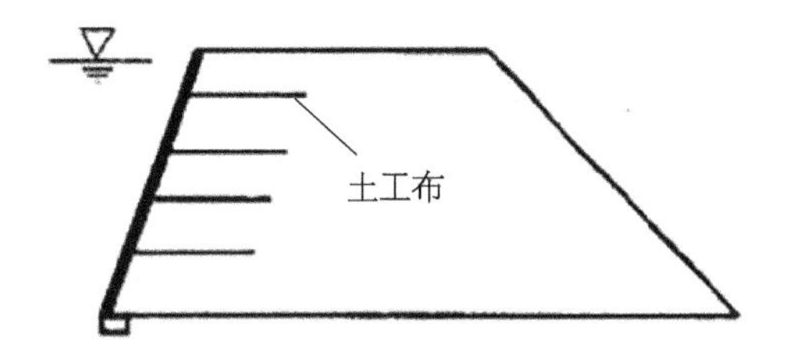

图5-29 加筋土工石坝结构示意图

5.5.2.2 防护

由土工合成材料制成的土工模袋、土工织物填充袋等，可以对土体起到有效的防护作用。土工合

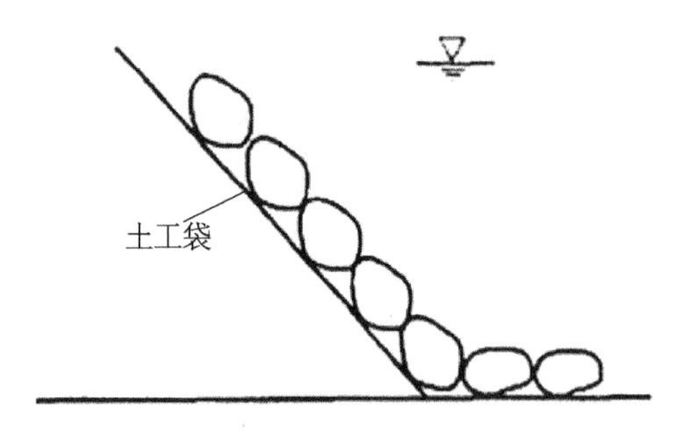

图5-30　土工袋边坡防护作用示意图

成材料作为防护作用的工程有：堤岸、斜坡等护坡，起到防水流冲蚀效用；公路地基，可以有效阻止沥青路面开裂；粉煤灰堆场、垃圾填埋场等隔离层，可以有效阻止有害物质扩散到土壤和地下水中；铁路地基，起到防震动引起的干扰破坏作用等。图5-30是土工袋边坡防护作用示意图。

5.5.2.3　排水

将土工布应用到地下排水系统、农业排灌、挡土墙和土坝等需要排水工程中时，由于土工布优异的透水性能，土体内的水通过土工布积聚到土工织物外表面并排出，排出的水进入土体排水通道中流出，能够起到加速土体结团、降低渗透压力、降低无压渗流场浸润线位置等作用。土坝水平排水/软基垂直排水示意图如图5-31所示。

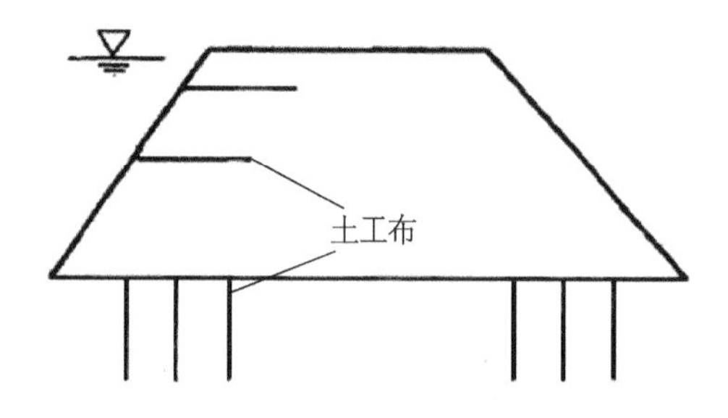

图5-31　土坝水平排水/软基垂直排水示意图

5.5.2.4　过滤（反滤）

由于土工布内具有很多细小的孔隙通道，因此具有优异的透水、透气性能。当泥沙水流通过土工布时，土工布相当于一层滤纸，允许水流有效通过，不允许细砂、土颗粒等通过，从而起到防止水土流失的作用。常应用于公路、海岸、大坝等护坡工程中，有效地提高工程的稳定性，增加工程建筑的使用年限。图5-32是海岸结构示意图。

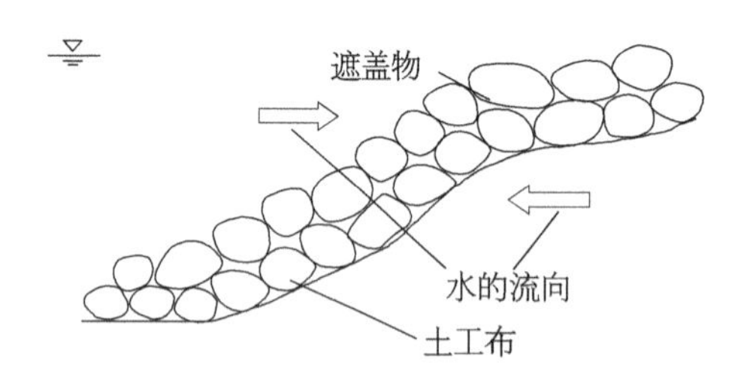

图5-32　海岸结构示意图

5.5.2.5　隔离

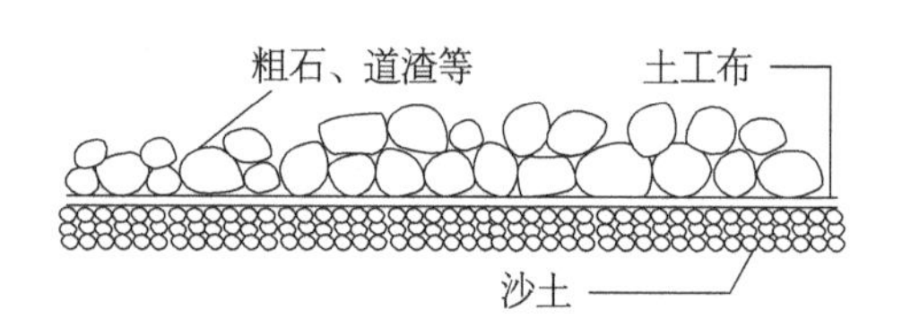

图5-33　土工布的隔离作用

修建公路、铁路、停车场、运动场、飞机场等路基时，将土工布铺设在两种不同的岩土材料之间，由于土工布的阻隔作用，两种不同岩土材料便不会相互掺杂，这样便保持了每种材料层结构的完整性能。同时，铺设土工布后能够使上层材料铺设施工更加方便，加快工程进度。土工布起隔离作用时，为防止岩石材料将其刺破，土工布应具备较好的抗刺破强度、抗拉强度、抗撕裂强度；同时作为路基材料使用还应具备一定的孔隙率和透水率，有效排出土壤中的水分。土工布的隔离作用如图5-33所示。

5.5.2.6　防渗

土工布本身不具有防渗功能，反而是一种透水材料。将土工布与聚氯乙烯或聚乙烯等塑料薄膜防渗基材复合后制成的土工膜，以及将土工织物与土工膜复合而成的复合土工膜，两者均具有非常好的防渗功能。主要应用在储水池和输水渠道中，可以防止漏水。应用在垃圾填埋场、尾矿堆放场以及粉煤灰中堆放场中时，可以防止有毒液体扩散，从而起到保护土壤环境的作用。土工材料的防渗作用示意图如图5-34所示。

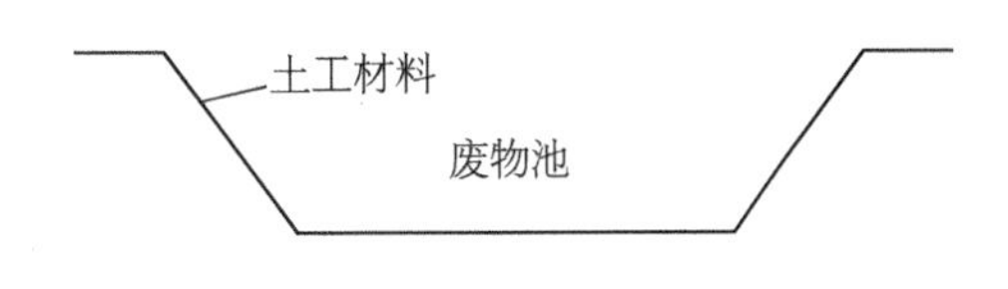

图5-34　土工材料的防渗作用示意图

5.5.3　土工合成材料分类及特性

依据土工合成材料的应用及相关标准，可以分为土工织物、土工膜、土工复合材料、土工格栅、土工网、土工格室、土工发泡材料、土工排水材料以及其他土工合成材料九大类。其中，土工织物俗称土工布，是土工合成材料中的重要品类，也是产业用纺织品中除医疗卫生、过滤用纺织品外市场用量最大的产品品类。

5.5.3.1　土工合成材料分类

按照生产工艺，土工用纺织品可分为有纺土工材料、非织造土工材料以及复合土工材料三大类。其中，每一大类又可细分为几个小类，如有纺土工材料可进一步分为机织土工布、针织（经编）土工布和编织土工布三种。其中，非织造土工材料是用量最大的土工用纺织品，占比高达70%。非织造土工材料可分为纺粘土工材料、针刺土工材料和热熔黏合土工材料等，其中纺粘长丝针刺加固非织造材料的综合性能最好。从产品形状来看，有平面状、管状、带状、格栅状、绳索状和其他异形土工布。

非织造成型工艺技术可以将短纤维和长丝制成多种形状的柔性材料，纤维在材料中可杂乱三维分布，产品的厚度和蓬松度可调，用作土工合成材料时，更容易发挥其过滤、排水和防护等功能。土工非织造材料分为薄型和厚型两种，厚型主要用作过滤材料，薄型一般与其他类型的材料复合使用。

除了上述传统分类，随着国际标准化组织对非织造材料的重新定义，土工非织造材料包括的范围变得更广。像土工格栅和土工网等，也可以划为土工非织造材料。图5-35（彩图见插页）是土工格栅产品。

图5-35　土工格栅

纺粘针刺土工非织造材料是将化纤纺丝与非织造成网、针刺加固有机结合的成形工艺技术，纺丝铺网和针刺加固是其关键工艺环节，俗称“一步法”纺粘针刺土工材料，除了用作屋顶防水卷材胎基布外，大量用作土工材料。相对于短纤维针刺土工非织造材料，在同等单位面积质量下，“一步法”土工非织造材料抗拉和撕裂强度大，断裂伸长率小，纵横向强力比更小，适用于增强和加固等工程。但“一步法”土工非织造材料的生产设备投资大、产品品类切换灵活性较差，适用于大批量生产，这也是国内土工合成材料行业集中度较高的原因之一。

纺粘针刺土工非织造材料主要有聚酯和聚丙烯纺粘针刺土工非织造材料两种。其中，聚酯纺粘针刺土工非织造材料具有机械强力高、抗紫外线、抗老化性能好等优点，但缺点是耐酸碱性能较差。聚丙烯纺粘针刺土工非织造材料具有强度较高、耐磨性好、耐低温、耐酸碱性好等优点，缺点是耐光老化性差。但对于长期埋在地下的土工合成材料来说，聚丙烯材质更加适合。

短纤维针刺非织造材料的产品厚度大、结构蓬松、吸水和透水性好，适合做反滤土工材料。其工艺流程短，适用原料品种多，设备结构相对简单，一次性投资少，因此近期内短纤维针刺非织造土工材料也有一定的市场容量。

复合土工非织造材料一般由两种或者两种以上的材料通过特殊方法复合而成。由于所用材料以及复合方式多样，很难进行具体分类。对于复合土工非织造材料来说，它至少包含一层土工非织造材料，与其复合的材料可以是土工膜、土工格栅、土工衬垫等各种不同的土工合成材料。复合方法主要包括机械法和热熔黏合法，其中机械法主要是采用针刺非织造工艺或缝编工艺进行复合，热熔黏合法是用热轧黏合或超声波黏合法进行复合。

5.5.3.2 土工非织造材料所用纤维

涤纶和丙纶在耐酸碱性方面差别很大，而实际工程中绝大多数都有偏酸碱环境存在，如盐渍土壤、火山灰土壤等天然酸性环境。而垃圾填埋场、尾矿库、水泥、粉煤灰等工业废料都呈一定的酸碱性。研究发现，聚丙烯土工材料在产品性能、经济性、耐久性和安全性等方面优于聚酯（涤纶）材料。

目前，欧美等发达国家的土工合成材料多采用丙纶为纤维原料。其中，高强聚丙烯纺粘针刺土工材料作为土工材料的重要组成部分，占行业总产量的30%~40%，有的国家已达到50%。

而我国土工非织造材料使用量最多的则是涤纶，特别是纺粘针刺土工非织造材料。由于技术等方面的原因，2016年前，我国基本只有聚酯纺粘针刺土工非织造一种材料，近两年来，天鼎丰非织造布有限公司等企业相继向市场提供了丙纶纺粘针刺土工非织造材料，极大地丰富了土工非织造材料的规格选型。

5.5.4 土工合成材料的应用

目前，土工合成材料广泛用于公路、铁路、垃圾填埋场、建筑排水系统、公路和山体护坡绿化、河岸和海岸护坡和防护墙以及三废存储和防渗漏等，是我国“一带一路”配套产业材料，下面以“两布一膜”结构防渗、三维土工网垫植草护坡以及国外新型土工非织造材料为例进行介绍。

5.5.4.1 “两布一膜”结构土工合成材料

将土工膜与土工非织造材料经导辊热轧制成复合土工膜，具有防渗效果好、强度高、耐老化、重量轻等优点。按照复合形式，可以分为“一布一膜”“两布一膜”“两膜一布”等。在实际工程中，以“两布一膜”复合土工合成材料应用居多。在火神山医院建设过程中，地基防渗层均采用了“20cm砂垫层+聚丙烯长丝非织造土工材料+HDPE土工膜+聚丙烯长丝非织造土工材料+砂垫层”的结构。在平整过的地面上铺设厚度为20cm的砂子，并与管道预埋穿插施工，随后在上面铺设“两布一膜”土工合成材料。采用远红外加热土工膜两侧边缘，把两层土工非织造材料与土工膜在一定辊压下复合在一起，然后再铺设20cm厚的砂子。其施工图如图5-36所示（彩图见插页）。

图5-36 “两布一膜”土工非织造材料施工图

该材料的上下层土工非织造材料可以保护中间层防渗土工膜免受碎石尖角刺破，能充分发挥土工膜的防渗作用。同时，这种复合土工材料相对密度小，但具有更大的抗拉强度，延伸性好，适应变形能力强，抗腐蚀。

5.5.4.2 三维土工网垫植草护坡

近年来城市基础设施建设、改造项目不断增加，高填深挖边坡越来越多，而传统的边坡圬工防护往往与环境不协调，与绿色建筑格格不入，往往增加工程造价，随着国家环保政策加强、人们的环境保护意识逐步提高，居住环境要求增多，植被防护渐渐变成新宠。三维土工网垫植草、灌护坡工艺技术利用根系发达的植物与三维土工网垫相互结合，成为防风固土、抗张抗剪的整体边坡结构，既有效保护了坡面，减少了风、雨、重力对边坡的侵蚀危害，又能达到边坡绿化的效果，环保生态，应用越来越广。

三维土工网垫植草灌护坡是指利用活性植物发达的根系结合土工合成材料等工程材料，建立一个活性、生态的边坡防护系统，通过植物强大的根系生长，结合土工合成材料的固土作用，对边坡进行绿化和加固的一种护坡新技术。该技术是通过植物的生长活动达到根系加筋、茎叶防冲蚀的目的，经过生态护坡技术处理，可在坡面形成茂密的植被覆盖，在表土层除土工网垫固土功能外，还形成盘根错节的根系，有效抑制暴雨径流对边坡的侵蚀，增加土体的抗剪强度，减小孔隙水压力和土体自重力，从而大幅度提高边坡的稳定性和抗冲刷能力，限制边坡浅表层滑动和隆起的发生。其主要施工工艺流程如图5-37所示。

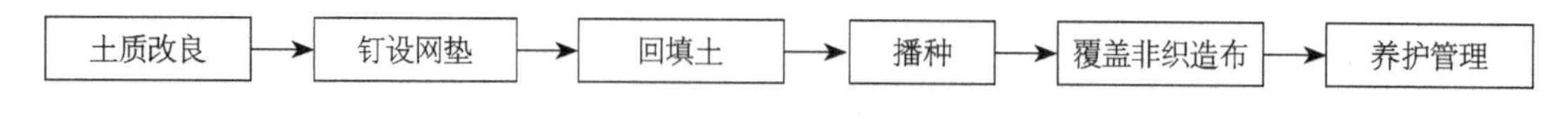

图5-37　三维土工网垫植草护坡工艺流程图

综上所述，三维土工网垫植草灌护坡施工是利用根系发达的植物与三维土工网垫相互结合形成可生长的护坡，固土效果明显，能够经得住雨水冲击，且工艺简单，操作方便、施工速度快，较传统护坡防护工程投资更少。同时，绿色植被能吸收机动车尾气，并可以美化景观，保护环境，符合国家提倡的环保政策，响应国家“青山绿水就是金山银山”的口号。

5.5.4.3　新型土工合成材料

土工合成材料多是通过工程中标后生产使用，行业集中度高。相对于其巨大的市场容量来说，有关土工合成材料方面的研究报道较少。在纤维材料方面，为了提高聚丙烯纺粘非织造材料的强力，有报道说，将聚丙烯初生纤维丝利用气流加机械牵伸的方式，可以得到单丝线密度为11dtex、单丝强力超过3.5cN/dtex的连续长丝纤维网。再经针刺非织造工艺加固，制成高强粗旦聚丙烯长丝针刺土工非织造材料。该材料结合了聚丙烯材料优秀的耐酸碱性和长丝土工材料的高强度等优点，能够长期在与水泥接触的碱性环境下保持结构性能的稳定，不水解，可以有效保证飞机跑道、水利、铁路、高速公路等工程的质量安全和工程使用寿命。

据公开报道，意大利Tenax公司开发了一种商品名为Gravel Lock的复合土工合成材料，它是由一种尖头的HDPE土工格栅和PP非织造材料（单位面积质量为200g/m²）热焊接而成，不仅易于铺设，而且所需的碎石填充量与传统土工格栅相比减少了2/3，因此可以缩短工期，降低工程成本。Gravel Lock复合土工合成材料结构如图5-38所示。

图5-38　Gravel Lock复合土工合成材料

5.6　超细纤维合成革基布

5.6.1　概述

天然皮革是一种历史悠久的革制品，其吸湿性强、透水汽性优、穿着舒适性好，被众多消费者所青睐。近年来，由于牛皮等原料市场供给不足、鞣革加工工序给环保方面带来的污染以及人民动物保护意识的增强，天然皮革的市场拓展空间受到了限制。我国的皮革制品主要以鞋面革和服装革为主，国外皮革制品在汽车等产业领域的应用比例比我国高。表5-3为国内外天然皮革的用途对比。随着人口增多、社会需求的发展变化，开发具备优良性能的合成革（人造革）替代天然皮革，是一种必然趋势。

表5-3　国内外天然皮革的用途对比

用途	鞋面革	汽车革	服装革	其他
国外 / %	53	10	10	27
国内 / %	35	5	20	40

为了解决天然皮革行业存在的问题，几十年前，相关领域的科学家们通过研究开发了一种称为合成革的新型革制品。合成革是以纺织或非织造材料为基布，通过聚氯乙烯或者聚氨酯发泡涂层处理后制成的革制品，其表面手感酷似天然皮革。人造革与天然皮革相比，基材来源广泛，加工过程污染少，甚至在抗磨损等力学性能方面优于天然皮革。但其透气、耐寒、感观等性能不如天然皮革。

相对于聚氯乙烯合成革来说，以非织造材料为底基、聚氨酯为涂层的聚氨酯合成革，更接近天然皮革丰满柔软的手感，外观漂亮、加工性能优良，具有强度高、透气、耐磨、耐寒、耐老化、耐溶剂、耐撕裂、耐微生物性能等优点，在制鞋上应用广泛，成为代替天然皮革较为理想的合成革产品。

近几年来，一种称为超细纤维合成革（俗称超纤革）的新型革制品面市，其在外观、触感、舒适性等方面都更接近天然皮革，并且生产过程更加生态环保，是国家产业政策鼓励和支持的新材料，可以替代普通合成革和天然皮革。目前有些高端超细纤维合成革的回弹性、强度等性能全面超越天然皮革，广泛用于鞋面、沙发家具、箱包、球类等下游行业，并向手套、服装、汽车内饰、军工等应用领域延伸，市场需求总量持续增长。

统计数据显示，近五年来，我国合成革的需求总量从35亿平方米增加至43.8亿平方米，年均复合增长约6%。其中，超细纤维合成革因技术含量高，具有和天然皮革一样柔软、吸湿性好等优点，在机械强度、耐化学性、质量稳定性、自动化剪裁、加工适应性等方面更优于天然皮革，未来替代普通人造革和真皮的市场空间巨大。

5.6.2　天然皮革结构

为了能更容易地理解超细纤维合成革的结构及成形工艺，首先来分析一下天然皮革的结构。

天然皮革是以动物皮为原料，经过一系列物理化学加工制成的。动物皮的组织结构如图5-39所示，由表皮层、真皮层及皮下组织三部分组成，

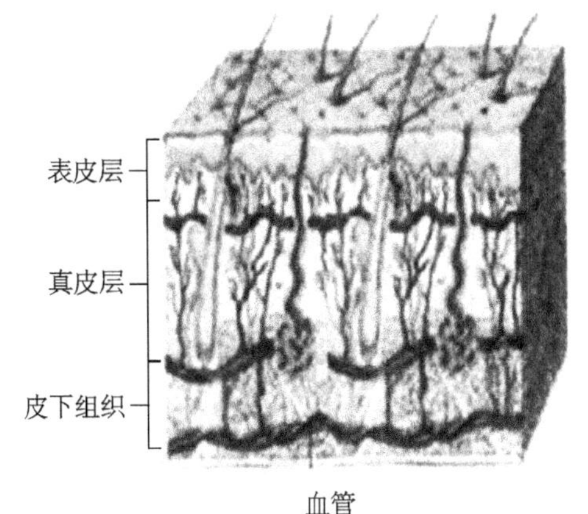

图5-39　天然皮革结构示意图

天然皮革制品主要利用其中间的真皮层。而真皮层是由胶原纤维、网状纤维和弹性纤维组成的三维立体网状结缔组织，并在表面呈现出特殊的粒面层结构，因而具有自然粒纹和光泽、手感舒适。天然皮革中胶原纤维含量高达95%～98%，且纤维粗细不等，有分支并相互交织成网，其胶原蛋白含量为80%～85%，而胶原蛋白是由多种氨基酸构成，含有大量活性基团，容易染色。由天然皮革制成的服装色彩丰富、手感舒适、穿着透气，深受消费者喜爱。

在真皮层中，胶原纤维直径为2～15μm，是由直径为70～140nm的胶原纤维组成，而胶原纤维是成纤细胞分泌于细胞外的胶原蛋白聚合而成。胶原纤维束中的胶原纤维相互穿插结合，形成长丝网络状结构。

图5-40　牛皮纵向切片显微镜照片

以牛皮革为例，其纵向切片显微镜照片如图5-40所示。根据牛皮胶原纤维的粗细、编织紧密程度及走向的不同，真皮层可分为乳头层和网状层，以绒毛毛囊底部为分界线。乳头层胶原纤维细小，但编织紧密；网状层胶原纤维粗壮，编织则很疏松。牛皮的胶原弹性纤维主要分布在乳头层，接近粒面处胶原弹性纤维较细，多呈树枝状，稍下则多呈水平走向，在毛囊周围有密集的胶原弹性纤维分布，而网状层极少。牛皮、羊皮和猪皮的组织结构不同，因此其观感、弹性、柔软性、耐磨性和表面细腻程度皆不同。

5.6.3　超细纤维合成革基布结构

超细纤维合成革（超纤革）基布是以天然皮革的组织结构为目标，采用超细纤维制成具有三维立体网络结构的水刺非织造材料，再进行聚氨酯浸渍发泡后处理而形成的复合结构，其产品如图5-41所示（彩图见插页）。相对于天然皮革，其生产过程更加环保。超细纤维巨大的比表面积和强烈的吸水作用，使超细纤维合成革具有了吸湿特性。无论从内部结构、外观质感、物理特性和穿着舒适性等方面，都可与天然皮革相媲美。许多高档鞋用超纤革的手感、美观度、透气性等都不亚于真皮，满足了鞋业和服装等对外观、质感和透气性要求高的终端应用，还可以用于沙发家具、箱包、球类、手套、汽车内饰、军工等领域，市场需求总量持续增长。

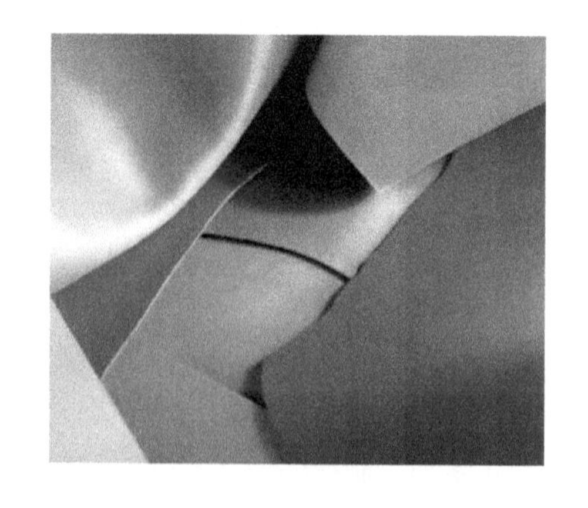
图5-41　超细纤维合成革产品

超细纤维合成革的性能主要受其水刺非织造基布的影响。目前，超细纤维合成革用基布主要分为海岛型和橘瓣型双组分纤维开纤而成的非织造材料，而开纤工艺技术则包括针刺和水刺等机械开纤以及碱减量开纤等。传统海岛型超细纤维合成革的工艺流程如下：

海岛超纤→针刺基布→基布整理→湿法制革→碱减量处理→磨皮上油→PU贴合→成品革

此工艺流程的投资较大，碱减量设备复杂，污水处理成本高，产品成本高。另外，工艺流程长度超过260m，对基布的张力控制要求高，生产时易出现幅宽不稳定等质量问题，从而影响产品手感和力学性能均匀性等。

当前，超细纤维合成革的产能远不能满足市场需求，但超细纤维合成革行业技术壁垒较高，资金投入大。

5.6.4　超细纤维开纤机理

对于超细纤维合成革基布来说，纤维纺丝和开纤是核心工序，超细纤维合成革基布常用的纤维有海岛型纤维和橘瓣型纤维两种。

5.6.4.1　海岛型和橘瓣型双组分纤维

（1）海岛型双组分纤维

海岛型双组分纤维是将两种非相容性高聚物按一定比例进行复合纺丝制得。从纤维截面看，一种聚合物以分散状态（岛）被另一种连续的聚合物（海）所包围。最早问世的海岛型双组分纤维，如果使用特定溶剂将海组分从纤维中溶解，可以得到线密度为0.000012dtex（0.000011旦）的超细纤维。海岛型双组分纤维可依据岛屿的分布状态规律，分为定岛型和不定岛型海岛型双组分纤维。

不定岛海岛型双组分纤维的截面结构如图5-42所示，其纤维特点可以归纳为三大点：①开纤后可以得到线密度为0.001～0.111dtex的超细纤维，但纤维细度不均匀，纤维长度也不一致，由其制成的合成革手感、物理性能和风格等都受到一定影响，存在均匀性、连续稳定性差等不足。②不定岛海岛型双组分纤维的主要成分是聚乙烯，其可纺性差，梳理出的纤网不太均匀，从而影响产品均匀性。另外，聚乙烯熔点低，纤维间抱合力差，难以梳理成网。③该纤维主要采用甲苯萃取减量开纤，甲苯易挥发、易燃易爆且毒性强，对环境污染大，因此此项工艺逐渐被发达国家淘汰。

定岛海岛型双组分纤维的截面结构如图5-43所示，该纤维有聚酰胺/碱溶聚酯和聚酯/碱溶聚酯两种。通常，聚酰胺/碱溶聚酯类的产品手感、透气性、回弹性及保型性均优于聚酯/碱溶聚酯类。定岛海岛型纤维开纤后，细度均匀，单纤线密度约0.056dtex。因此，由其制成的合成革产品手感好、力学性能和染色性等都有所改善。相对于不定岛海岛型纤维的甲苯萃取开纤工艺，定岛海岛型纤维采用碱减量工艺开纤，对环境污染较小，生产过程危险性较低，在环保性与安全性方面都有较大优势。

因此，虽然定岛海岛型纤维开纤后纤维细度、性能稍逊于不定岛海岛型纤维，但其岛屿分布固定且细度均匀，性能更加稳定，并且色牢度也更强，绒毛手感舒适且具有书写效应，仿真皮风格较好。不定岛海岛型纤维的岛屿数量、大小、分布及细度都存在随机性，且其岛

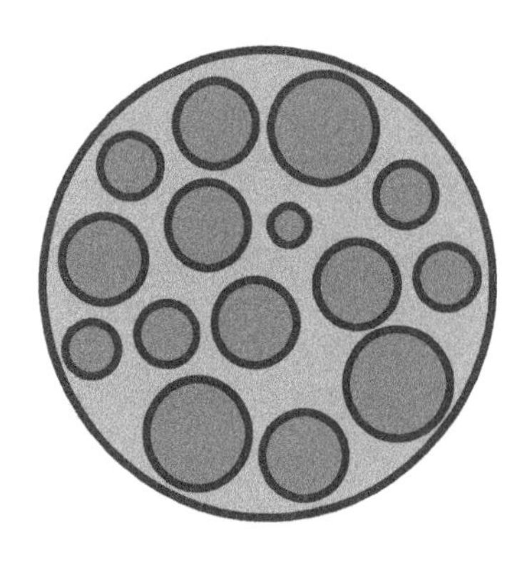

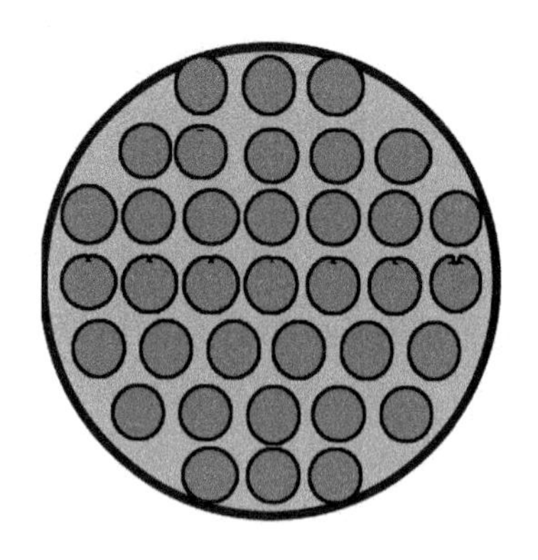

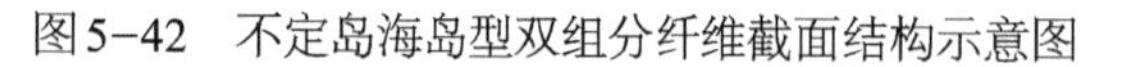

图5-42　不定岛海岛型双组分纤维截面结构示意图　　图5-43　定岛海岛型双组分纤维截面结构示意图

屿不固定，均匀性也较差，粗细程度偏差很大，海岛结构及岛数目的不稳定性与不均匀性易造成超细纤维的细度不匀，色牢度较差，在染整过程中容易影响产品的染色效果。因此，近年来，定岛海岛型超细纤维在国内越来越受到重视。

（2）橘瓣型纤维

将海岛型双组分纤维开纤后制成超细纤维非织造材料时，既要保证纺丝时海岛比例正常，还需要保证开纤后海组分能够充分溶解以及后续溶剂的处理问题，限制了其在超细纤维制品中的广泛应用。

橘瓣型双组分纤维开纤后，两组分相互分离，根据橘瓣的多少，可以分离成16瓣、32瓣甚至更多，成为超细纤维非织造材料。且该方法得到的超细纤维截面类似于三角形，纤维比表面积较大，具有更好的吸湿透气效果。橘瓣型双组分纤维可以进一步分为实心橘瓣型双组分纤维和中空橘瓣型双组分纤维两种。其中，中空橘瓣型双组分纤维更容易开纤，其纤维截面电镜照片如图5-44所示。

图5-44　橘瓣型双组分纤维截面电镜照片

利用双组分纺丝成网工艺技术，两种高聚物熔融后分别进入喷丝板的每个喷丝孔中，从喷丝孔挤出后经冷却牵伸，直接铺网，再通过开纤和缠结加固，成为超细纤维非织造材料。与海岛型超细纤维非织造材料相比，中空橘瓣型超细纤维非织造材料具有污染少、节约原料以及产品的力学性能好等优点。经水刺开纤后，纤维中的每个瓣都成为超细纤维，单纤线密度为0.075～0.175dtex，与天然皮革的胶原纤维直径相近，并形成独特的三维立体结构。因此，中空桔瓣型超细纤维非织造材料在超纤革领域具有广阔的应用前景。

5.6.4.2 双组分纤维的开纤

所谓开纤，就是将海岛纤维的海和岛组分分开，或者将橘瓣型纤维的各个瓣分开。中空橘瓣型双组分纤维制成的非织造材料开纤前后的电镜照片如图5-45所示。而海岛和橘瓣之间是否容易分开，则取决于海岛和橘瓣的两相界面作用。一般来说，两种聚合物相界面的强弱由两种聚合物之间的黏结强度所决定，黏结强度越大，界面作用力越大，双组分纤维越不容易开纤。目前开纤工艺主要分为三种，分别为机械开纤、化学开纤和热处理开纤。

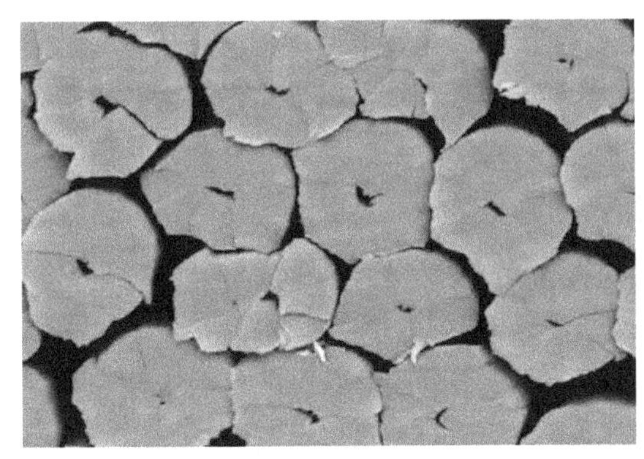

（a）开纤前

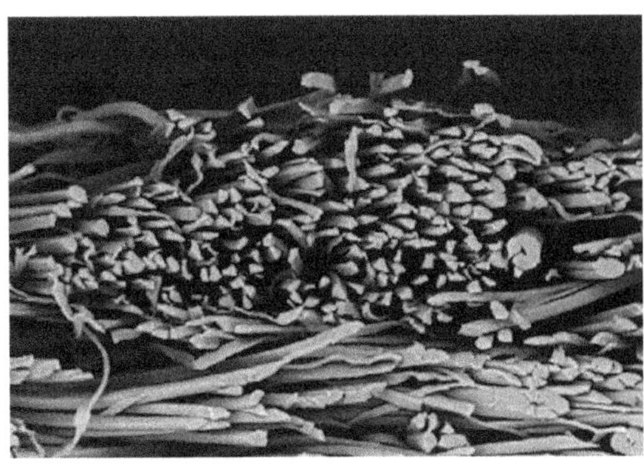

（b）开纤后

图5-45 开纤前后中空橘瓣型非织造材料的电镜照片

（1）机械开纤

机械开纤属于物理方法开纤，是通过机械力作用到纤维两种组分的界面上，使界面分类而开纤。机械力按来源可进一步分为针刺开纤、水刺开纤、轴向拉伸开纤等。

① 针刺开纤。一般海岛纤维的开纤工艺选择针刺开纤，而橘瓣型超细纤维则采用水刺开纤。针刺开纤是利用针板上刺针的上下运动对纤维产生的摩擦、拉伸等作用对纤维开纤。其工艺过程简单，但由于针刺过程容易损伤纤维，影响了最终非织造材料的强力。因此，采用针刺开纤工艺时，需要选择合适的针型、刺针运动的频率、针刺道数以及针刺密度等参数。另外，海岛纤维针刺开纤的开纤率不是很高。

② 水刺开纤。水刺开纤是利用高压水射流对橘瓣纤维网进行开纤。高压水射流作用到纤维网上，经托网帘的反弹后又作用到纤网，使纤维受到拉伸、摩擦、剪切的综合作用。当纤维受到的力大于橘瓣纤维的瓣间界面黏结力时，橘瓣型纤维就会发生裂离开纤，成为超细纤维。水刺开纤对水刺压力、水刺设备的要求高，能耗大。

目前的水刺设备可以达到600MPa的水刺压力，可以使纤网中大部分长丝得到有效开纤。经高压水刺后，橘瓣型纤维可以分裂成0.1～0.2旦、甚至0.05旦的超细纤维。该超细纤维非织造材料除了用于超细纤维合成革基布，在擦拭和过滤领域也得到了很好的应用。

③ 轴向拉伸开纤。轴向拉伸开纤是利用拉伸力对复合纤维开纤。通过合理控制拉伸力的大小是海岛型和橘瓣型纤维开纤的关键因素。拉伸力过小，不足以克服两种聚合物的界面黏

附力时，纤维难以开纤；而拉伸力过大，则会损伤纤维，导致材料的力学性能下降。因此，轴向拉伸开纤的产业化应用不多。

（2）化学开纤

化学开纤是利用“海”和“岛”两组分聚合物对溶剂溶解度的不同，溶解“海”组分成为超细纤维，或溶解“岛”组分成为中空纤维。目前常用的开纤方法有溶剂溶海型（苯减量法）和水解剥离型（碱减量法）。苯减量法是采用甲苯等有机溶剂，溶解“海”组分（或“岛”组分），保留“岛”组分（或“海”组分），PE/PA6海岛双组分纤维常用该方法开纤。将PE组分溶解于甲苯中，得到PA6超细纤维。但苯减量法存在严重的溶剂污染问题，不符合环保生态理念。

海岛纤维开纤主要采用碱减量法，用碱液溶去“海”组分，只保留“岛”组分。在碱液中，“海”组分的溶解速度要大于“岛”组分的溶解速度，但是在碱液中“岛”组分也会部分溶解。例如，在COPET/PA6海岛纤维的开纤过程中，COPET会在碱液中水解，从而得到PA6超细纤维。而橘瓣型纤维在碱液中的开纤，则主要是由于聚酯和聚酰胺的热溶胀性和收缩性不同，聚酰胺的收缩率大于聚酯，导致两相聚合物界面黏结力下降，橘瓣间分离而成为超细纤维。

无论是苯减量法还是碱减量法，制约开纤效果的因素较多，材料的力学性能受损，且生产过程中有污染，不符合环保的生态理念。

（3）热处理开纤

根据加热介质不同，热处理开纤可分为干热和湿热两种方法。干热开纤的介质是空气，湿热开纤的介质是沸水等液体。由于双组分纤维中两种聚合物在高温或低温环境中热收缩性的差异，会在两相界面处产生剪切力。当剪切力大于界面黏结力时，则产生开纤效果。一般两种聚合物的热收缩性差异要大于10%，热收缩性差异越大，开纤越明显。但是，两种聚合物的热收缩性差异过大会影响纺丝效果。

5.6.5 超细纤维合成革研究现状

超细纤维合成革具有优良的力学性能、耐磨、耐寒、耐老化，但其吸湿性、透气性和穿着舒适性无法与天然皮革相媲美。一般天然皮革的透水汽量为800m/（$10cm^2$·24h），而常见超细纤维合成革的透水汽量仅为400m/（$10cm^2$·24h）。另外，超细纤维合成革主要由锦纶和聚氨酯发泡涂层组成，单一染料难以同时满足两种组分的染色要求，染色性差。且超细纤维合成革主要依靠物理沉淀来染色，染料与纤维之间的结合弱，容易导致染色不稳定。因此，在解决其环境污染问题的同时，如何提高超细纤维合成革的透气透湿性和染色性是目前的研究热点。图5-46为超细纤维合成革截面电镜照片。

有人探究了不定岛超细纤维合成革的基布结构与合成革性能之间的关系，发现超细纤维与PU发泡层间的分离程度、超细纤维的分散程度以及PU的孔隙率是影响超细纤维合成革透

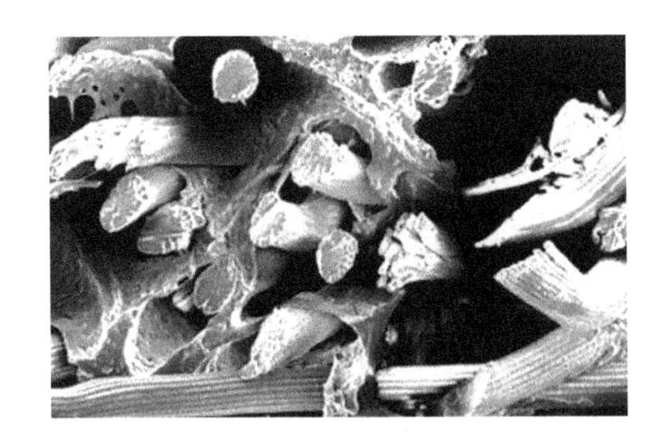

图5-46　超细纤维合成革截面电镜照片

湿性、吸湿性和渗透率等性能的主要因素。日本可乐丽公司开发了一种名为Parassio的超细纤维合成革产品，使用不同细度的超细纤维形成梯度结构，形成自然褶皱，且含有微小的气泡孔，透水汽性比普通合成革有明显提高。

为了解决苯减量法和碱减量法的环境污染问题，近年来，一种全新的水性海岛纤维超纤革正在逐渐被市场所接受。它是采用水溶性聚乙烯醇（PVA）作“海”、聚对苯二甲酸乙二酯（PET）或尼龙6（PA6）作“岛”制成定岛海岛超细纤维，将该定岛海岛纤维通过梳理针刺法制成非织造材料。进一步将其用水性聚氨酯树脂浸渍，再进行烘干定型处理，使水性树脂固化成型。最后把定型后的针刺非织造材料通过连续水洗，将PVA溶解到水中，使PET或者PA6部分彻底开纤，定型烘干后即成水性海岛超纤贝斯（基布）。将该贝斯进行PU贴面即可得到超纤合成革，如果进行磨毛处理即成绒面超纤合成革。

目前高端超细纤维合成革主要还是被日本公司垄断。如日本东丽公司的汽车麂皮革、可乐丽公司的服装麂皮革等。该公司采用聚氨酯浸渍聚酯超细纤维非织造材料，再通过凝固和抛光形成仿麂皮表面结构的非织造材料，产品名称为“Ultrasuede BX”非织造面料，在汽车内饰、时尚和室内装潢等领域广泛应用。

5.7　防刺非织造材料

5.7.1　概述

防刺服是指能够有效地防护匕首等常见锐器从各种角度对人体的攻击，从而减少人体防护部位受到刺伤威胁的一种服装。近年来，各种暴力事件、持刀抢劫案件以及工业生产安全事故频发，使防刺材料成为研发热点。

防刺服按其用途可分为警用防刺服、军用防刺服和民用防刺服三大类，警用和军用防刺服除了可抵御刀刺以外，一般还兼具防弹功能，对防护性能要求更高，因此通常内嵌钢板或金属丝，厚重且舒适性差，通常用于外穿。警用防刺背心如图5-47所示，该类产品可用于警察执勤、安防及劳动保护等领域。

民用防刺服一般为内穿服装，需要较好的隐蔽性和舒适性。相对于防刺来说，民用防护也包括防砍、防割等，这些伤害只能伤及人体表皮，其防护要求比防刺要低。防砍服、防砍护肩、手套、护肘、护腿等系列防砍产品，可应用于体育、医疗、建筑、渔业、普通家庭及工业安全防护等领域。

图5-47　警用防刺背心

5.7.2　防刺服产品标准和成形工艺技术简介

防刺服研究最早可追溯到史前时期的皮革编织甲胄、19世纪南太平洋海岛土人的藤甲和中国战国时期的金属片铠甲和金属丝锁子甲等，现在的防刺防弹服都是采用高强纤维织造而成。

防刺服等防护产品在我国还处于市场培育阶段，目前还没有民用级别的防刺服产品标准。我国公安部制定的标准GA 68—2008《警用防刺服》，规定测试道具加配重组成达2.4kg的落体，以24J ± 0.5J的撞击能量，按0°和45°刺入角有效冲刺防刺服，不允许穿透为达标防刺服。但该技术指标仅适用于警用防刺服。

国际上，在机械损伤防护服方面，CEN制定了11项相关标准，而ISO制定了ISO 13998—2003《防护服 防小折刀切割和刺穿的围裙、裤子和背心》等12项相关标准。我国应该尽快建立和完善防护服分类、标识、使用和维护等相关标准，为防护服行业的健康有序发展提供保障。

在各种织物组织结构中，针织物独有的线圈结构既可“锁住”刀尖，又可大量吸收冲击能量，同时具有较好的抗冲击疲劳性能和成形性，是重要的防护服面料织造工艺。

而非织造材料通过纤维间的相互缠结而加固成形，相对于针织物来说，其纤维无序排列，是所有组织结构中抗剪切性最好的。另外，非织造材料具有快速成型和结构多变等特点，还容易与其他材料复合。例如，将机织物或针织物作为增强基布，与纤维网复合后针刺加固，是常用的非织造材料增强手段。有文献表明，机织物和非织造材料交替铺叠作为外防刺层，可以满足防刺性能要求。近年来，防刺非织造材料也受到了相关领域专家学者的关注。

5.7.3　超高分子量聚乙烯纤维（UNMWPE）非织造防刺材料

在防刺服所用纤维中，目前常用的有芳纶和UNMWPE等高性能纤维。其中，UHMWPE是一种线性聚合物，其黏均分子量高达150万，结晶度为65%～85%。其纤维具有超高拉伸强度（3.0～3.5GPa），比强度是钢丝绳的10倍以上。另外，UHMWPE密度（0.97g/cm³）小，可以减轻最终制品的重量。目前，国产UHMWPE纤维已达到世界先进水平，在军工和民用等领域的应用潜力大。

UHMWPE非织造防刺材料的研究大都围绕制备工艺和防刺性能展开。有研究者采用UHMWPE长丝铺网方式获得长丝结构的UHMWPE非织造材料，对UHMWPE非织造防刺材料的产业化具有指导意义。有人采用针刺和水刺复合加固工艺技术，将UHMWPE纺粘长丝纤网与中空橘瓣型超细纤维层复合加固为防刺材料，结果发现，通过优化针刺和水刺工艺，可以提高复合材料的防刺性能，其最大静态穿刺力可达50N。图5-48是UHMWPE非织造防刺材料制备工艺流程，图5-49是所制备样品的截面和表面电镜图。

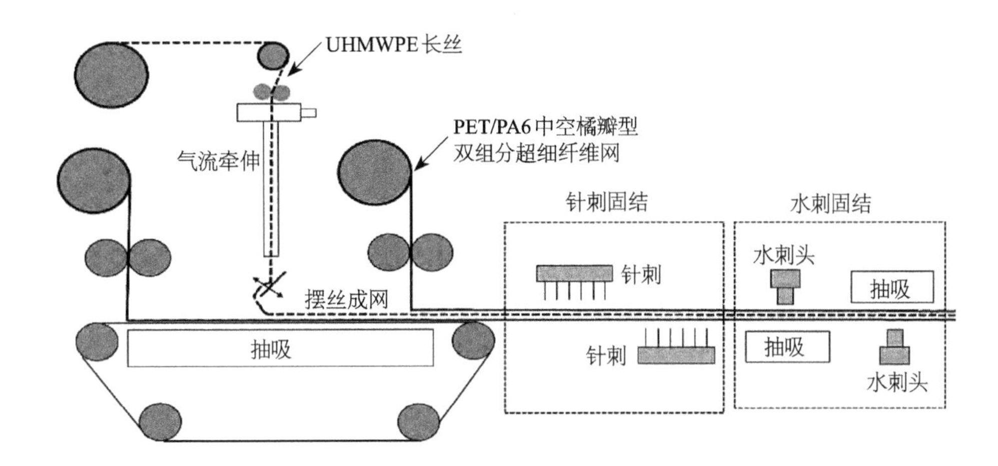

图5-48　UHMWPE非织造防刺材料制备工艺流程

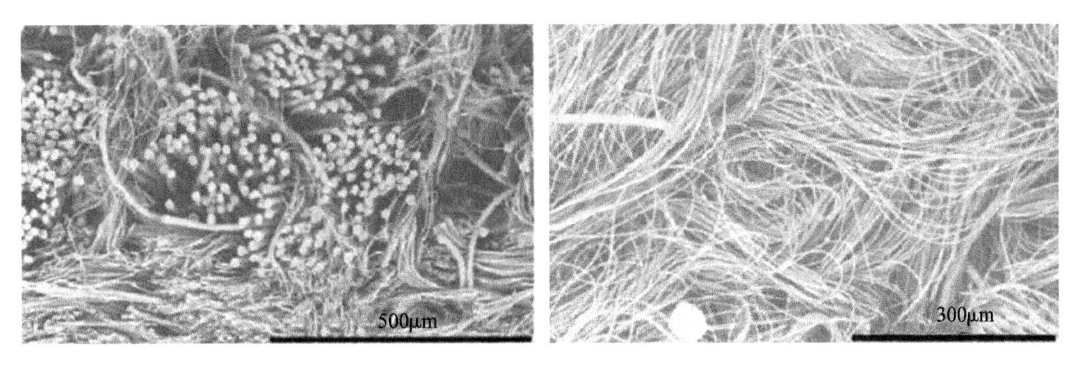

（a）截面　（b）表面

图5-49　UHMWPE非织造防刺材料的截面和表面电镜图

进一步采用UHMWPE长丝加捻织造成的罗纹织物作为增强加筋层，将UNHWPE长丝直接铺放在加筋层上，再复合一层橘瓣型双组分纤维水刺非织造材料，最后用水刺加固制成加筋非织造材料。经测试发现，该非织造材料的拉伸性能、刚柔性及悬垂性介于针织物和普通非织造材料之间，而防刺性却优于两者。

5.7.4 剪切增稠液体防刺工艺技术

传统的人体防护材料多数为硬质或半硬质材料，会使人体活动受限，穿着舒适性差，而且无法全身防护。为了解决这一问题，将剪切增稠液与高性能纤维材料复合后制备的新型剪切增稠液体防刺材料既薄又柔，且更加安全。剪切增稠是目前非常热门的研究方向，对防刺材料的开发具有推动作用。

剪切增稠液体防刺材料的制备，简单讲就是将纤维材料放入剪切增稠液中浸渍处理。在通常状态下剪切增稠液以液体形式存在，当受到刀或子弹的高速冲击时，浸渍有剪切增稠液的防刺服迅速变成坚硬的固体，从而发挥防刺功能。而当冲击力消失后，剪切增稠液又回复至液体状态，服装也重新变软，因此穿着舒适。但剪切增稠液发挥作用需要一个瞬时高速冲击，对于低速的穿刺刀割防护作用不大，且浸渍剪切增稠液会增加防刺层的重量，服装的热湿舒适性也会降低，不太适用于民用防刺服。

有人分析总结了剪切增稠液浸渍纤维材料的防刺机理，认为：①剪切增稠液增加了材料中纤维间的摩擦力，从而提高了纤维抽拔能量；②剪切增稠液增稠时吸收冲击能量；③增稠后的纤维材料刚度增大，整体性更好，有利于冲击应力传递到更大的区域，可以减小背凸造成的刺伤。

总之，在满足防刺性能的同时，穿着用防刺非织造材料还要具有轻便、透水透气等穿着舒适性。作为一种高科技含量的新型防护材料，防刺非织造材料的量产道路还较漫长。

5.8 其他小众应用非织造材料

作为产业用纺织品的重要组成部分，非织造材料广泛用于医疗卫生、过滤、土工、建筑等众多国计民生领域。在吸水、吸油、重金属吸附和微孔膜支撑等小众应用领域，非织造材料也发挥着非常重要的作用。

5.8.1 微孔膜支撑材料

经过近几十年的发展，微孔膜已广泛应用于海水淡化、饮用水处理、食品、生物工程、医药石油等领域。膜分离技术的快速发展与广泛应用对膜材料和膜性能提出了更高要求，作为膜分离技术的核心，膜材料在满足成膜性和孔径大小分布等主要性能以外，还要具有一定的力学性能和化学稳定性等。目前，大部分工业用多孔膜是采用浸没沉淀相转化法制备而成。制膜时，将均匀的聚合物溶液涂覆于支撑材料表面，然后浸入非溶剂凝固浴中，随着膜内溶剂及不良溶剂与凝固浴中非溶剂的相互扩散，聚合物溶液体系逐渐发生液—液相分离而固化，最终形成不同结构与形态的微孔膜。支撑材料不但方便了微孔膜的成形，还可以提高其力学性能。图 5-50 是采用非织造材料为支撑材料制备的 PVDF 微孔膜电镜照片。

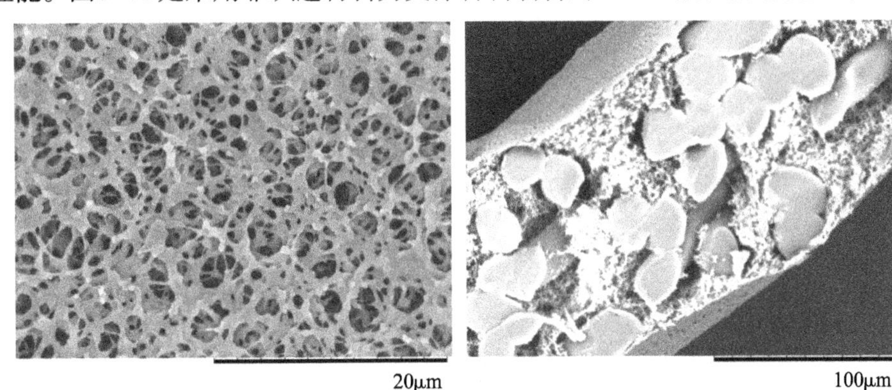

图 5-50　采用非织造材料为支撑材料的 PVDF 微孔膜电镜照片

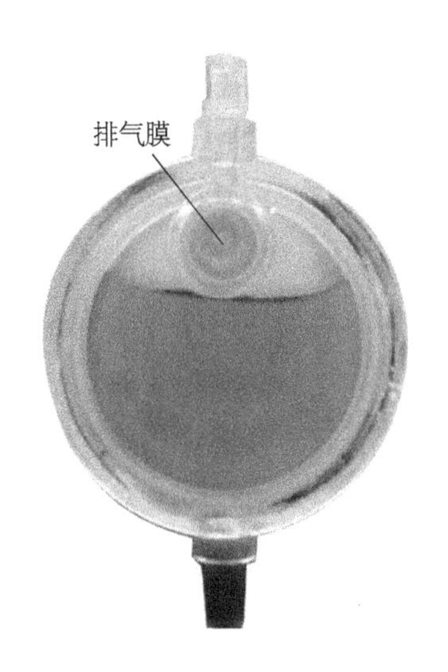

图 5-51　精密药液过滤器

举例来说，精密输液过滤器是近几年发展起来的新型输液器，如图 5-51 所示。为了保证输液过程中合理稳定的输液速率，需要在过滤器上安装排气膜。随着输液袋（瓶）中药液的减少，输液袋（瓶）内会逐渐形成真空区，在该真空度的作用下，外界空气通过排气膜浸入输液袋（瓶）内，从而保证合理的输液速率。但是，若在输液过程中，排气膜被药液打湿，就会引起药液渗漏和排气不畅等问题，从而增加医护人员的负担，同时对患者造成巨大的心理压力。因此，商业排气膜一般需要达到如下技术指标：阻水 ≥ 30kPa，接触角 ≥ 135°，10kPa 压力下通气量 ≥ 1200mL/（mm^2·h）。

为了达到上述技术指标要求，以往的排气膜都是采用玻璃纤维湿法成网后经化学黏合加固的非织造材料，其结构如图 5-52 所示。但由于玻纤在使用过程中存在脱落问题，目前已禁止使用。以非织造材料为支撑，通过相转化法制成的 PVDF 微孔膜是替代玻纤湿法非织造材料的优选技术方案。其中，非织造支撑材料的选型非常重要，图 5-53 是国外进口的一种多孔膜的支撑非织造材料。

从图 5-53 中可以看出，该材料中纤维直径仅有几微米，且采用热轧面黏合加固，对于相转化膜的涂覆均匀性非常有帮助。

图5-52　湿法成网化学黏合玻璃纤维非织造材料

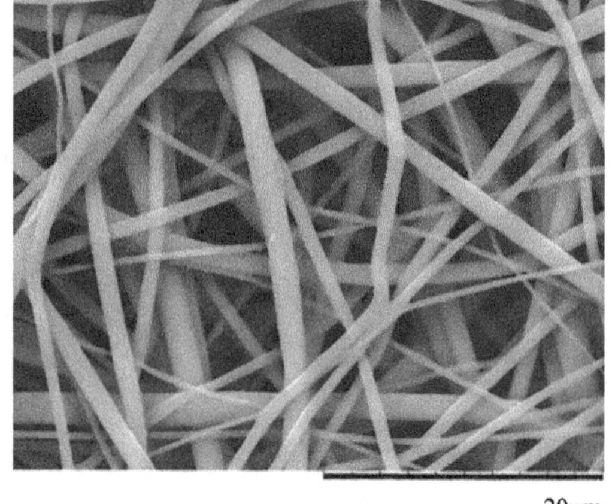

图5-53　多孔膜的支撑非织造材料电镜照片

5.8.2　吸油材料

聚丙烯熔喷非织造材料具有良好的吸油性，其密度比水小，吸油后能长期漂浮于水面上而不变形，并可循环使用和长期存放。用其制成的吸油缆、吸油索、吸油枕等吸油量高达其自身重量的10~50倍。广泛应用于吸附、清理和回收油品泄漏及排放的废液，清理海洋、河流、湖泊、船舶运输、码头港区、油库等水体中的残留石油，还可用于工厂、管道、机器设备等泄漏防治。另外，聚丙烯熔喷非织造材料还可以用作厨房专用洗碗布，清洗碗碟等餐具和油烟机等。图5-54所示为聚丙烯熔喷吸油材料产品。

另外，由木棉纤维制成的非织造材料也是一种优良的吸油和油水分离材料。木棉纤维两端封闭，其细度仅为棉纤维的1/2。另外，其中空度高达80%~90%，是一般棉纤维的2~3倍。再加上其纤维表面的蜡质层，纤维对非极性液体有较高的吸附能力，非常适合用作吸油和油水分离材料。有人研究了木棉纤维非织造材料的油水分离效果，发现其对柴油和液压油的过滤吸附效率分别达到了100%和94%，油水分离效果明显。木棉纤维非织造吸油材料电镜照片如图5-55所示。

图5-54　聚丙烯熔喷吸油材料

图5-55　木棉纤维非织造吸油材料电镜照片

5.8.3 吸水非织造材料

由于生鲜食品不能完全杀菌，易腐败，保持生鲜产品品质的重要方法是采用冷链运输。不同物流与包装因素会影响非完全冷链运输模式中的微环境，进而影响冷鲜食品冰箱贮藏品质。研究发现，肉类汁液流失可引起肉品持水力及相关品质指标下降，从而影响肉类品质和货架期。而采用高吸水性非织造衬垫吸收冷鲜肉流失汁液，可延缓微生物的增长。图5-56（彩图见插页）为垫有吸水垫的肉卷包装图。

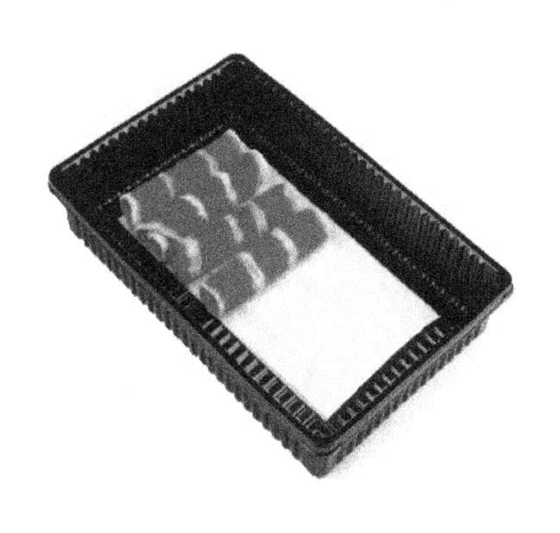

图5-56 生鲜产品吸水垫

医用吸水垫除了对吸水性有要求外，还要满足卫生指标和柔软性要求。目前，市场上的医用吸水垫主要采用卫生棉通过热压复合聚乙烯六角膜制成。聚乙烯六角膜价格昂贵，要从国外进口，且吸水垫材质手感不好。有人通过超声波黏合工艺将热黏合聚乙烯纤维/ES纤维非织造材料与黏胶纤维/ES纤维针刺非织造材料复合在一起，发现其吸水量可达到自身重量的6倍，伸长率为40%~70%，手感适合皮肤，适合用作医用吸水垫。

非织造吸水材料的应用非常广泛，也是电线电缆的重要组成部分，起到缓冲阻水作用。电缆截面结构如图5-57所示。其缓冲层是由多层阻水带包绕而成，位于电缆绝缘屏蔽层和皱纹铝护套之间，起到电气连接的作用，同时还具有堵塞沿金属套内通道进水的作用。而阻水带是由两层非织造材料中间加一层膨胀阻水粉组成。

非织造材料阻水带基本采用涤纶为原料，也有使用丙纶和锦纶的研究报道。为了提高阻水带的阻水效果，有将超吸水纤维非织造材料用作阻水带的研究报道。

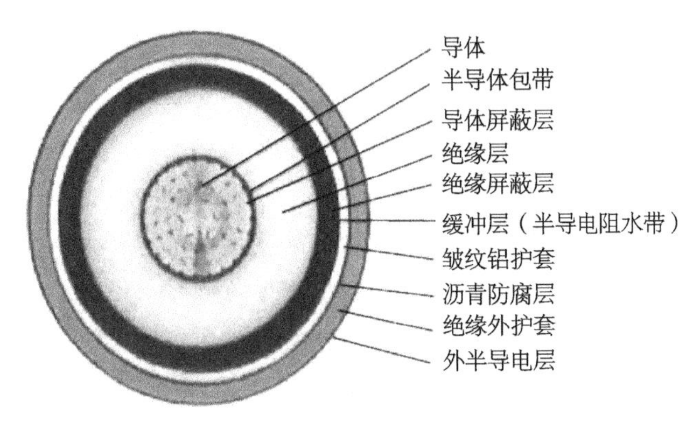

图5-57 电缆截面结构示意图

5.8.4 重金属吸附材料

当前，我国环境状况总体恶化的趋势尚未得到根本遏制，环境矛盾凸显。一些重点流域、海域水污染严重，重金属污染物超标。环境问题已成为威胁人体健康、公共安全和社会稳定的重要因素之一。节约用水，做好污水处理，降低污水中的重金属含量，实现污水的净化和循环再利用刻不容缓。

现有的处理重金属废水的方法主要有化学沉淀法、离子交换法、膜分离法和吸附法等。其中，吸附法操作简单、使用方便，是废水处理最常用的方法之一。目前应用于污水处理的吸附材料主要有活性炭、生物吸附材料和其他一些尚处于实验室阶段的吸附材料。近年来，工业和农业废弃物的重金属吸附性能引起了人们的广泛关注，一些蛋白质材料，如羽毛、羊毛、皮革胶原、豆皮、酵母等都显示出较好的金属吸附能力。羽毛是一种廉价的天然角蛋白纤维，全球每年的鸡毛产量可达数亿吨，羽绒除用作保暖填充材料外，其余80%的羽毛纤维只被利用了3%～5%，主要用作填充料、羽毛球及工艺品，少数用来提取蛋白质，剩下的大部分基本作为废弃物处理，给生态环境造成了较大污染。相对于其他生物材料，羽毛纤维具有成本低、强度高和在吸附过程中质量损失少等优点，特别适合开发为可以循环使用的重金属吸附材料。合理有效地处理并利用羽毛纤维，一直是近些年来国内外学者研究的热点。

羽毛纤维离散性较大，实现其对重金属离子的吸附性能，需将其制备成易拿、易用、可回收的吸附材料。有人将羽毛与双组分纤维混合，通过气流成网、针刺和热熔双重加固制成羽毛非织造材料。有人采用熔喷非织造成形技术，在聚丙烯熔喷过程中将羽毛纤维分散到高速气流中，制成羽毛/聚丙烯熔喷滤芯，并测试了样品对Pb^{2+}的动态吸附性能，发现经过焦硫酸钠改性的羽毛/聚丙烯熔喷滤芯表现出较好的Pb^{2+}吸附效果，且经NaOH溶液解吸附后可二次使用。羽毛纤维质量轻，非常容易混入熔喷纤维流中。采用熔喷工艺制得的填充羽毛纤维的复合滤芯材料芯层和表层为纯PP纤维，中间层掺杂羽毛纤维，滤芯的整体均匀度好、表面平整、不掉毛，具有良好的过滤性能；而且易拿、易用，可定期更换，解决了羽毛纤维难以反复使用的问题。图5-58所示为羽毛/聚丙烯熔喷复合滤芯。

图5-58　羽毛/聚丙烯熔喷复合滤芯

另外，我国作为制革大国，大量制革废弃物造成严重的资源浪费，如何合理利用皮革废弃物，变废为宝，成为制约经济可持续发展的重要因素。为不断拓宽废弃物的用途，有人将皮革边角料梳理开纤得到的鞣革胶原纤维，利用非织造气流成网和水刺加固方法制成鞣革胶原纤维水刺非织造材料，测试其对Cu^{2+}、Pb^{2+}吸附和解吸附性能。结果发现，该材料对重金属离子的吸附能力较强，但解吸附效果较差，重复再生性不理想。

有人基于壳聚糖吸附重金属离子的特性，将其交联改性后制成凝胶整理液，然后填充到针刺涤纶非织造材料中，获得具有吸附重金属离子的功能性非织造材料。

另外，还有将丙纶非织造材料进行丙烯酸接枝改性用作重金属吸附材料方面的研究。

总之，重金属吸附非织造材料的研究报道较多，产业化应用方面的报道相对较少。

参考文献

[1] WANG Hong, JIN Xiangyu, WU Haibo. Modified Atmosphere Packaging Bags of Peanuts with Effect of Inhibition of Aflatoxin Growth [J]. Journal of Applied Polymer Science, 2014, 131 (40190): 1–6.

[2] 朵永超, 钱晓明, 赵宝宝, 等. 超纤革仿天然皮革研究进展[J]. 中国皮革, 2019, 48 (3): 41–45+53.

[3] 刘凡, 钱晓明, 赵宝宝, 等. 柔软处理对涤纶 / 锦纶 6 中空桔瓣型超细纤维非织造布性能的影响[J]. 纺织学报, 2018, 39 (3): 114–119.

[4] 张恒, 甄琪, 钱晓明, 等. 仿生树型超高分子量聚乙烯柔性防刺复合材料制备及其透湿性能[J]. 纺织学报, 2018, 39 (4): 63–68.

[5] 赵琴, 钱晓明, 邢京京. 民用防刺服的研发现状[J]. 纺织科技进展, 2016 (12): 10–13.

[6] 邢京京, 钱晓明, 黄顺伟, 等. UHMWPE 长丝加筋非织造布的制备及性能[J]. 丝绸, 2017, 54 (4): 5–10.

[7] 赵宝宝, 钱幺, 刘凡, 等. 中空桔瓣型超细纤维 / 水性聚氨酯合成革的制备及性能[J]. 复合材料学报, 2017, 34 (11): 2392–2400.

[8] 刘颖, 靳向煜, 左洪运. 再生聚酯纤维吸声板材的结构与性能[J]. 产业用纺织品, 2019, 37 (1): 5–11.

[9] 邓超, 靳向煜, 孟灵晋. 基于湿法成形的玻璃纤维非织造材料加筋技术及原理[J]. 东华大学学报: 自然科学版, 2016, 42 (3): 380–385.

[10] 王洪, 田玉翠, 陶嘉诚, 等. 羽毛纤维 / 聚丙烯熔喷滤芯的制备及其过滤吸附性能[J]. 东华大学学报: 自然科学版, 2014, 40 (2): 189–192, 224.

[11] 丁先锋, 王洪. 车用 PET/PP 分散复合熔喷吸音材料的研究[J]. 纺织学报, 2013, 34 (9): 27–33.

[12] LU Longsheng, XING Di, XIE Yingxi, et al. Electrical conductivity investigation of a nonwoven fabric composed of carbon fibers and polypropylene/polyethylene core/sheath bicomponent fibers [J]. Materials & Design, 2016 (112): 386–391.

[13] 刘凡. 橘瓣型双组分纺粘超细纤维合成革基布的工艺探究[D]. 天津: 天津工业大学, 2018.

[14] 黄族健. 针水刺复合海岛超纤合成革基布研发[J]. 产业用纺织品, 2017, 35 (4): 12–16.

[15] 陈艳霞, 徐素芹, 鲁慧娟, 等. PET–SiO_2–NOEO 超疏水膜优化制备及其油水分离性能评价[J/OL]. 浙江理工大学学报: 自然科学版, 1–8 [2020–02–17].

[16] 王志英, 宁素素, 韩承志, 等. PET 表面改性对 PVDF/PET 膜界面性能及力学性能的影响[J]. 天津大学学报: 自然科学与工程技术版, 2019, 52 (5): 515–521.

[17] 王利娜, 娄辉清, 辛长征, 等. 空气过滤用电纺聚偏氟乙烯—聚丙烯腈 / 熔喷聚丙烯无纺布复合材料的制备及过滤性能[J]. 复合材料学报, 2019, 36 (2): 277–282.

[18] 谢诗妍, 纪敏, 沈嵘枫, 等. 育苗容器及其成型机的发展趋势[J]. 现代园艺, 2019 (5): 60–62.

[19] 唐龙飞，李睿哲，席玉岭．某车型进气系统的设计开发及优化[J]．北京汽车，2019（5）：1–5.
[20] 韩孟君．三维土工网垫植草、灌生态护坡施工工艺探析[J]．安徽建筑，2019，26（9）：198–200.
[21] 王莉，张晓峰，王梦飞，等．提高数码印花无纺布壁纸质量的措施[J]．染整技术，2019，41（10）：61–64.
[22] 丁云秀，玉帅，肖云南，等．麻纤维无纺布对水稻机插秧秧苗素质及产量的影响[J]．现代化农业，2019（11）：28–29.
[23] 朱金铭，钱建华，曹晨，等．聚醚砜非织造布复合膜的空气过滤性能[J]．纺织学报，2018，39（7）：55–62.
[24] 刘文帅，刘海亮，徐红燕，等．非织造布增强聚氯乙烯多孔膜的制备及其微结构调控[J]．纺织学报，2018，39（6）：6–12.
[25] 周勇，孙筱辰，张兴卫，等．非织造黄麻纤维复合材料的制备与吸声性能研究[J]．功能材料，2016，47（11）：11131–11135，11140.
[26] 张鹂，张星．建筑用针刺非织造布保温材料的性能研究[J]．纺织高校基础科学学报，2019，32（1）：12–16.
[27] 王鑫竹，钱晓明．建筑领域用非织造布的发展与新成果[J]．产业用纺织品，2019，37（3）：6–9.
[28] 王伟，白乐．鞋用合成革性能及发展前景展望[J]．西部皮革，2019，41（13）：38–39.
[29] 卢进军，孙阳，乔梦华，等．空气滤清器过滤材料性能仿真与试验研究[J]．车辆与动力技术，2019（1）：38–42，49.
[30] 赵晨，王宜，曾靖山．空气过滤材料自洁反吹性能的初步研究[J]．中国造纸，2016，5（9）：38–42.
[31] 涂有，涂光备，张鑫．通风用空气过滤器的细颗粒物（PM2.5）过滤效率研究[J]．暖通空调，2016，46（5）：49–54.
[32] 罗慧，张磊，林志行，等．薄型黄麻 / 低熔点纤维复合地膜材料的研制[J]．纺织学报，2013，34（5）：47–52.
[33] 刘造芳，张得昆，张星，等．玻璃纤维湿法非织造墙纸的涂层工艺研究[J]．西安工程大学学报，2018，32（1）：6–12.
[34] 常敬颖，李素英，张峰，等．湿法 / 针刺复合非织造墙纸的制备及性能研究[J]．南通大学学报：自然科学版，2016，15（2）：21–25.
[35] 杜雪莹．微 / 纳米纤维复合非织造保暖吸音材料的研究[D]．上海：东华大学纺织学院，2018.
[36] 夏仁宝，洪晓苗，朱银彬．浙江省建筑防水行业发展概述[J]．新型建筑材料，2019，46（12）：129–131.
[37] 吕大鹏，张春苗，高娜．聚酯长丝油毡胎基布后整理生产工艺[J]．合成纤维，2018，47（12）：47–49.
[38] 吕静，俞从正．猪、羊、牛皮成品革的组织结构与性能的关系探讨[J]．皮革与化工，2010，27（6）：36–39.
[39] 赵义侠，刘亚．PA6/PET 中空橘瓣型双组分纺粘超细纤维的制备[J]．福建轻纺，2012（3）：49–54.
[40] 陆振乾，许玥，孙宝忠．剪切增稠液及其在抗冲击缓冲方面研究进展[J]．振动与冲击，2019，38（17）：128–136，171.
[41] 岳琪琪，刘文，孔萍，等．非冷链运输对冷鲜猪肉冰箱贮藏品质的影响[J]．现代食品科技，2019，35（10）：116–124.
[42] 陈鹏超．麻地膜的湿法制备技术及性能研究[D]．上海：东华大学，2019.
[43] 王超洋，王洪．新型粮食包装袋的性能研究与分析[J]．粮食储藏，2013，42（2）：21–25.
[44] WANG Hong，JIN Xiangyu，WU Haibo．Modified atmosphere packaging bags of peanuts with effect of inhibition

of aflatoxin growth [J]. Journal of Applied Polymer Science, 2014, 131 (8): 40190–40195.

[45] 聂晨曦. 侧柏无纺布容器移植苗的培育及在荒山造林中应用[J]. 河南林业科技, 2018, 38 (4): 7–9.

[46] 王洪, 高宇剑, 刘嘉炜. 一种全麻种植袋及其制备方法: 中国, 43286.5 [P]. 2019–10–7.

[47] 薛振荣, 孙斌, 张立隆, 等. 提升湿法顶棚气味品质的措施[J]. 轻型汽车技术, 2017 (12): 49–51.

[48] 马学乐. 插层熔喷气流场模拟及其吸音材料性能的研究[D]. 天津: 天津工业大学, 2017.

[49] 梁佳琦. 再生隔音毡基复合材料的制备与性能研究[D]. 杭州: 浙江理工大学, 2018.

[50] 戴旭鹏, 王平, 费传军, 等. 玻璃微纤维的性能及其在空气过滤行业的应用[J]. 玻璃纤维, 2019 (1): 37–39.

[51] B C LEE, S R KIM. Effect of structure on sound absorption and sound transmission loss of composite sheet [J]. Avd. Compos. Mater., 2014 (23): 319–325.

[52] 张鹂, 张星. 建筑用针刺非织造布保温材料的性能研究[J]. 纺织高校基础科学学报, 2019, 32 (1): 12–16.

[53] 刘凯琳, 赵永霞, 张娜. 土工合成材料的发展现状及趋势展望[J]. 纺织导报: 产业用纺织品专刊, 2019: 6–19.

[54] 马兴元, 郭梦亚, 邱啸寒, 等. 非定岛超细纤维合成革基布加工过程中结构与性能的变化[J]. 中国皮革, 2015, 44 (3): 35–38.

[55] 张玲, 洪雪梅. 点复合吸水垫芯布的试制, 合成纤维, 2019, 48 (5): 35–36.

[56] 黄惠娟. 接枝丙纶非织造布吸附和电去离子技术并用处理重金属离子废水[D]. 苏州: 苏州大学, 2016.

[57] 徐梦成, 徐广标. 木棉非织造絮片的结构与性能评价[J]. 纺织科学与工程学报, 2020, 37 (1): 8–11.